<table>
<tr><td>1</td><td>2</td></tr>
<tr><td>3</td><td>4</td></tr>
</table>

Verarbeitungsstufen der computergestützten Auswertung von Interferogrammen

1. Doppelbelichtungs-Interferogramm einer in der Mitte belasteten und am Rand fest eingespannten Kreisplatte

2. Markiertes Skelett des Interferogramms
(Die Linien entsprechen den Orten ganzzahliger und halbzahliger Interferenzordnungen.)
Die verschiedenen Farben tragen die Information über die Interferenzordnung:

   rot – nullte Interferenzordnung
   blau … violett – wachsende halbzahlige Interferenzordnung
   gelb … grün – wachsende ganzzahlige Interferenzordnung

3. Grauwertgebirge des Verschiebungsfeldes (je größer der Verschiebungsbetrag, um so heller die Darstellung) mit Linien gleicher Verschiebung (Höhenschichtlinien)

4. Pseudo-3 D-Darstellung der Verschiebungen auf einem Rasterfeld von 32 × 32 Punkten

Holografie – Grundlagen, Experimente und Anwendungen

JU. I. OSTROWSKI

unter Mitarbeit von W. Osten

2., korrigierte Auflage

Mit 142 Abbildungen

BSB B. G. Teubner Verlagsgesellschaft
Leipzig 1989

Kleine Naturwissenschaftliche Bibliothek · Band 64

Autor:
Prof. Dr. Juri I. Ostrowski, Akademie der Wissenschaften der UdSSR,
Physikalisch-Technisches Institut „A. F. Joffe", Leningrad

Titel der Originalausgabe:
Ю. И. Островский: Голография и её применение
Verlag NAUKA, Leningrad 1972,
überarbeitet 1976, 1982 und 1986

Deutsche Übersetzung und wissenschaftliche Redaktion: Dr. W. Osten,
Berlin

Ostrovskij, Ju. I.:
Holografie — Grundlagen, Experimente und Anwendungen/Juri
I. Ostrowski. Unter Mitarbeit von W. Osten. Dt. Übers. u. wiss. Red.:
W. Osten — 2. Aufl. — Leipzig: BSB Teubner, 1989. — 228 S., 142 Abb. u.
3 Tab.
(Kleine Naturwissenschaftliche Bibliothek; 64)
EST: Golografija i eë primenenie ⟨dt.⟩
NE: Osten, W. [Red.]; GT

ISBN-13: 978-3-322-00390-4   e-ISBN-13: 978-3-322-86698-1
DOI: 10.1007/978-3-322-86698-1

Gesamtherstellung: INTERDRUCK, Graphischer Großbetrieb Leipzig,
Betrieb der ausgezeichneten Qualitätsarbeit, III/18/97
Bestell-Nr. 666 3803
01280

Vorwort zur deutschen Ausgabe

Ich freue mich, daß mein Buch „Holografie und ihre Anwendungen" auch den deutschen Leser erreicht. Das Buch erschien erstmalig 1973 in Russisch und wurde anschließend zweimal – für die englische (1977) und italienische Ausgabe (1982) – überarbeitet und ergänzt.

Da in diesem Buch nur die Grundlagen der Holografie und ihre vielfältigen praktischen Anwendungen berührt werden, ist der Inhalt praktisch nicht veraltet. Das Buch wendet sich nicht nur an Ingenieure und Studenten, sondern ist auch für Schüler der oberen Klassen verständlich. Ich war bemüht, die Grundprinzipien und Eigenschaften der Holografie einfach und mit möglichst wenigen mathematischen Formeln zu erläutern. Für alle, die sich in den einen oder anderen Fragen etwas detaillierter informieren möchten, enthält das Buch ein umfangreiches Literaturverzeichnis. Aus diesem Grunde hoffe ich, daß es auch für Wissenschaftler der Fachrichtungen Optik, Biologie, Medizin und Mechanik sowie für alle, die die großen Möglichkeiten der Holografie zur Lösung ihrer konkreten wissenschaftlichen Aufgaben einsetzen wollen, von Nutzen ist.

Mein Dank gilt Herrn Dr. W. Osten, der das Buch nicht nur übersetzt, sondern durch zahlreiche neue Anwendungsbeispiele, neue Fotografien und Literaturhinweise ergänzt und aktualisiert hat.

Leningrad 1986   Professor *Ju. I. Ostrowski*

Vorwort

Als 1973 im Teubner-Verlag das Buch „Dreidimensionale Bilder durch Holografie" von Ju. Ostrowski in der gleichen Reihe veröffentlicht wurde (die Originalausgabe „Golografija" erschien 1970 im Verlag Nauka), konnte die Holografie bereits auf eine 25jährige Entwicklung zurückblicken. Ihre wesentlichen Grundlagen waren erforscht, und zahlreiche Anwendungen zeichneten sich ab. Großen Anteil an dieser seit 1962 ausgesprochen dynamisch verlaufenden Entwicklung hatte die Erfindung und praktische Realisierung des Lasers zu Beginn der 60er Jahre. An der Bedeutung dieser Lichtquelle für die Holografie hat sich bis zum heutigen Zeitpunkt nichts geändert. Die 70er Jahre waren vor allem gekennzeichnet durch die Suche nach praktischen Anwendungsmöglichkeiten und das von mehreren internationalen Zentren der Holografie sehr konsequent verfolgte Streben, die Holografie als modernes optisches Abbildungs- und Rekonstruktionsverfahren in breite Bereiche von Wissenschaft und Technik einzuführen. Heute wissen wir, daß viele der dabei verfolgten Projekte, wie das dreidimensionale Kino und Fernsehen, noch einer längeren Entwicklungszeit bedürfen. Obgleich es nicht an ermutigenden Teilerfolgen mangelt, steht ein Großteil der attraktiven Anwendungslösungen auch weiterhin vor der Aufgabe, den Schritt vom Laborversuch zum industriell einsetzbaren Verfahren vollziehen zu müssen. Bei allen objektiven Schwierigkeiten, die sich hier auftun, ist nicht selten der unzureichende Informationsstand eine Ursache für die unbefriedigende Akzeptanz durch die Industrie. Dieser Umstand äußert sich auch darin, daß selbst von Autoren modernster physikalischer Lehrbücher besonders darauf hingewiesen wird, wenn in ihrer Darstellung die Holografie enthalten ist. In diesem Sinne kann es nur begrüßt werden, wenn neben den keineswegs zahlreichen Fachbüchern auch hin und wieder ein populärwissenschaftliches Werk zur Holografie und deren Anwendungen erscheint.

Ju. Ostrowski, ein seit langem international anerkannter Fachmann auf besagtem Gebiet, hat sich diesem Zweck bereits in der zu Beginn erwähnten Ausgabe mit viel Einfühlungsvermögen gewidmet und legte im Jahre 1973 sein neues Werk „Golografija i jejo primenenije" (Verlag Nauka, in Russisch) vor. Nach Prüfung dieser beiden Ausgaben erschien es dem Bearbeiter geboten, von einer Überarbeitung der deutschen Ausgabe von 1973 Abstand zu nehmen und das neue Buch Prof. Ostrowskis zu übersetzen, für dessen Überarbeitung und Aktualisierung der Autor die inzwischen erschienene englische (MIR 1977) und italienische Ausgabe (MIR 1982) zur Verfügung stellte. Es zeigte sich, daß insbesondere in der italienischen Fassung das ursprüngliche Material nochmals überarbeitet und ergänzt wurde.

Die hier vorgelegte deutsche Ausgabe folgt daher auch weitgehend der englischen und italienischen Übersetzung sowie deren Gliederung in 3 Hauptabschnitte mit den Akzenten Grundlagen, Experimente und Anwendungen. Im Interesse einer besseren Übersichtlichkeit erhielt das Inhaltsverzeichnis jedoch eine straffere Untergliederung, und es wurden verschiedentlich geringfügige Änderungen in der Reihenfolge der Abschnitte vorgenommen. Die in jedem Abschnitt zitierte Literatur findet der Leser generell am Ende eines jeden Hauptabschnitts. Insgesamt wurde die Literatur aktualisiert und, falls es geboten erschien, mit einem entsprechenden Textbezug versehen. Neu aufgenommen wurde ein einleitender Abschnitt, der die Leistungen unseres Sehapparates und einige vorholografischen Versuche zur Aufzeichnung räumlicher Bilder würdigt. Für die deutsche Ausgabe völlig neu bearbeitet wurde der Abschnitt zur holografischen Interferometrie. Diese Entscheidung folgte nicht allein aus der mit diesem Anwendungsgebiet verbundenen Tätigkeit des Bearbeiters und dem sich daraus ergebenden größeren Überblick, sondern aus der Bedeutung der holografischen Interferometrie als bisher wichtigstem Anwendungsgebiet holografischer Methoden. Dementsprechend wurde auch das Bildmaterial erweitert und durch repräsentative Forschungsergebnisse aus dem deutschsprachigen Raum ergänzt. An dieser Stelle gilt mein Dank den Herren Dr. Felske, Dr. Schörner und Dr. Steinbichler für ihr freundliches Entgegenkommen bei der Beschaffung des Bildmaterials. Gedankt sei auch Herrn Dr. Wernicke und Herrn Dr. Höfling für ihre sorgfältige Durchsicht des Manuskripts und den daraus erwachsenen Vorschlägen für seine Verbesserung. Frau Schumacher gilt mein Dank für die Unterstützung bei der Einarbeitung von Textmaterial aus der italienischen Fassung. Schließlich danke ich Herrn Prof. Ostrowski und der Lektorin des Teubner-Verlages, Frau Dietrich, für die gute Zusammenarbeit und ihr verständnisvolles Eingehen auf die Vielzahl meiner Änderungswünsche gegenüber der ursprünglichen Fassung.

Berlin, im August 1986 *Wolfgang Osten*

Inhalt

1. Das Hologramm und seine Eigenschaften

1.1. Die Holografie – ein modernes optisches Abbildungsverfahren

1.1.1. Wie wir Gegenstände und deren Bilder sehen

Ein Großteil der Informationen über unsere Umwelt gelangt zu uns in Form von visuellen Empfindungen. Die Rolle des Informationsträgers wird von Wellen eines ganz bestimmten Frequenzbereiches des elektromagnetischen Spektrums übernommen. Diese Wellen rufen in unserem Sinnesorgan *Auge* eine Empfindung hervor, die wir im alltäglichen Sprachgebrauch als *Licht* bezeichnen. Fällt Licht auf einen Gegenstand und gelangt ein Teil der von ihm reflektierten oder gestreuten Wellen in unser Auge, so sprechen wir davon, daß wir diesen Gegenstand *sehen.* In Verbindung mit unserer Erfahrung sind wir nun in der Lage, bestimmte Aussagen über seine Beschaffenheit zu machen.

Das Auge als optisches System mit veränderlicher Brennweite und lichtempfindlicher Brennfläche übernimmt dabei sowohl die Abbildung als auch die Registrierung der empfangenen Information. Lichtwellen, die durch die Pupille gelangen, werden von der Linse gebrochen und erzeugen auf der Netzhaut ein Bild des betrachteten Gegenstandes. Im Unterschied zum Gegenstand selbst, der bekanntlich 3 Dimensionen aufweist, ist das Bild auf der Netzhaut lediglich zweidimensional. Die Ursache hierfür liegt in den physikalischen Eigenschaften der Empfängerfläche begründet. Danach ist die Netzhaut wie jeder andere quadratische Empfänger nur in der Lage, auf Helligkeits- und Farbunterschiede zu reagieren. Der Abbildungsvorgang führt also zum Verlust der im Wellenfeld enthaltenen räumlichen Information und damit zu einer zweidimensionalen Ersatzdarstellung des dreidimensionalen Körpers. Erst durch die anschließenden physiologischen Prozesse im Gehirn verschmelzen die ebenen Verteilungen auf der Netzhaut beider Augen zu einem räumlichen Gesamteindruck.

Zur Empfindung der Tiefe des Raumes trägt vor allem der Effekt der *Parallaxe* bei, wonach sich bei einer Bewegung des Auges nahestehende Objekte relativ zu entfernteren scheinbar bewegen. Da beide Augen in einer gewissen Entfernung voneinander angeordnet sind, sieht jedes ein etwas anderes Bild der gleichen räumlichen Szene. Die gedachten Geraden, entlang derer unsere Augen auf einen Gegenstand blicken, schneiden sich unter einem Winkel, der als *stereoskopische Parallaxe* bezeichnet wird. Je näher wir dem Gegenstand sind, um so größer ist dieser Winkel und folglich auch der räumliche Eindruck, da auf den Netzhäuten des rechten und linken Auges zunehmend unterschiedliche Bilder entstehen. Die Scharfeinstellung des Auges auf verschieden weit entfernte Punkte. *(Akkomodation)* erfolgt über eine Veränderung' der Brennweite der Augenlinse durch Betätigung des Ziliarmuskels. Das wird von uns ebenfalls als ein Maß für die Tiefe des Raumes empfunden. Bei der Betrachtung einer gewöhnlichen zweidimensionalen Fotografie des Gegenstandes vermissen wir diesen Effekt. Unabhängig von der Lage des Kopfes sehen wir stets dasselbe Bild — die Parallaxe fehlt vollständig. Aus welcher Richtung wir eine Fotografie auch betrachten, wir können nicht erkennen, was sich z. B. hinter einem im Vordergrund stehenden Objekt befindet. Darüber hinaus erfordert die Abtastung des Bildes mit dem Auge keine Änderung der Akkomodation. Das Bild sieht flächenhaft aus, es fehlt die Raumhaftigkeit, der *„Effekt des Dabeiseins"* verschwindet. Besonders augenfällig sind diese Erscheinungen, wenn wir ein zweidimensionales Foto von der Seite betrachten (z. B. im Kino von einem Seitenplatz der ersten Reihe aus). Die Längs- und Quermaße werden merklich verzerrt, womit das Flächenhafte der Aufnahme noch stärker hervorgehoben wird. Die Ursache hierfür ist in den begrenzten Abbildungsmöglichkeiten der Fotografie zu sehen. Durch die Projektion des Objektes in die Ebene der Fotografie wird lediglich eine zweidimensionale Helligkeitsverteilung registriert.

In der Geschichte der Wissenschaft und insbesondere der Fotografie hat es nicht an Bemühungen gefehlt, diesen Mangel zu beseitigen. Die Erkenntnis, daß der räumliche Eindruck beim Sehen erst durch das Zusammenspiel beider Augen hervorgerufen wird, führte zur Entwicklung von Verfahren, in deren Ergebnis der Beobachter beim Betrachten eines flächenhaften Bildes einen scheinbar stereoskopischen Eindruck erhält. Ausgenutzt wird hier der bereits erwähnte Effekt der stereoskopischen Parallaxe. In der sog. *Stereofotografie* werden zwei Bilder desselben Gegenstandes separat aufgezeichnet, wobei die jeweiligen Aufnahmeorte der Lage des einen oder anderen Auges entsprechen. Beim Betrachten einer solchen Stereofotografie werden dem Beobachter gleichzeitig beide Aufnahmen angeboten, jedes Auge sieht jedoch nur das ihm zugeordnete Bild. Zur Trennung der beiden Bilder bedient man sich verschiedenster Verfahren, von denen der Zweifarbendruck den meisten Lesern sicher schon aus Kinderzeitschriften bekannt ist. Hier erhält man ein Bild, auf dem sich dieselbe Szene gleich zweimal, jedoch leicht verschoben und verschieden gefärbt, befindet. Wird nun dieses etwas verwirrende Bild mit einer eigens dafür konstruierten Brille betrachtet, in der anstelle der Gläser zwei entsprechend gefärbte Folien eingesetzt sind, so betrachtet jedes Auge nur das ihm zugedachte Teilbild, und es entsteht ein gewisser räumlicher Eindruck.

Einfacher aufgebaut sind Stereobetrachter, wo jedem Auge unmittelbar nur ein Bild angeboten wird. Das eindrucksvollste Stereoerlebnis gewinnt der Betrachter jedoch im Kino, wo hin und wieder ein Film gezeigt wird, bei dem die Verschlüsselung zweier Teilbilder mittels polarisationsoptischer Effekte geschieht. Betrachtet man einen solchen Film ohne spezielle Hilfsmittel, so gewinnt man den Eindruck, daß der Kameramann eine recht unruhige Hand gehabt haben muß. Erst die an der Kasse empfangene Spezialbrille gestattet es jedem Auge, mittels zweier Polarisationsfilter das ihm zugeordnete Bild zu betrachten.

Andere Möglichkeiten der Schaffung von Stereoeindrücken begegnen uns heute auf Ansichtskarten, Briefmarken und in Bilderbüchern. Fährt man mit dem Fingernagel über die Oberfläche der Folie, bemerkt man deren leicht gerillte Struktur, die auf ein Raster von aufgeprägten Zylinderlinsen oder Prismen zurückzuführen ist. Damit nun jedes Auge nur eine Teilkomponente des Stereobildes empfängt, sind beide Flächenbilder zuvor in vertikale Streifen eingeteilt und diese abwechselnd nebeneinander auf ein Trägermaterial aufgebracht worden. Die Zylinderlinsen oder Prismen sind über den Streifenpaaren so angeordnet, daß beim Betrachten des Bildes ein Auge über eine Kante nur die zu einem Teilbild gehörenden Streifen sieht und das andere Auge über die gegenüberliegende Kante die dem zweiten Teilbild entsprechenden Streifen beobachtet.

Allen genannten Verfahren ist jedoch gemeinsam, daß die räumliche Wahrnehmung auf die Bedingungen bei der Aufnahme beider Teilbilder beschränkt bleibt. Änderungen der Blickrichtung schaffen keine neuen Eindrücke, so daß alle Stereobilder im Grunde genommen nur Ersatzlösungen verkörpern. Erst ein prinzipiell anderes Aufzeichnungsverfahren, wie es die *Holografie* darstellt, kann hier zu einer echten Verbesserung führen.

Die *Holografie* ist ein Verfahren zur Aufzeichnung und Rekonstruktion von Wellen, das im Jahre 1948 von dem englischen Physiker *Dennis Gabor* (1900–1979) [1–3] entdeckt wurde. Alle

I Prof. Dennis Gabor erhielt 1971 den Nobelpreis für seine bahnbrechende Entdeckung des holografischen Aufzeichnungs- und Rekonstruktionsprinzips

Arten von Wellen sind möglich, d. h., es kann sich um Licht-, Mikro-, Schall-, Röntgen- oder Korpuskularwellen handeln. Das Wort *„Holografie"* stammt vom Griechischen ab, wo *„Holos"* soviel wie *„das Ganze"* bedeutet. Durch die Verwendung dieses Wortes wollte *Gabor* unterstreichen, daß mittels der Holografie die Aufzeichnung des vollständigen Informationsgehaltes einer Welle ermöglicht wird, d. h. sowohl ihre Amplitude als auch ihre Phase.

Im Gegensatz zur Fotografie erzeugt das *Hologramm* kein zweidimensionales Bild des Objektes, sondern das vom Objekt gestreute Wellenfeld. Verändern wir nun unseren Beobachtungspunkt innerhalb der Grenzen dieses Wellenfeldes, so sehen wir das Objekt aus unterschiedlichen Winkeln und empfinden seine räumliche und wirklichkeitsgetreue Natur.

Die physikalische Grundlage der Holografie beruht auf der Lehre von den Wellen, ihrer Interferenz und Beugung. Erste Ansätze hierfür lassen sich bis in das 17. Jh. zurückverfolgen, in die Zeit von *Chr. Huygens* (1629–1694). Bereits zu Beginn des 19. Jh. hatten solche hervorragenden Wissenschaftler wie *T. Young* (1733–1829), *A. J. Fresnel* (1788–1827) und *J. von Fraunhofer* (1787–1826) genügend Erkenntnisse über Wellen und deren Eigenschaften gesammelt, um die grundlegenden Prinzipien der Holografie formulieren zu können. Obwohl zahlreiche Wissenschaftler der zweiten Hälfte des 19. Jh. und des beginnenden 20. Jh. der Entdeckung der Prinzipien der Holografie sehr nahe waren, sollten bis zu den fundamentalen Untersuchungen *Gabors* noch fast 150 Jahre vergehen. Stellvertretend seien hier genannt *G. Kirchhoff* (1824–1887), *Lord Rayleigh (J. W. Strutt)* (1842–1919), *E. Abbe* (1840–1905), *G. Lippmann* (1845–1921), *W. L. Bragg* (1890–1971), *M. Wolfke* und *H. Boersch*.

Als Ursache hierfür könnte man anführen, daß wesentliche technische Hilfsmittel, die man heute in der Holografie verwendet, damals noch nicht zur Verfügung standen. Dieser Einwand ist jedoch nicht stichhaltig. Auch *Gabor* verfügte 1947 über keinen *Laser* und mußte seine ersten Experimente mit einer Quecksilberdampflampe als Lichtquelle durchführen. Trotzdem war er in der Lage, die Idee der Rekonstruktion von Wellen zu formulieren und Methoden zu ihrer Realisierung vorzuschlagen.

Die technischen Probleme bei der Herstellung von Hologrammen und die damit verbundene recht schleppende Entwicklung des Verfahrens führten jedoch dazu, daß selbst *Gabor* die Holografie fast vergessen hatte [4].

Im Jahre 1963 stellten *E. N. Leith* und *J. Upatnieks*, zwei Physiker

II Emmet N. Leith (links) und Juris Upatnieks

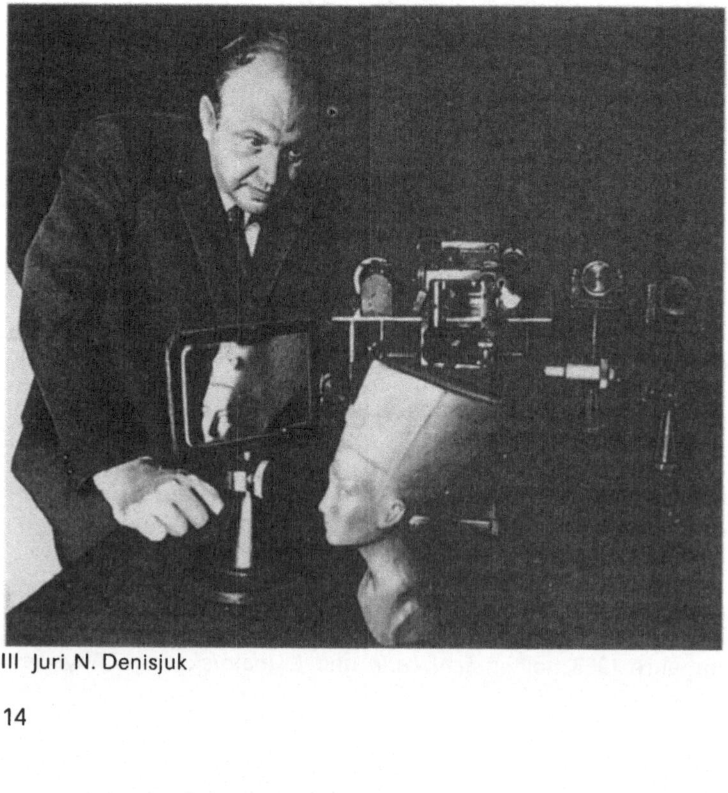

III Juri N. Denisjuk

der Universität von Michigan, erstmals Hologramme unter Verwendung eines Lasers her [5]. Ein Jahr zuvor veröffentlichten beide ihre Zweistrahl-Methode (auch als *„off-axis"*-Methode bezeichnet) [6], die *Gabors* ursprüngliche Anordnung wesentlich verbesserte. Ein weiterer bedeutender Fortschritt in der Entwicklung der Holografie konnte durch die Arbeiten von *Ju. Denisjuk* [7—9] erzielt werden, der 1962 vorschlug, Hologramme in dreidimensionalen Medien aufzuzeichnen. Von dieser Zeit an entwickelte sich die Holografie ausgesprochen dynamisch. Seinen sichtbaren Ausdruck fand dies vor allem in der großen Zahl von Publikationen. Insbesondere in den 70er Jahren erschienen jährlich bis zu 1 000 Veröffentlichungen, die sich mit der Holografie und dem breiten Spektrum ihrer Anwendungen befaßten.

Einige Worte zur Idee der holografischen Aufzeichnung.

Nach dem *Huygens-Fresnelschen Prinzip* kann die Wirkung einer Wellenfront in einem beliebigen Punkt P durch die Wirkung vieler virtueller Quellen ersetzt werden, die auf einer genügend großen Fläche in einer hinreichend großen Entfernung vom Punkt P angeordnet sind. Die Phasen und Amplituden der Wellen, die von diesen Quellen ausgehen, werden von jener Wellenfront festgelegt, die sie nach der Streuung an einem Objekt erreicht (Abb. 1). Wählen wir diese Quellen geeignet aus, dann erhalten wir im Ergebnis der Überlagerung aller von ihnen ausgehenden *Elementarwellen* hinter der Fläche eine genaue Kopie des ursprünglichen Wellenfeldes, ohne daß dieses auch

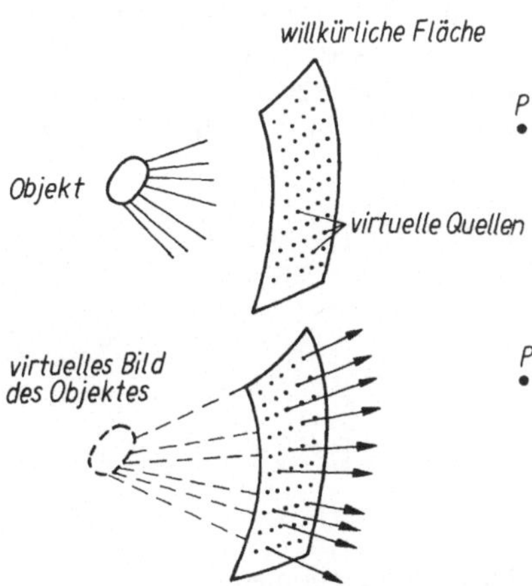

Abb. 1. Zum Huygens-Fresnelschen Prinzip

wirklich vorhanden gewesen sein muß. Das Auge oder irgendein anderer beliebiger Empfänger ist nicht in der Lage, zwischen dieser Kopie des Wellenfeldes, das vom Objekt gestreut wurde, und dem Objekt selbst zu unterscheiden. Folglich sieht ein Beobachter das virtuelle Bild dieses Objektes, auch wenn letzteres schon längere Zeit zuvor entfernt wurde.

Stellen wir uns einen Schirm vor, der mit einer lichtempfindlichen Schicht bedeckt ist, deren Durchlässigkeit (Transmission) auf die Amplitude der Wellenfront und deren Dicke oder deren Brechzahl auf die Phase reagiert, dann rekonstruieren wir das ursprüngliche Wellenfeld, sobald wir die Wellenfront ausblenden und diesen Amplituden- und Phasenschirm mittels einer monochromatischen Lichtquelle beleuchten. Solch ein Experiment, dessen Ergebnisse in Abb. 2 festgehalten sind, wurde zu Beginn unseres Jahrhunderts von *A. Michelson* (1852–1931) durchgeführt [10]. *Michelson* verwendete einen Spalt, der mit monochromatischem Licht beleuchtet wurde (Abb. 2a). Im Fernfeld entstand ein Beugungsmuster *(Fraunhofer-Beugung)* mit einer Amplitudenverteilung, die durch die Funktion $(\sin x)/x$ beschrieben werden kann (Abb. 2b). Zwischen zwei Nulldurchgängen der Funktion ändert sich die Phase um π. Ausgerüstet mit diesem Wissen, stellte *Michelson* eine Phasenplatte her, indem er Vertiefungen entsprechender Breite und Tiefe in Glas ätzte (Abb. 2c). Als nächstes brachte *Michelson* das Beugungsmuster mit der in Abb. 2b angedeuteten Amplitudentransmissionsverteilung gemeinsam mit der Phasenplatte in den Weg des Lichtbündels und erhielt im Fernfeld wieder die Rekonstruktion des Spaltes (Abb. 2d). Man kann sagen, daß dies das erste Experiment zur Aufzeichnung und Rekonstruktion einer Lichtwelle auf der Grundlage des *Huygens-Fresnelschen Prinzips* war.

Wir sollten uns jedoch darüber im klaren sein, daß *Michelson*

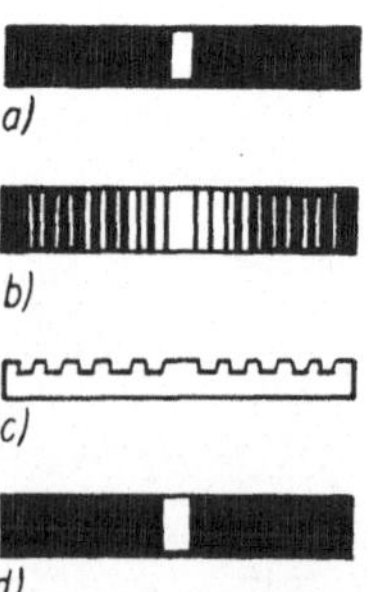

Abb. 2. Zu Michelsons Experiment

nur deshalb zum richtigen Ergebnis gelangen konnte, weil er eine sehr einfache Welle zugrunde legte, d. h. eine Welle, deren Amplituden- und Phasenverteilung wohlbekannt war. Die Schwierigkeit bestand darin, daß kein phasenempfindliches Medium zur Verfügung stand und folglich nicht die Möglichkeit gegeben war, beliebige Phasenverteilungen aufzuzeichnen. Somit mußte *Michelson* die Phasenplatte bei Kenntnis der theoretischen Verteilung selbst herstellen.

Es erhebt sich die Frage, ob dieser Umstand lediglich eine technische Schwierigkeit verkörpert oder von prinzipieller Art ist. Sollte es der technische Fortschritt nicht ermöglichen, phasenempfindliche Schichten herzustellen, mit denen das Problem gelöst werden kann? Diese Frage kann nur mit *Nein* beantwortet werden. Im Prinzip kann kein lichtempfindliches Material aus sich selbst heraus auf die Phase einer einfallenden Welle reagieren. Die Phase des Lichtes kann nur von solch einem Medium „gefühlt" werden, in dem ein von der zu registrierenden Welle unabhängiger Schwingungsvorgang der gleichen Frequenz, aber mit bekannter Phasenverteilung, stattfindet. Solch eine *„synchronisierte"* fotografische Schicht wäre in der Lage, die Phase der zu registrierenden Wellen mit der des „internen Standards" in jedem Punkt zu vergleichen. Das setzt jedoch voraus, daß die räumliche Intensitätsverteilung in einer Zeitspanne der Größenordnung von 10^{-16} s (d. h. während des Bruchteils der Periode einer Lichtschwingung) aufgezeichnet werden kann. Solch eine kurze Belichtung ist jedoch nicht nur technisch, sondern auch prinzipiell unmöglich, da in Übereinstimmung mit der *Heisenbergschen Unbestimmtheitsrelation* der Frequenzbereich, der von einem Lichtimpuls solch kurzer Dauer eingenommen wird, enorm groß ist und auch die räumliche und zeitliche Periodizität der Lichtschwingung verlorengeht.

Die „Momentaufnahme" der Intensitätsverteilung eines Wellenfeldes ist im Bereich der Radio- und Schallwellen möglich, da hier die Schwingungsperiode beträchtlich länger ist. Für den optischen Frequenzbereich verbleibt ein anderer Weg — nämlich der, der von *Gabor* vorgeschlagen wurde:

Gemeinsam mit den vom Objekt kommenden Wellen wird eine weitere durch das Objekt unbeeinflußte Welle (die sog. Referenzwelle) in die Ebene des Aufzeichnungsmediums gesandt. Sind Objekt- und Referenzwelle kohärent, dann entsteht infolge der Überlagerung beider Wellen ein Interferenzmuster, bei dem der Kontrast durch die Intensitätsverteilung und die Ortsfre-

quenz sowie die Form der Interferenzstreifen vom Phasenprofil der aufzuzeichnenden Welle bestimmt werden. Auf diese Weise wird nicht nur die Amplitude, sondern auch die Phase der Lichtwelle auf einer fotografischen Platte oder einem Film registriert. Die kodierte Form der Amplituden- und Phasenverteilung trägt die Bezeichnung Hologramm.

Die Funktion der *Referenzwelle* kann man sich auch so verdeutlichen, daß durch sie eine Lichtwelle im Raum „eingefroren" wird. Alle Wellen, die von einem Objekt in Richtung des Hologramms gestreut werden, können nun so lange aufgezeichnet werden, wie die Intensitätsverteilung im Raum stabil ist. Um das ursprüngliche Wellenfeld zu rekonstruieren, genügt es, das Hologramm mit jener Welle zu beleuchten, die im Aufzeichnungsprozeß als Referenzwelle diente. Aus dieser überraschend einfachen Möglichkeit zur Aufzeichnung und Rekonstruktion des vollständigen Informationsgehaltes einer Lichtwelle resultiert die große Bedeutung der *Holografie*.

1.2. Die physikalischen Prinzipien der Holografie

1.2.1. *Interferenz von Lichtwellen*

Im Grunde genommen stellt das Hologramm ein Interferenzmuster dar, das durch die Überlagerung der vom Objekt gestreuten Wellen mit der Referenzwelle zustande kommt. Daher ist es sicher von allgemeinem Interesse, wenn wir vor der Behandlung der wichtigsten Eigenschaften des Hologramms eine kurze und auf das Wesentliche orientierte Beschreibung der *Interferenz*

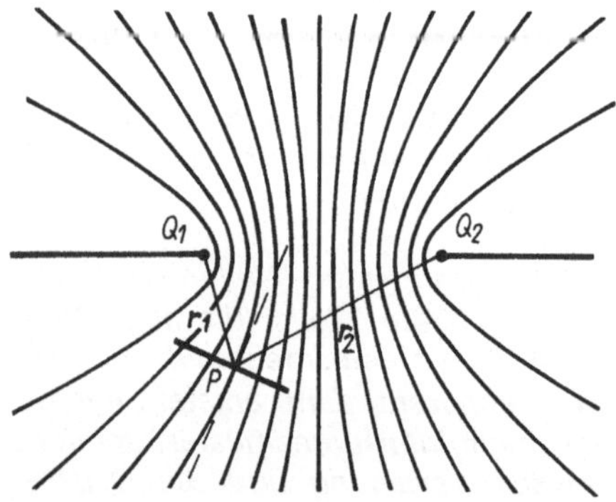

Abb. 3. System stehender Wellen, das sich im Raum um die beiden kohärenten Punktquellen Q_1 und Q_2 ausbildet

geben. (Für eine gründlichere Beschäftigung mit den Erscheinungen der Interferenz s. [11–13].)

Zuerst betrachten wir einen sehr einfachen Fall – das Interferenzfeld der Lichtwellen, die von zwei monochromatischen Punktquellen Q_1 und Q_2 in einem isotropen Medium ausgehen (Abb. 3). Nehmen wir an, daß diese Wellen in einer Ebene polarisiert sind (d. h., der elektrische Vektor möge senkrecht zur Zeichenebene schwingen) und die gleiche *Frequenz* v bzw. Kreisfrequenz $\omega = 2\pi v$ aufweisen. Folglich sind die Lichtschwingungen beider Wellen in einem beliebigen Punkt P durch die Gleichungen

$$X_1 = A_1 \cos(\omega t + \varphi_1),$$
$$X_2 = A_2 \cos(\omega t + \varphi_2) \tag{1}$$

bestimmt. A bedeutet hier die *Amplitude* der Welle, die, ausgehend von Q_1, den Punkt P erreicht; $\varphi_1 = \varphi_{Q1} - 2\pi r_1/\lambda$, wobei φ_{Q1} die Anfangsphase der Welle ist, die durch die Quelle Q_1 emittiert wird. $2\pi r_1/\lambda$ ist die Veränderung der *Phase* dieser Welle entlang des Weges $\overline{Q_1 P}$ und λ die Wellenlänge. Gleiche Symbole, jedoch mit dem Index 2 versehen, sind zur Kennzeichnung der zweiten Welle verwendet worden.

Die resultierende Schwingung im Punkt P erhält man durch Addition von X_1 und X_2:

$$X = A_1 \cos(\omega t + \varphi_1) + A_2 \cos(\omega t + \varphi_2) = A \cos(\omega t + \varphi), \tag{2}$$

wobei

$$A^2 = A_1^2 + A_2^2 + 2A_1 A_2 \cos(\varphi_1 - \varphi_2), \tag{2a}$$

$$\varphi = \arctan \frac{A_1 \sin \varphi_1 + A_2 \sin \varphi_2}{A_1 \cos \varphi_1 + A_2 \cos \varphi_2}. \tag{2b}$$

Das Betragsquadrat der Amplitude A entspricht der *Intensität I* der Interferenzerscheinung. Ein beliebiger Lichtempfänger zeichnet auf Grund seiner Trägheit stets die Intensität über eine gewisse Zeitspanne auf, die wesentlich länger ist als die Periode der Lichtschwingung. Das ist die Ursache, warum immer der Mittelwert der Intensität über eine große Zahl von Perioden aufgezeichnet wird. Wenn die Quellen völlig unabhängig voneinander sind und der Empfänger eine große Trägheit aufweist, dann verschwindet der Mittelwert von $\cos(\varphi_1 - \varphi_2)$ über die Aufzeichnungsdauer, und wir erhalten aus Gl. (2a)

$$A^2 = A_1^2 + A_2^2. \tag{3}$$

In diesem Fall werden die Wellen als *inkohärent* bezeichnet. Gl. (3) zeigt, daß bei inkohärenten Wellen eine einfache Summation der Intensitäten der beteiligten Wellen vorliegt. Diese Erscheinung beobachten wir stets, wenn wir einen Raum mit mehreren Lampen beleuchten.
Ändert sich der Wert von $(\varphi_{Q1} - \varphi_{Q2})$ während der Beobachtungszeit nicht, dann sind die Wellen *kohärent*. In Übereinstimmung mit Gl. (2a) addieren sich nun nicht die Intensitäten, sondern die Amplituden der Lichtschwingungen unter Berücksichtigung der zwischen ihnen bestehenden Phasenunterschiede. Treffen sich Wellen mit gleicher Phase, d. h., die *Phasendifferenz* δ ist

$$\delta = \varphi_1 - \varphi_2 = 0, \ \pm 2\pi, \ \pm 4\pi, \ \ldots, \ \pm 2N\pi, \ \ldots, \tag{4}$$

wobei N eine beliebige ganze Zahl ist, so addieren sich ihre Amplituden:

$$A = A_1 + A_2.$$

Bei der Überlagerung von Wellen, die gegenphasig schwingen, d. h.

$$\delta = \varphi_1 - \varphi_2 = \pm\pi, \ \pm 3\pi, \ \pm 5\pi, \ \ldots, \ \pm(2N + 1)\pi, \ \ldots, \tag{5}$$

subtrahieren sich deren Amplituden:

$$A = A_1 - A_2.$$

Im Raum bildet sich ein System stationärer (stehender) Wellen aus. Die Maxima *(„Schwingungsbäuche")* genügen der Bedingung (4), während die Minima *(„Schwingungsknoten")* der Bedingung (5) folgen.
Im folgenden beschäftigen wir uns mit der Gestalt dieser Bauch- und Knotenflächen. Man rechnet leicht nach, daß Gl. (4) im Fall von $\varphi_{Q1} = \varphi_{Q2} = 0$ lautet:

$$r_1 - r_2 = \pm N\lambda. \tag{6}$$

Gl. (6) beschreibt eine Schar von *Rotationshyperboloiden* mit der Rotationsachse $\overline{Q_1 Q_2}$. Die Anzahl M_B der den Bäuchen zugeordneten Hyperboloide erhalten wir, indem wir beachten, daß $r_1 - r_2$ die Entfernung a zwischen den Quellen Q_1 und Q_2 nicht überschreitet. Folglich gilt

$$N_{max} = \frac{a}{\lambda}$$

und

$$M_B = 2\frac{a}{\lambda} + 1.$$

In analoger Weise erhalten wir die Gleichung für die Hyperboloidenschar der Knotenflächen

$$r_1 - r_2 = \frac{\pm(2N + 1)}{2}\lambda \tag{7}$$

und die Anzahl der den Knoten entsprechenden Hyperboloidenflächen

$$M_K = 2\frac{a}{\lambda}.$$

Die tangential zu den Knoten- und Bauchflächen gelegenen Ebenen halbieren in jedem Punkt den Winkel 2α zwischen den Vektoren r_1 und r_2, d. h., sie enthalten die Halbierende dieses Winkels. Entlang der Verbindungslinie $\overline{Q_1 Q_2}$ ist die Entfernung zwischen benachbarten Hyperboloiden am kleinsten. Hier sind die den Bäuchen zugeordneten Flächen äquidistant, und die Entfernung d zwischen ihnen beträgt, wie aus Gl. (6) folgt,

$$d = \frac{\lambda}{2}. \tag{8}$$

Damit ergibt sich für die *Ortsfrequenz* des Interferenzmusters

$$f = \frac{1}{d} = \frac{2}{\lambda}. \tag{9}$$

Im allgemeinen Fall gilt

$$d = \frac{\lambda}{2 \sin \alpha} \tag{10}$$

und

$$f = \frac{2 \sin \alpha}{\lambda} . \tag{11}$$

Man erkennt sehr leicht, daß entlang der Verbindungslinie $\overline{Q_1 Q_2}$ ($\alpha = \pi/2$) Gl. (8) und (9) aus Gl. (10) bzw. (11) folgen. Gl. (10) und (11) bestimmen also das erforderliche *Auflösungsvermögen* eines Empfängers zur Aufzeichnung des Interferenzmusters, oder sie kennzeichnen im umgekehrten Fall bei gegebener räumlicher Auflösung des Empfängers jene Gebiete des Interferenzfeldes (s. Abb. 3), wo die Interferenzstreifen noch aufgelöst werden können.
Der *Kontrast* des Interferenzmusters wird durch die Amplituden der interferierenden Wellen bestimmt:

$$K = \frac{I_{max} - I_{min}}{I_{max} + I_{min}} = \frac{(A_1^2 + A_2^2) - (A_1^2 - A_2^2)}{(A_1^2 + A_2^2) + (A_1^2 - A_2^2)} . \tag{12}$$

Eine einfache Umrechnung von Gl. (12) liefert

$$K = \frac{2\sqrt{p}}{1 + p}, \tag{13}$$

wobei $p = A_1^2/A_2^2$ das Verhältnis der Intensitäten der interferierenden Wellen angibt. Der Kontrast eines Interferenzmusters ist also maximal, d. h. gleich 1, wenn $p = 1$ bzw. die Intensitäten der interferierenden Wellen gleich sind.
Zur Aufzeichnung der Interferenzerscheinung müssen demnach für den in Abb. 3 gezeigten Idealfall lediglich gewisse Anforderungen an das Auflösungsvermögen des Empfängers erfüllt sein. Um jedoch einen hohen Kontrast des Interferenzmusters in einem gegebenen Punkt des Feldes zu erreichen, sollten die Intensitäten der Lichtquellen und die Empfindlichkeit des Empfängers angemessen gewählt werden.
Wir müssen jedoch beachten, daß unsere vereinfachte Betrachtungsweise die Vektornatur der elektromagnetischen Schwin-

gungen bisher unberücksichtigt gelassen hat. Solch ein Vorgehen ist strenggenommen nur innerhalb der in Abb. 3 dargestellten Ebene vertretbar, da hier die Richtungen der elektrischen Vektoren beider Wellen übereinstimmen. Durch eine konsequente Vektorbetrachtung wird nur die räumliche Verteilung des Kontrastes im Interferenzmuster beeinflußt, nicht aber die Gestalt der Interferenzmaxima und -minima. Insbesondere sinkt der Kontrast an jenen Stellen auf Null, wo die elektrischen Vektoren aufeinander senkrecht stehen, da dort keine Interferenz stattfindet.

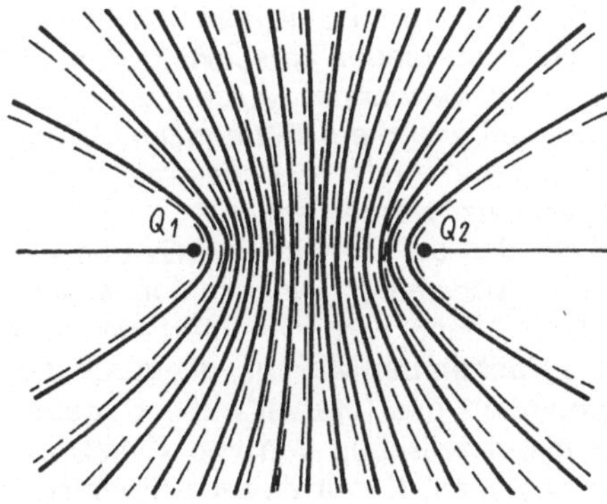

Abb. 4. Quellen, die Licht mit 2 Frequenzen emittieren

Betrachten wir nun den Fall, wo die Lichtquellen unseren bisherigen idealen Vorstellungen nicht mehr genügen. Wir nehmen an, daß jede von ihnen die gleiche Lichtmenge in zwei Frequenzen v' und v'' (die entsprechenden Wellenlängen sind λ' und λ'') ausstrahlt. Alle weiteren Einschränkungen behalten wir bei, d.h., es handelt sich wie bisher um Punktquellen, die Licht mit konstanter Phasendifferenz gleich Null in jeder der Frequenzen emittieren. Es ist offensichtlich, daß jetzt zwei stationäre Hyperboloidensysteme (ein System bzgl. λ' und das andere bzgl. λ'') in dem Q_1 und Q_2 umgebenden Raum beobachtet werden können (Abb. 4). Für alle Maxima beider Wellenlängen gibt es nur eine Fläche, wo beide übereinstimmen, nämlich jene, für die $N = 0$ ist. Die restlichen Flächen sind relativ zueinander um einen Betrag verschoben, der mit zunehmenden Werten von N und $\Delta\lambda = \lambda' - \lambda''$ wächst (s. Abb. 4). Danach sinkt der Kontrast der beobachteten Streifen mit wachsendem N und erreicht den Wert 0 dort, wo die Flächen der Maxima einer Wellenlänge mit den Flächen der Minima der anderen Wellenlänge zusammentreffen.

Unter dieser Bedingung liefern die Gln. (6) und (7)

$$N\lambda' = \frac{2N+1}{2}\lambda'',$$

wonach

$$N = \frac{1}{2}\frac{\lambda''}{\lambda'-\lambda''} \approx \frac{1}{2}\frac{\lambda}{\Delta\lambda}. \tag{14}$$

Bei weiterer Zunahme der Wegdifferenzen kann wiederum ein Interferenzmuster beobachtet werden, das seinen maximalen Kontrast bei $N = \lambda/\Delta\lambda$ erreicht und wieder verschwindet für $N = (3\lambda/2)/\Delta\lambda$ usw. Gl. (14) kann z. B. verwendet werden, wenn die *Monochromasie* einer Lichtquelle und die größtmögliche Wegdifferenz $r_1 - r_2$ bei gegebener Quelle oder die *spektrale Auflösung* eines Empfängers abgeschätzt werden sollen.

Wenn wir jedoch unterstellen, daß die Lichtquellen Q_1 und Q_2 ein kontinuierliches Spektrum konstanter Helligkeit innerhalb des Intervalls $\lambda' - \lambda''$ emittieren, dann wird das Interferenzmuster verschwinden, wenn alle Flächen der Maxima, die durch die monochromatischen Komponenten des Intervalls $\lambda' - \lambda''$ gebildet werden, den gesamten Raum zwischen den von λ' herrührenden Maxima vollständig ausfüllen. Damit dieser Fall eintritt, muß die Bedingung

$$N\lambda' = (N + 1)\lambda''$$

erfüllt sein, woraus

$$N = \frac{\lambda}{\Delta\lambda} \tag{15}$$

folgt. Mit diesem Ergebnis und Gl. (6) sind wir in der Lage, diejenige Wegdifferenz $r_1 - r_2$ zu berechnen, bei der das Interferenzmuster verschwindet:

$$r_1 - r_2 = \frac{\lambda^2}{\Delta\lambda}. \tag{16}$$

Diese Größe wird gewöhnlich als *Kohärenzlänge* der Lichtquelle bezeichnet.

24

Im Prinzip ist es bei der Beobachtung des Interferenzfeldes ohne
Bedeutung, ob die Quelle schmale Spektrallinien der Breite $\Delta\lambda$
oder ein breites Spektrum emittiert, wenn die Aufzeichnung mit
einem schmalbandigen Empfänger erfolgt, der das gleiche spektrale Intervall $\Delta\lambda$ herausfiltert. Gl. (16) bestimmt also auch das
spektrale Auflösungsvermögen eines Empfängers, der benötigt
wird, um das Interferenzfeld aufzuzeichnen:

$$R = \frac{\lambda}{\Delta\lambda} = \frac{r_1 - r_2}{\lambda}. \tag{17}$$

Unsere folgenden Betrachtungen gehen davon aus, daß die
Punktquellen Q_1 und Q_2 eng benachbarte, ideal monochromatische Linien unterschiedlicher Frequenzen v_1 und v_2 emittieren.
Dieser Fall der Überlagerung von Schwingungen mit eng benachbarten Frequenzen führt zu einer *Schwebung* mit dem Frequenzunterschied

$$\Delta v = v_1 - v_2. \tag{18}$$

Das Interferenzmuster ist nun nicht mehr stationär, sondern bewegt sich im Raum und überstreicht in der Zeit

$$\tau = \frac{1}{\Delta v} \tag{19}$$

einen Weg, der der Entfernung zwischen zwei benachbarten
Maxima entspricht. Die zulässige Belichtungszeit bei der Aufnahme eines Interferogramms sollte höchstens ein Viertel dieses
Intervalls betragen. Bei

$$\tau = \frac{1}{4\Delta v} \tag{20}$$

ändert sich die Phasendifferenz während der Belichtungszeit um
$\pi/2$. Obwohl dadurch der Kontrast des Musters erheblich sinkt,
wird es trotzdem nicht unauswertbar.
Gl. (20) gibt das erforderliche *zeitliche Auflösungsvermögen*
eines Empfängers zur Aufzeichnung des Interferenzmusters an,
das durch eine Lichtquelle erzeugt wird, die mehrere Frequenzen emittiert. Solch ein Fall ereignet sich beispielsweise bei der
Bewegung des reflektierenden Spiegels in einem Arm des *Michelson-Interferometers*, bei der Schwingung oder Verschie-

bung einzelner Teile des holografischen Aufbaus oder bei der holografischen Aufzeichnung sich bewegender Objekte. Die Frequenz einer der beiden interferierenden Wellen verschiebt sich infolge des *Dopplereffektes*, und wir beobachten eine Bewegung der Interferenzstreifen mit einer Geschwindigkeit entsprechend Gl. (19). Es sei jedoch bemerkt, daß in Übereinstimmung mit den Gln. (6) und (7) die gleiche Erscheinung in ähnlich überzeugender Weise erklärt werden kann durch die kontinuierliche Veränderung der Wegdifferenz und den damit verbundenen kontinuierlichen Übergang von Maxima zu Minima.

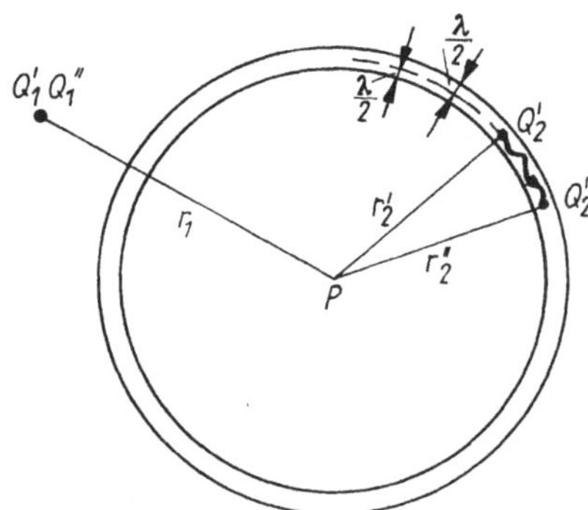

Abb. 5. Gebiet, in dem die Quelle Q_2 verschoben werden kann

Unsere weitere Aufmerksamkeit gilt nun dem Interferenzmuster, das sich bei der Überlagerung von Wellen herausbildet, die von ausgedehnten Quellen emittiert werden. Nehmen wir an, daß jede der Punktquellen Q_1 und Q_2 aus zwei unabhängigen Strahlern Q_1', Q_1'' bzw. Q_2', Q_2'' besteht (Abb. 5), die mit gleicher Intensität und Frequenz strahlen. Die Lichtschwingungen der Paare Q_1' und Q_2' bzw. Q_1'' und Q_2'' mögen phasenmäßig korreliert sein wie zuvor und in der gleichen Ebene stattfinden. Solange die Quellen Q_1 und Q_2 Punktquellen bleiben, verändern unsere Annahmen das resultierende Muster nicht. Beide Paare kohärenter Quellen Q_1', Q_2' und Q_1'', Q_2'' bilden zwei völlig identische Hyperboloidensysteme, die nach der Addition der Intensitäten das gleiche Muster erzeugen wie vor der Teilung jeder Quelle.

Nun wird jede der Punktquellen in beliebig viele, zueinander inkohärente Lichtquellen unterteilt. Beibehalten wird jedoch die *wechselseitige Kohärenz* zueinander gehörender Paare von Elementarstrahlern. Ein Interferenzmuster, das mit Hilfe gewöhnlicher Lichtquellen und unter Verwendung des *Fresnelspiegels*, eines *Fresnelschen Biprismas* oder eines *Lloydspiegels* erzeugt wurde, ist ein Beispiel der Interferenz von Lichtwellen, die von zwei Punktquellen emittiert werden, von denen jede aus einer großen Anzahl unabhängiger Strahler besteht. Die erforderliche wechselseitige Kohärenz der Paare von Elementarstrahlern wird in diesen Anordnungen erreicht, indem entweder beide Quellen Bilder ein und derselben Quelle sind (Fresnelspiegel und Biprisma), oder eine der Quellen ist ein Bild der anderen (Lloydspiegel).

Nun ist es an der Zeit, den Begriff der „*Punkt*"quelle etwas genauer zu formulieren. Den Inhalt dieses Begriffes wollen wir stets im Zusammenhang mit der Herstellung kontrastreicher Interferenzmuster sehen. Die Ausdehnung der Quelle ist nur dann ohne Bedeutung für das Interferenzmuster, solange dieses einen genügenden Kontrast aufweist.

Zur Behandlung dieser Problematik stellen wir uns vor, daß sich die Quellen Q_1' und Q_1'' wie zuvor am gleichen Ort befinden, während sich Q_2'' relativ zu ihrer ursprünglichen Position, wo sie mit Q_2' übereinstimmte, bewegen kann. Durch die Verschiebung der Quelle Q_2'' wird das gesamte von den Quellen Q_1'' und Q_2'' erzeugte System der Interferenzmaxima und -minima sowohl in seiner Lage als auch Gestalt verändert. Infolgedessen stimmt es nicht mehr mit jenem Interferenzmuster überein, das durch die Strahler Q_1' und Q_2' gebildet wird. Der Kontrast des resultierenden Musters im Punkt P (Abb. 5) sinkt auf Null, wenn das von einem Quellpaar erzeugte Interferenzmaximum vom Minimum des anderen Paares überlagert wird.

Es ist leicht einzusehen, daß eine beliebige Verschiebung der Quelle Q_2'' innerhalb der Schicht, die durch die Kugelschalen mit den Radien $r_2' - \lambda/2$ und $r_2' + \lambda/2$ um den Punkt P begrenzt wird, keine völlige Verwischung des Musters in P hervorrufen wird. Mit anderen Worten, die Bedingung für die Entstehung einer beobachtbaren Interferenz im Punkt P lautet

$$| r_2'' - r_2' | < \lambda/2. \tag{21}$$

Diese Bedingung garantiert jedoch nur für einen Punkt die Entstehung des Interferenzmusters. Das genügt natürlich nicht. Ein Interferenzmuster (Hologramm) wird auf einer bestimmten Fläche endlicher Ausdehnung oder in einem bestimmten Volumen aufgezeichnet. P_1 und P_2 mögen die am weitesten entfernten Punkte einer lichtempfindlichen Fläche sein, auf der ein Interfe-

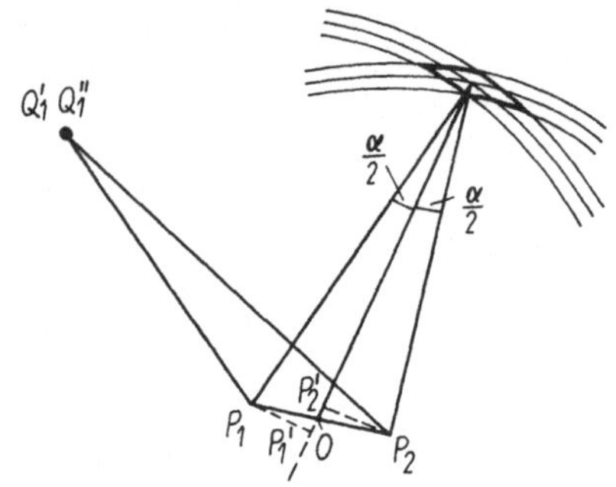

Abb. 6. Zur Berechnung der erlaubten Ausdehnung der Quelle (Breite)

renzmuster aufgezeichnet werden soll (Abb. 6), und 0 sei der Mittelpunkt dieser Fläche. In diesem Fall muß die Bedingung (21) gleichzeitig für beide Punkte P_1 und P_2 erfüllt sein. Ist dies gegeben, dann können auch für alle dazwischen liegenden Teilbereiche Interferenzmuster beobachtet werden. Eine nähere Betrachtung von Abb. 6 zeigt, daß diese Forderung den Freiheitsgrad der Verschiebung von Q_2'' auf jenes Volumen begrenzt, das sich als Schnitt zweier sphärischer Schichten der Dicke λ um die Punkte P_1 und P_2 ergibt. Abb. 6 zeigt einen Ausschnitt dieser Schichten in einer äquatorialen Ebene (d. h. in einer Ebene, die die Quellen Q_1', Q_1'', Q_2' und auch den Punkt 0 enthält). Aus der Zeichnung wird deutlich, daß die Breite der Zone (die Diagonale des Rhombus) durch die Winkelweite α des Interferogramms bestimmt wird:

$$b = \frac{\lambda}{\sin \alpha/2}. \tag{22}$$

Abb. 7 zeigt einen Schnitt der gleichen Schichten mit der Meridianebene, die 0 und Q_2' enthält. Die erlaubte Verschiebung der Quelle Q_2'' innerhalb der Meridianebene ist beträchtlich größer als in einer Äquatorialebene. Es läßt sich zeigen, daß gilt:

$$a \approx 2\sqrt{r\lambda}. \tag{23}$$

Nehmen wir z. B. an, daß $r = 100$ cm, $\sin(\alpha/2) = 0{,}05$ (das entspricht einer Hologrammgröße von rund 10 cm) und $\lambda = 500$ nm ist. Mit den Gln. (22) und (23) erhalten wir $b = 10$ cm und $a = 0{,}14$ cm, d. h., die erlaubte Verschiebung der Quelle Q_2'' in Meridianrichtung überschreitet im gegebenen Fall die erlaubte

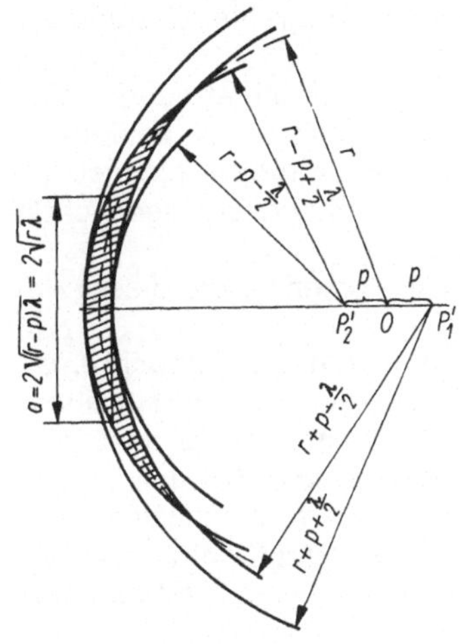

Abb. 7. Zur Berechnung
der erlaubten Ausdehnung
der Quelle (Höhe)

Verschiebung in Äquatorialrichtung um mehr als zwei Größenordnungen.

Die Gln. (22) und (23) bestimmen die ungefähren Grenzen der Verschiebung von Q_2'', innerhalb derer noch ein Interferenzmuster auf dem Ausschnitt $\overline{P_1 P_2}$ beobachtet werden kann. Dieselben Ausdrücke kennzeichnen auch die maximal zulässigen Dimensionen einer aus unabhängigen Elementarstrahlern bestehenden ausgedehnten Lichtquelle, deren einzelne Komponenten paarweise mit den ihnen entsprechenden und im Punkt Q_1 konzentrierten Strahlern kohärent sind.

Die gleichen Aussagen lassen sich ableiten, wenn Q_2 eine Punktquelle und Q_1 eine ausgedehnte Quelle ist. Unsere Schlußfolgerungen behalten weiterhin ihre Gültigkeit, wenn beide Quellen ausgedehnt sind. In der Tat ist dies i. allg. der Fall. Die Ausdehnung beider Quellen Q_1 und Q_2 ist in der Regel die gleiche, da beide zumeist virtuelle oder reelle Bilder ein und derselben Lichtquelle sind.

In diesem Zusammenhang ergibt sich die Möglichkeit, ein örtlich begrenztes, kontrastreiches Muster in den Gebieten des Interferenzfeldes zu erhalten, wo sich jene Strahlen schneiden, die von den einander zugeordneten Punkten beider Quellen emittiert werden.

Aus diesem Grund hängt der Kontrast des Interferenzmusters innerhalb einer begrenzten Zone nicht von der Ausdehnung der Quelle ab. Zwischen der Tiefe eines solchen Gebietes und der

Ausdehnung der Quelle besteht jedoch ein direkter Zusammenhang.

Die einfachen Verhältnisse, die wir hier betrachtet haben, charakterisieren die bestehenden Anforderungen an die verwendeten Quellen und optischen Aufbauten, damit Interferenzerscheinungen bei der Überlagerung von Lichtwellen beobachtet werden können.

Abschließend fassen wir die wichtigsten Erkenntnisse dieses Abschnitts nochmals zusammen:

— Die *zeitliche Kohärenz* hängt ab vom Grad der Monochromasie der Lichtquelle oder der Bandbreite des Transmissionsbandes des Aufzeichnungssystems und bestimmt die maximale Wegdifferenz zwischen den interferierenden Wellen.

— Die Struktur und Ortsfrequenz des Interferenzmusters und folglich das Auflösungsvermögen des Empfängers werden von der gegenseitigen Anordnung der Quellen und der Aufzeichnungsapparatur bestimmt.

— Die *räumliche Kohärenz* der Wellen hängt von der Dimension der Quellen ab und bestimmt die Gebiete des Interferenzfeldes, in denen der Kontrast des Musters einen gegebenen Wert nicht unterschreitet.

— Die Geschwindigkeit der Verschiebung des Interferenzmusters und daher das zeitliche Auflösungsvermögen des Empfängers hängen von dem Frequenzunterschied der Lichtquellen ab.

1.2.2. Das Hologramm als Beugungsgitter

Zunächst behandeln wir die Interferenz zweier ebener kohärenter Wellenbündel. Diese mögen unter den Einfallswinkeln γ_1 bzw. γ_2 auf die Fotoplatte fallen (Abb. 8) und ein Interferenzmu-

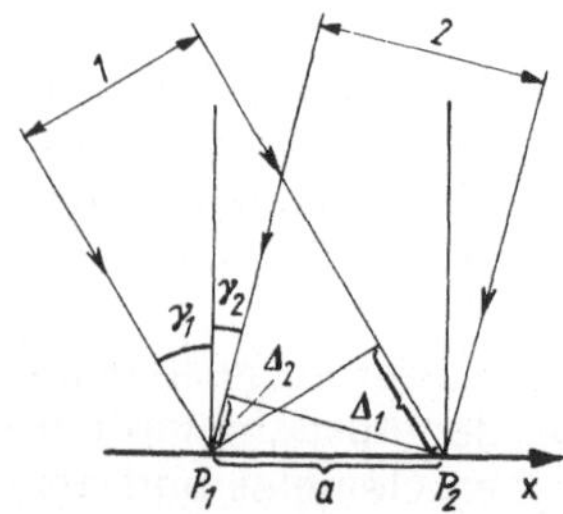

Abb. 8. Entstehung eines holografischen Beugungsgitters

ster bilden, bei dem wir die Zentren der hellen Streifen entlang der x-Achse durch die Gleichung

$$\delta = 2N\pi = \frac{2\pi}{\lambda}\,(\sin \gamma_1 + \sin \gamma_2)$$

und die Zentren der dunklen Streifen durch

$$\delta = (2N + 1)\pi = \frac{2\pi}{\lambda}\,(\sin \gamma_1 + \sin \gamma_2)$$

beschreiben können (beide Winkel γ_1 und γ_2 werden positiv gezählt). Besteht zwischen der Amplitudentransmission der Fotoschicht und der Intensität des einfallenden Lichtes ein linearer Zusammenhang, dann wird, wie aus Gl. (2a) folgt, das Interferenzstreifensystem eine *sinusoidale Transmissionsverteilung* aufweisen.
Nun greifen wir zwei Punkte P_1 und P_2 heraus, die den Orten zweier benachbarter Streifen mit dem Abstand a entsprechen. Die auch als *Gangunterschied* bezeichnete Differenz der optischen Weglängen beider Bündel beträgt demnach beim Übergang vom Punkt P_1 zum Punkt P_2 eine Wellenlänge λ. Mit anderen Worten: Es ist $\Delta_1 + \Delta_2 = \lambda$, und wegen $\Delta_1 = a \sin \gamma_1$ und $\Delta_2 = a \sin \gamma_2$ ergibt sich

$$a = \frac{\lambda}{\sin \gamma_1 + \sin \gamma_2}. \tag{24}$$

Das auf diese Weise erzeugte Hologramm – ein *Beugungsgitter* mit der *Gitterkonstanten a* – beleuchten wir nun mit einem der Lichtbündel, die an seiner Entstehung beteiligt waren, z. B. mit Bündel 1. Der Winkel α des einfallenden Lichtes und der Winkel β des gebeugten Lichtes sind bei einem Beugungsgitter durch die Gleichung

$$a(\sin \alpha + \sin \beta) = N\lambda \tag{25}$$

verknüpft, wobei N die Ordnung des Spektrums angibt ($N = 0$, ± 1, ± 2, …). Ein *Sinusgitter*, wie wir es erzeugt haben, bildet keine höheren Ordnungen als $N = \pm 1$. Nehmen wir an, α sei identisch mit γ_1 und $N = 1$, so finden wir mit Gl. (24)

$$\sin \beta = \frac{\lambda}{a} - \sin \alpha = \sin \gamma_1 + \sin \gamma_2 - \sin \gamma_1 = \sin \gamma_2, \tag{26}$$

d. h. $\beta = \gamma_2$. Folglich hat das Hologramm (Beugungsgitter) jene Welle rekonstruiert, die zwar an seiner Herstellung beteiligt war, aber nicht zur Rekonstruktion verwendet wurde. Bündel 1 rekonstruiert also Bündel 2, während durch die Beleuchtung des Hologramms mit Bündel 2 das Bündel 1 rekonstruiert wird. Zusammenfassend können wir feststellen, daß beide an der Entstehung eines Hologramms beteiligten Bündel (*Objekt-* und *Referenzbündel*) die Eigenschaft haben, sich im Rekonstruktionsprozeß ineinander verwandeln zu können.

Jede Welle beliebiger Komplexität kann man sich zusammengesetzt denken aus einem Spektrum ebener Wellen verschiedener Ausbreitungsrichtungen. Unterteilen wir also eine komplizierte Wellenfront in kleine, ebene Gebiete, von denen jedes auf einem kleinen Ausschnitt des Hologramms aufgezeichnet wird, so können wir unsere soeben gewonnenen Erkenntnisse auf Objektwellen beliebiger Gestalt verallgemeinern. Es ergibt sich natürlich die Frage, ob diese Schlußfolgerungen auch auf den Fall einer beliebigen Referenzwelle angewendet werden können. Unglücklicherweise lautet die Antwort – *nein*. Am Beispiel einer *Referenzwelle*, die sich aus zwei parallelen Bündeln zusammensetzt, von denen jedes unter einem anderen Winkel auf das Hologramm trifft, wollen wir dieses Problem behandeln (Abb. 9a). In diesem Fall werden zwei Muster auf dem Hologramm aufge-

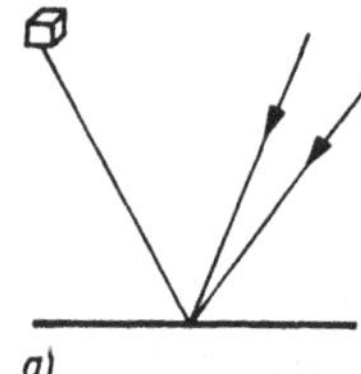

a)

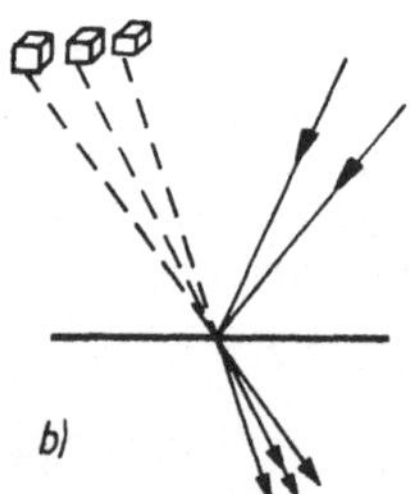

b)

Abb. 9. Rekonstruktion der Wellenfront unter Verwendung einer ausgedehnten Quelle

zeichnet, die den beiden Komponenten der Referenzwelle entsprechen. Nun beleuchten wir unser Hologramm mit derselben Referenzwelle. Jedes der beiden Bündel wird von jedem der zwei Muster jeweils ein Bild des Objektes rekonstruieren. Wir erhalten also insgesamt 4 Bilder, von denen 2 an genau dem Platz entstehen, wo das Objekt während der Aufnahme gestanden hat. Hier handelt es sich um die Rekonstruktionen, bei denen beide Referenzbündel das Bild des Objektes aus dem ihnen entsprechenden Muster rekonstruieren. Gleichzeitig rekonstruiert jedes Bündel nochmals das Objekt aus dem Muster, das im Aufnahmeprozeß durch das andere Bündel erzeugt wurde. Diese Bilder sind um einen gewissen Winkel versetzt. Wir erhalten ein Bild, wie es in Abb. 9b angedeutet ist. Neben dem richtigen *virtuellen Bild* werden zwei intensitätsschwächere Bilder rekonstruiert, die relativ zum Hauptbild verschoben sind und dessen Beobachtung infolge von Überlagerungseffekten stören.

Bei der Verwendung von Referenzwellen, die von ausgedehnten Quellen herrühren und als Ergebnis der Überlagerung vieler paralleler Bündel aufgefaßt werden können, muß demnach im Rekonstruktionsprozeß mit der Entstehung zahlreicher *Störbilder* gerechnet werden. Das ist der Grund, warum in der Regel ebene oder sphärische Referenzwellen zur Aufzeichnung von Hologrammen verwendet werden.[1]

In der nachstehenden Schlußfolgerung, die auch als das *Grundgesetz der Holografie* bezeichnet werden kann, wollen wir die wesentlichen Erkenntnisse dieses Abschnitts zusammenfassen.

Wird ein Interferenzmuster, das durch Überlagerung beliebiger Objektwellen mit den von einer Punktquelle ausgehenden kohärenten Referenzwellen entsteht, auf einer lichtempfindlichen Schicht aufgezeichnet und dieses Muster (Hologramm) danach mit der Referenzwelle beleuchtet, so wird durch die Beugung des Lichtes die Objektwelle rekonstruiert.

[1] Diese Einschränkung kann jedoch umgangen werden, wenn die Struktur der Referenzwelle gewissen Anforderungen genügt. Darüber hinaus muß die Gestalt der Rekonstruktionswelle nicht notwendigerweise mit der der Referenzwelle übereinstimmen. Es ist nur erforderlich, daß die Amplitudenkorrelationsfunktion der Referenz- und Rekonstruktionswelle der δ-Funktion genügt [14]. Siehe auch Abschn. 2.5.3., wo gezeigt wird, daß eine Referenzwelle beliebiger Struktur in der *Bildfeldholografie* verwendet werden kann.

Ein Interferenzmuster kann auf dem Hologramm nicht nur über die Veränderung des Transmissionskoeffizienten der lichtempfindlichen Schicht (*Amplituden-* oder *Transmissionshologramme*) aufgezeichnet werden, sondern auch vermittels der Veränderung der Dicke, der Brechzahl oder des reflektierenden Reliefs. Solche Hologramme werden *Phasenhologramme* genannt.

1.2.3. Wie Hologramme aufgezeichnet und Wellen rekonstruiert werden

Es gibt verschiedene Verfahren, Hologramme aufzunehmen und Wellen zu rekonstruieren. Im Prinzip unterscheiden sie sich wenig voneinander, und wir betrachten hier das von *Leith* und *Upatnieks* vorgeschlagene Verfahren [5, 6]. Die Aufnahmeanordnung ist in Abb. 10 schematisch dargestellt.

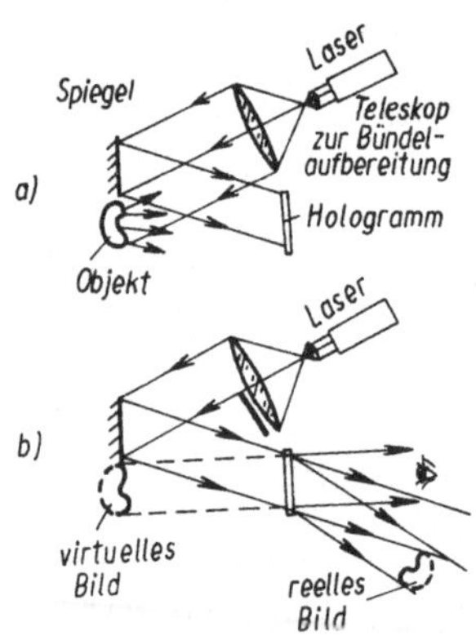

Abb. 10. Schematische Anordnung der optischen Bauelemente zur Aufzeichnung des Hologramms (a) und zur Rekonstruktion der Wellenfront (b)

Das Objekt, dessen Hologramm aufgenommen werden soll, wird vom Laserlicht beleuchtet. Die vom Objekt gestreute Lichtwelle fällt auf eine Fotoplatte. Auf dieselbe Fotoplatte fällt gleichzeitig das Referenzbündel, das von demselben Laser stammt und von einem Spiegel auf die Fotoplatte reflektiert wird. Die so belichtete Fotoplatte enthält nach dem Entwickeln und Fixieren das *Hologramm*. Auf ihr ist die Information über die Lichtwelle, die von dem Objekt gestreut wurde, gespeichert. Wie sie aufgezeichnet wurde, wird weiter unten erklärt werden. Äußerlich unterscheidet sich das Hologramm nicht von einer gleichmäßig ge-

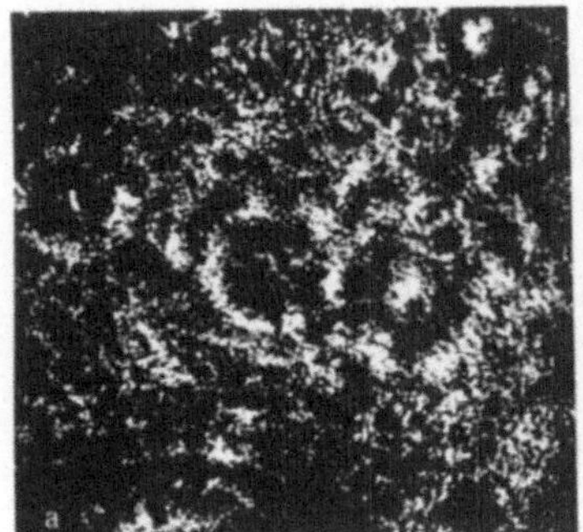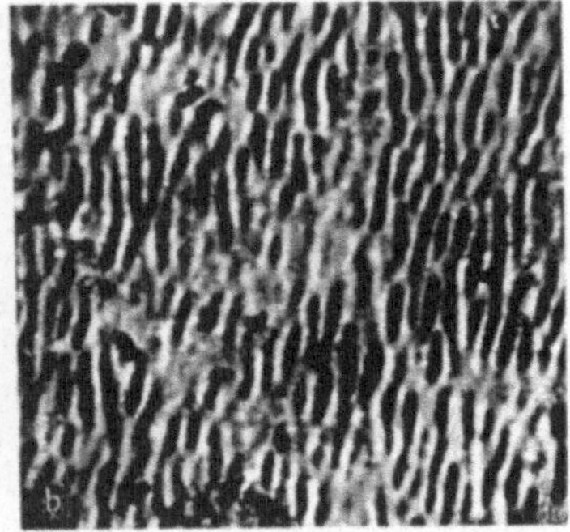

Abb. 11. Wie wir das Hologramm sehen (a) und seine Struktur unter dem Mikroskop (b)

schwärzten Fotoplatte. Oft sind auf dem Hologramm Ringe und Streifen sichtbar (Abb. 11a). Diese entstehen durch Beugung des Lichtes an auf Spiegeln und Objektiven befindlichen Staubteilchen und haben nichts mit der *Mikrostruktur* (Abb. 11b) zu tun. Nur die Mikrostruktur trägt die Information über die vom Objekt gestreute Lichtwelle.

Um nun diese Welle zu rekonstruieren, wird das Objekt entfernt, aber das Hologramm nach der Entwicklung an dieselbe Stelle gebracht, wo es sich während der Aufnahme befand (s. Abb. 10b). Wenn hiernach der Laser eingeschaltet und durch das Hologramm wie durch ein Fenster geschaut wird, so glaubt man, das Objekt an der früheren Stelle zu erblicken, als ob es überhaupt nicht weggenommen worden wäre. Das betrachtete Bild gleicht vollkommen dem Gegenstand: wir können beim Bewegen des Kopfes die Erscheinung der *Parallaxe* feststellen. Durch Betrachten seiner näheren oder entfernteren Teile müssen wir das Auge verschieden stark akkomodieren. Wenn wir das holografische Bild fotografieren, müssen wir, genau wie bei der fotografischen Aufnahme des Gegenstandes selbst, eine Blende auswählen, die eine genügende Schärfentiefe sichert. Wird das nicht berücksichtigt, so erscheinen auf der fotografischen Aufnahme des holografischen Bildes gewisse Teile scharf, andere dagegen unscharf. Das rekonstruierte Bild erscheint so real, daß man glaubt, den „Gegenstand" berühren zu können. Das ist natürlich unmöglich, weil das Hologramm ja nur die von dem Gegenstand gestreute Welle rekonstruiert, nicht aber den Gegenstand selbst.

Außer dieser Abbildung des Gegenstandes, die mit dem Auge

betrachtet werden kann und *virtuelles* (scheinbares) *Bild* genannt wird, existiert auch das andere, das *reelle* (wirkliche) *Bild* des Gegenstandes. Es erscheint bezüglich des virtuellen Bildes auf der anderen Seite des Hologramms (s. Abb. 10b). In der Regel ist es schwer, das reelle Bild mit dem bloßen Auge zu erblicken; aber wenn in den Bereich, in dem es entsteht, eine Fotoplatte oder eine Mattscheibe gestellt wird, kann man seine zweidimensionale Projektion erhalten.

Die Entstehung von zwei Bildern hängt ursächlich mit der Zweideutigkeit des Aufzeichnungsprozesses eines *„dünnen"* Hologramms, wie wir ihn eben behandelt haben, zusammen. Gitter mit derselben Form und Gitterkonstanten erhält man in den beiden Fällen, die Abb. 12 zeigt. Demnach muß ein Hologramm, das mit einer dieser Anordnungen aufgezeichnet wurde, folgerichtig beide Objektwellen (wie sie in Abb. 12a und b dargestellt sind) rekonstruieren. Der in Abb. 12a skizzierte optische Aufbau erzeugt zusätzlich zur ursprünglichen Welle, die ein virtuelles Bild des Objektes dort rekonstruiert, wo sich dieses im Moment der Aufnahme befand, eine weitere konjugierte Welle, die zu einem reellen Bild des Objektes konvergiert. Dieses Bild ist *pseudoskopisch*, d. h., die Vertiefungen in ihm sind durch Wölbungen ersetzt und umgekehrt. Die Innenseite des Bildes ist praktisch nach außen gekehrt.

Volumenhologramme, die wir später behandeln werden, zeichnen sich dadurch aus, daß sie sich gewissermaßen an die Seite *„erinnern"* können, von der das Objektbündel bei der Aufnahme kam.

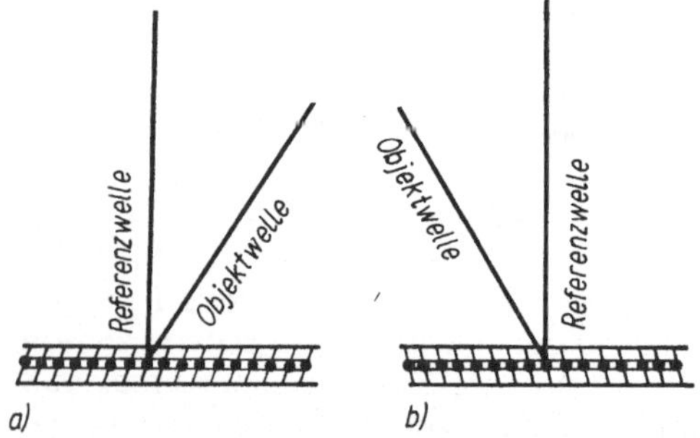

Abb. 12. Ein zweidimensionales (dünnes) Hologramm kann sich nicht an die Seite „erinnern", von der das Objektbündel einfällt. Die Lage der Schichten innerhalb eines dreidimensionalen („dicken") Hologramms unterscheidet sich jedoch für die Fälle a und b

1.2.4. Das Hologramm eines Punktes – Fresnelsche Zonenplatte

Im Zusammenhang mit unseren Überlegungen zur Beugung des Lichtes haben wir herausgestellt, daß jede von einem komplizierten Gegenstand gestreute Lichtwelle als Überlagerung von Lichtwellen aufgefaßt werden kann, die von den einzelnen Punkten, aus denen der Gegenstand besteht, gestreut worden sind.

Wir untersuchen jetzt, wie man das Hologramm des einfachsten Gegenstandes, des Punktes, aufzeichnet und die Welle rekonstruiert.

Als *Punkt* bezeichnen wir einen Gegenstand, dessen Sehwinkel so klein ist, daß die Struktur des Gegenstandes nicht aufgelöst werden kann. Der Punkt streut die einfallende Lichtwelle. Die Wellenfront der gestreuten Lichtwelle hat in jedem Moment die Form einer Kugelfläche. In einem genügend großen Abstand vom Punkt kann die Oberfläche dieser Kugel als Ebene angesehen werden. Es gibt auch eine andere Methode, die Kugelwelle in eine ebene Welle umzuwandeln: Dazu muß der strahlende Punkt im Brennpunkt einer Linse stehen.

Unser Punkt, der eine Kugelwelle aussendet, möge sich im Abstand a von der Fotoplatte befinden (Abb. 13a). Außerdem fällt senkrecht auf die Oberfläche der Fotoplatte die ebene Referenzwelle. Welches Aussehen haben die Streifen auf der Fotoplatte in diesem Fall?

Erstens kann man feststellen, daß es konzentrische Kreise sind. Für alle Punkte der Fotoplatte, die gleich weit von ihrem Mittelpunkt entfernt sind, ergeben sich die gleichen Phasenbeziehungen der auffallenden Wellen.

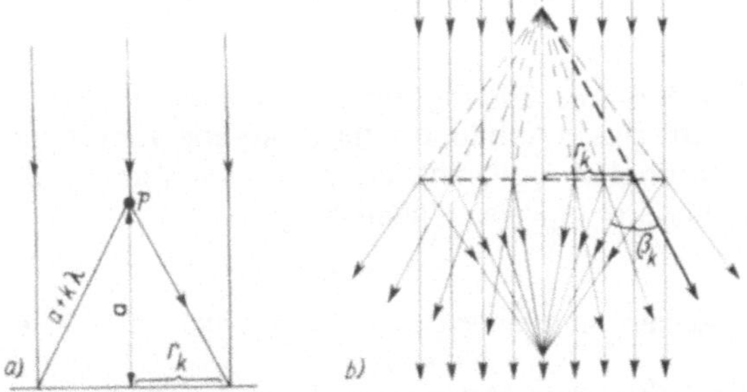

Abb. 13. Entstehung des Hologramms einer Punktquelle (a) und Rekonstruktion der sphärischen Wellenfront (b)

Zweitens wächst beim Übergang von Ring zu Ring der Gangunterschied zwischen den interferierenden Wellen um eine Wellenlänge (der Phasenunterschied um 2π). Nehmen wir im Zentrum einen Gangunterschied Null an, dann ergibt sich für den k-ten Ring ein Gangunterschied $k\lambda$. Daraus erhält man für den Radius des k-ten Ringes die Beziehung (s. Abb. 13a)

$$r_k^2 = (a + k\lambda)^2 - a^2 = 2ak\lambda + k^2\lambda^2. \tag{27}$$

Das Hologramm eines Punktes ist somit ein System konzentrischer Kreise, deren Radien der Beziehung (27) genügen. Ein solches System ist in Abb. 14 zu sehen.

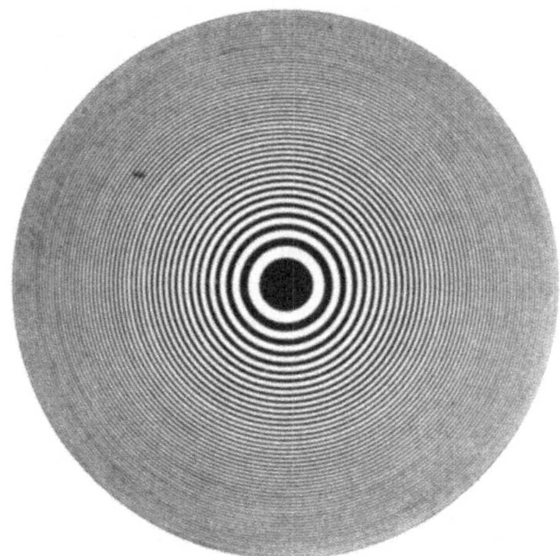

Abb. 14. Fresnelsche Zonenplatte

Es ist ein sog. *Fresnelsches Zonengitter*[1]. Jedoch muß beachtet werden, daß sich auf dieser Abbildung der Übergang vom Dunklen zum Hellen sprunghaft vollzieht, auf dem Hologramm verläuft er fließend, näherungsweise sinusförmig.[2]

[1] Andere Bezeichnungen sind Fresnelsche Zonenplatte oder Soré-Platte.
[2] Der sinusförmige Verlauf wäre gewährleistet, wenn die Transmission der Fotoplatte linear von ihrer Belichtung abhängen würde. In Wirklichkeit ist diese Abhängigkeit bei weitem komplizierter (s. Abb. 21).

Der Abstand zwischen benachbarten Ringen ergibt sich aus Formel (27) zu

$$\Delta r_k = \frac{a\lambda + k\lambda^2}{r_k}. \tag{28}$$

Das Hologramm eines Punktes ist demnach ein Fresnelsches Zonengitter mit sinusförmig verteilter Transmission.

Betrachten wir nun den Prozeß der Rekonstruktion einer Kugellichtwelle mit Hilfe des Hologramms. Wir entfernen unseren strahlenden Punkt und stellen sein Hologramm an die gleiche Stelle wie bei der Belichtung. Danach bestrahlen wir das Hologramm mit derselben Referenzwelle wie während der Aufnahme.

Jeder kleine Bereich des Fresnelschen Zonengitters kann als gewöhnliches Beugungsgitter betrachtet werden. Es spaltet das einfallende Lichtbündel in mehrere Teile auf:

a) in ein Bündel nullter Ordnung, das eine Fortsetzung des einfallenden Lichtes ist,

b) in die Bündel plus erster und minus erster Ordnung unter den Winkeln β_1, die der Bedingung

$$\sin \beta_1 = \pm \frac{\lambda}{\Delta r}$$

genügen, wobei Δr die *Gitterkonstante* (der Abstand zwischen zwei benachbarten Ringen) ist;

c) in die Bündel plus zweiter und minus zweiter Ordnung:

$$\sin \beta_2 = \pm \frac{2\lambda}{\Delta r} \quad \text{usw.}$$

Bei einem Gitter mit sinusförmiger Verteilung der Transmission fehlen die Bündel mit einer höheren als der ersten Ordnung.

Die Winkel, unter denen sich die Strahlen plus und minus erster Ordnung ausbreiten, vergrößern sich gesetzmäßig beim Übergang vom Zentrum des gegebenen Gitters zu seinen Rändern, weil sich die Gitterkonstante Δr_k verringert [vgl. Formel (28)].

Wir zeigen jetzt, daß die Strahlen plus und minus erster Ordnung zwei Kugelwellen bilden, die zum einen *konvergieren* und zum anderen *divergieren*. Dafür genügt es, zu beweisen, daß sich alle Strahlen plus erster Ordnung in einem Punkt schneiden, während alle Strahlen minus erster Ordnung von einem Punkt ausgehen. Wir betrachten einen Lichtstrahl, der auf das Hologramm im Abstand r_k von dessen Mittelpunkt (vgl. Abb. 13b) fällt.

Die Strahlen plus und minus erster Ordnung werden um die Winkel $\pm\beta_k$ abgelenkt. Diese Strahlen (bzw. ihre rückwärtigen Verlängerungen) schneiden die Achse des Hologramms im Abstand $\pm x$ von seiner Oberfläche. Wir bestimmen jetzt die Größe x. Aus Abb. 13b ist ersichtlich, daß

$$x = r_k \cot\beta_k = r_k \frac{\sqrt{1 - \sin^2\beta_k}}{\sin\beta_k}$$

ist. Unter Berücksichtigung von

$$\sin\beta_k = \frac{\lambda}{\Delta r} = \frac{r_k}{a + k\lambda}$$

ergibt sich

$$x = \sqrt{a^2 + 2ak\lambda + k^2\lambda^2 - r_k^2}.$$

Wir erinnern uns jetzt daran, daß

$$r_k^2 = 2ak\lambda + k^2\lambda^2$$

ist [vgl. Gl. (27)], und erhalten

$$x = a.$$

Somit ist der Abstand, in dem die Strahlen ± 1. Ordnung die Achse des Hologramms schneiden, für die an allen Flächenelementen des Hologramms gebeugten Strahlen gleich. Folglich bilden sich drei Wellen aus, wenn eine ebene Welle durch das Hologramm eines Punktes mit sinusförmig verteilter Transmission hindurchtritt:

1. Es entsteht eine Kugelwelle, die in einem Punkt in der Entfernung a vom Hologramm *konvergiert*. Dieser Punkt liegt bezüglich des Hologramms spiegelbildlich zum Ort des Objektpunktes während der Aufnahme.

2. Es entsteht eine Kugelwelle, deren *virtuelles* Ausgangszen-

trum dort liegt, wo sich der Objektpunkt während der Aufnahme befand. Der Abstand dieses Punktes vom Hologramm ist *a*.

3. Neben diesen Wellen, die das *reelle* und das *virtuelle Bild* des strahlenden Punktes erzeugen, tritt aus dem Hologramm auch eine ebene Welle aus, die dem Bündel nullter Ordnung entspricht.

Die Ergebnisse, die wir für einen Punkt erhalten haben, sind unschwer auf Gegenstände beliebiger Form, die aus vielen lichtstreuenden Punkten bestehen, zu übertragen. In diesem Fall ist das Hologramm als Überlagerung von Zonengittern, die von jedem Punkt des Gegenstandes gebildet werden, anzusehen. Diese Überlagerung folgt aus den Interferenzgesetzen für das Licht, und als Ergebnis erhält man ein kompliziertes Interferenzmuster — das Hologramm des Gegenstandes (s. Abb. 11 b).
Bei der Rekonstruktion wirken alle diese Zonengitter unabhängig voneinander. Jedes rekonstruiert nur die seinem Objektpunkt entsprechende Welle, so daß die divergierende Welle von einem Bildpunkt auszugehen scheint, der dort liegt, wo sich der Objektpunkt während der Aufnahme des Hologramms befunden hat.

1.2.5.   Einige wichtige Eigenschaften des Hologramms

1. Wir stellen einen Kontaktabzug von einem Hologramm her und rekonstruieren mit Hilfe der so entstandenen Kopie, die das Negativ des ursprünglichen Hologramms ist, die Wellenfront. Wir erhalten ein zunächst erstaunliches Ergebnis — alles bleibt, wie es war: helle Stellen des Bildes bleiben hell und dunkle dunkel. Das ist jedoch leicht erklärbar. Die nichtbeleuchteten Punkte des Gegenstandes ergeben kein Fresnelsches Zonengitter. Sie können auf dem Negativ des Hologramms nicht erscheinen. Deshalb bleiben diese Punkte bei der Rekonstruktion auch dunkel. Die hellen Punkte des Gegenstandes beteiligen sich hingegen an der Bildung des Musters auf dem Hologramm. Die Beugungseigenschaften dieses Musters verändern sich durch Vertauschen der dunklen und hellen Partien des Hologramms nicht *(Babinetsches Theorem)*.

2. Jeder Bereich des Hologramms ist in der Lage, das Bild des gesamten Objektes zu rekonstruieren. Tatsächlich erzeugt, wie wir bereits gesehen haben, ein beliebiger Bereich des Fresnel-

schen Zonengitters das Bild des Punktes. Das Hologramm eines komplizierten Gegenstandes weist diese Eigenschaft ebenso auf.

Natürlich wird ein kleinerer Bereich des Hologramms einen entsprechend kleineren Bereich der Wellenfront rekonstruieren. Wenn dieser Bereich sehr klein wird, so verschlechtert sich die Wiedergabequalität. Die Details entfallen, und es entsteht eine charakteristische körnige Struktur – genannt Speckle (Abb. 15). Die Grundvoraussetzung für das Auftreten des *Speckleeffekts* ist die Wechselwirkung von kohärentem Licht mit einem streuenden Objekt. Im Ergebnis dieser Wechselwirkung erscheint die Oberfläche mit einer fleckigen (*Speckle* ist das englische Wort für *Fleckchen*) Intensitätsverteilung überzogen, die durch die Interferenz der von den Elementarbereichen des Objektes in die verschiedenen Richtungen gestreuten Wellen zustande kommt. Speckle existieren sowohl im freien Raum (*„objektive"* Speckle) als auch hinter abbildenden optischen Elementen (*„subjektive"*

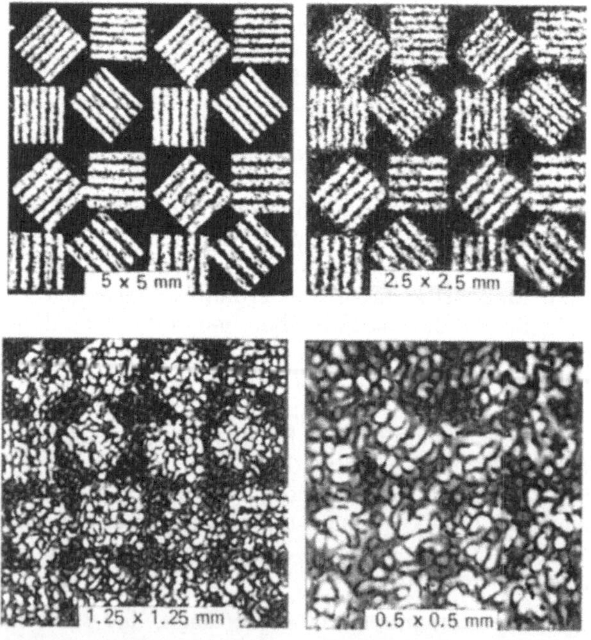

Abb. 15. Veränderungen in der Struktur des rekonstruierten Bildes bei Verkleinerung der effektiven Hologrammfläche

Speckle). Dabei hängt die mittlere Größe der Speckle vom Winkel, unter dem das Objekt vom Beobachtungspunkt aus erscheint, und von den charakteristischen Merkmalen der interferierenden Wellenanteile (Amplitude und Phase) ab. Diese Merkmale werden von der Art der Objektbeleuchtung (Wellenlänge, Wellenform) und den Streueigenschaften des Objektes bestimmt.

3. Leicht ist die *Pseudoskopie* des reellen, vom Hologramm rekonstruierten Bildes zu erklären. Vom Hologramm weiter entfernt gelegene Punkte des Objektes (z. B. eine Vertiefung) entstehen im reellen Bild entsprechend weiter vom Hologramm entfernt und erscheinen demzufolge dem Betrachter näher. Deshalb bilden diese Punkte im reellen Bild eine Erhöhung (s. Abb. 10b). In der *Pseudoskopie* werden rechts gelegene Punkte des Gegenstandes (auf den Betrachter bezogen) rechts sichtbar, und umgekehrt werden links im Gegenstand liegende Punkte links sichtbar. Es wird sozusagen nur das Relief des Gegenstandes umgewendet, wie das beispielsweise auch bei einem Gipsabdruck eines beliebigen Gegenstandes der Fall ist.

4. Wir haben das Hologramm eines komplizierten Gegenstandes als kohärente Überlagerung der Interferenzstrukturen aller Punkte des Gegenstandes zu betrachten. Bei einer solchen Überlagerung erfolgt die Amplitudensummation der Lichtwellen unter Berücksichtigung der zwischen ihnen bestehenden Phasenbeziehungen [s. Gl. (2a)].
Man kann sich auch ein Hologramm vorstellen, das eine inkohärente Überlagerung von Hologrammen verschiedener Gegenstände oder von Teilen ein und desselben Gegenstandes darstellt. Hier summiert die Fotoplatte die durch die Gegenstände erzeugten Intensitäten. Wenn die Zahl solcher aufeinanderfolgender Überlagerungen nicht zu groß ist, dann rekonstruiert ein solches Hologramm ohne wesentliche Verzerrung gleichzeitig mehrere nacheinander aufgezeichnete Lichtwellen. Dies schafft die Möglichkeit, nacheinander und unabhängig auf ein und derselben Fotoplatte die Hologramme von mehreren Gegenständen oder von verschiedenen Zuständen eines Gegenstandes zu speichern. Wenn wir im dritten Kapitel die wesentlichen Anwendungsgebiete der Holografie behandeln, wird uns diese Eigenschaft in der *holografischen Interferometrie* wiederbegegnen.

5. In der Regel kann eine Fotoschicht nur Helligkeitsunterschiede von ein bis zwei Größenordnungen wiedergeben. Reale

Körper weisen hingegen wesentlich größere Helligkeitsunterschiede auf. Das Hologramm mit seiner Fähigkeit, Licht aus verschiedenen Bereichen in einem Bildpunkt zu fokussieren, nutzt das gesamte auf die Hologrammfläche einfallende Licht für die Wiedergabe der hellsten Gebiete des Bildes und ist somit in der Lage, Helligkeitsunterschiede bis zu 5 oder 6 Größenordnungen zu übertragen.

1.2.6. Verfahren zur Herstellung von Hologrammen

Das ursprünglich von *Gabor* eingeführte Verfahren zur Herstellung von Hologrammen geht davon aus, daß die Lichtquelle, das Hologramm und das Objekt auf einer gemeinsamen geraden Linie angeordnet sind (Geradeaus- oder *Inline*-Holografie). Der Teil des Lichtes, der vom Objekt gestreut wird, bildet die Objektwelle, während der ungestreute Teil die Rolle der Referenzwelle übernimmt (Abb. 16a). Diese weist jedoch den Mangel auf, daß sich die im Rekonstruktionsprozeß auftretenden Strahlen des virtuellen und reellen Bildes in gleicher Richtung ausbreiten wie das ungebeugte Licht. Alle Anteile des rekonstruierten Wellenfeldes treten nun überlagert auf und stören sich bei der Beobachtung gegenseitig, was die Bildqualität beeinträchtigt (Abb. 16b).

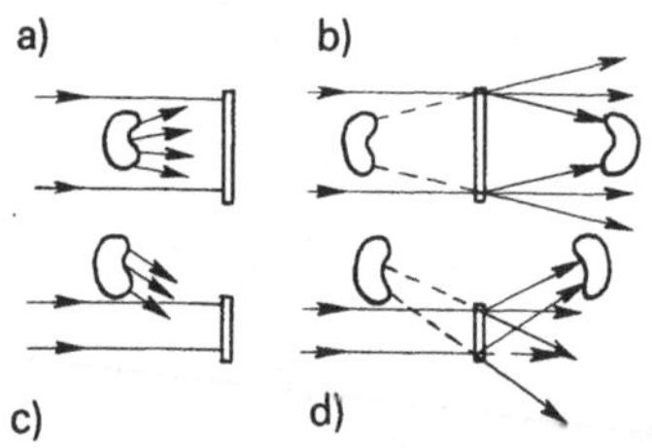

Abb. 16. Aufzeichnung des Hologramms und Rekonstruktion der Wellenfront nach *Gabor* (a, b) sowie *Leith* und *Upatnieks* (c, d)

Schon in einer seiner ersten Arbeiten [2] zur Holografie äußerte *Gabor* die Überzeugung, daß in einer Disziplin wie der Lichtoptik unter Verwendung von Strahlteilern Referenzwellen erzeugt werden können, die zu einer besseren Bildqualität beitragen und eine wirksamere Beseitigung der störenden Effekte durch die Überlagerung der beteiligten Wellen schaffen.
In voller Übereinstimmung mit dieser Voraussage unterbreiteten *Leith* und *Upatnieks* [6] 1961 ihr Prinzip der *Zweistrahlholografie*, das auch als *off-axis-* bzw. *Trägerfrequenzholografie* bezeichnet wird (Abb. 16c). Man kann diese Anordnung auch als

modifizierte *Gabor*-Anordnung betrachten: In der Anordnung von *Leith* und *Upatnieks* wird nur der periphere Teil des Gabor-Hologramms ausgenutzt. Das Wichtigste jedoch ist, daß der Gegenstand von einem gesonderten kohärenten Lichtstrahl beleuchtet wird. So konnten *Leith* und *Upatnieks* Hologramme von undurchsichtigen dreidimensionalen Objekten erhalten. Wie in Abb. 16 d zu sehen ist, sind die Hologramme, die nach der Anordnung von *Leith* und *Upatnieks* aufgenommen wurden, frei von gegenseitigen Störungen des virtuellen und des reellen Bildes. Daher verwendet man gewöhnlich die Zweistrahlanordnung der Holografie.

Es ist durchaus nicht erforderlich, ein Referenzbündel mit ebener Wellenfront zu verwenden. Einem solchen Lichtbündel entspricht eine Referenzlichtquelle, die unendlich weit vom Hologramm entfernt ist. Wenn die Referenzlichtquelle näher an das Hologramm herangebracht wird, vermindert sich die Qualität des Hologramms nicht im geringsten, sondern es behält alle seine Eigenschaften bei. Auch den Gegenstand können wir dem Hologramm beliebig nähern oder ihn ins Unendliche entfernen, was mit Hilfe einer Linse möglich ist.

Die Platte, auf der das Hologramm entsteht, kann bezüglich der

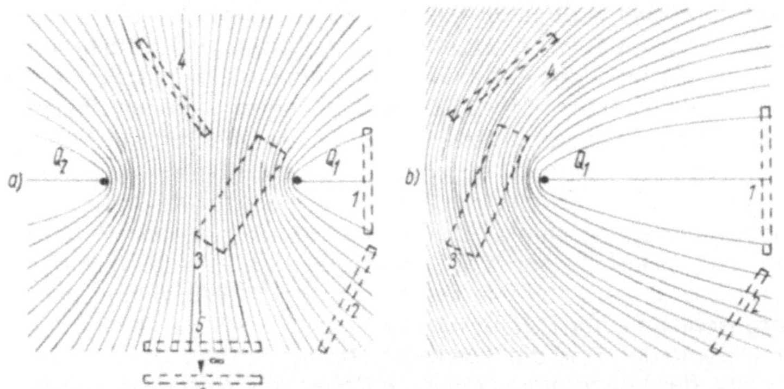

Abb. 17. „Knoten"-Flächen der stehenden Lichtwelle, die durch die Überlagerung der von einem punktförmigen Objekt und einer punktförmigen Referenzquelle ausgehenden Wellen entsteht
a) Rotationshyperboloide (Drehachse $\overline{Q_1 Q_2}$); b) Rotationsparaboloide.

1 Hologrammanordnung nach *Gabor*; *2* nach *Leith* und *Upatnieks*; *3* nach *Denisjuk*; *4* zweidimensionales Hologramm mit invertiertem Referenzbündel; *5* linsenloses Fourier-Hologramm; *6* Fraunhofer-Hologramm

Referenzquelle und des Gegenstandes beliebig orientiert werden; sie kann sogar so zwischen ihnen liegen, daß das vom Gegenstand kommende Licht auf die eine Seite der Platte fällt und
das von der Hilfsquelle kommende Licht auf die andere.
Bringt man das Hologramm bei der Rekonstruktion in dieselbe
Stellung, in der es belichtet worden war, so entsteht das virtuelle
Bild des Gegenstandes an demselben Ort, an dem sich dieser bei
der Hologrammaufzeichnung befand. Dabei bleiben natürlich
die Stellung der Referenzquelle und deren Wellenlänge unverändert.
Abb. 17 erfaßt die wichtigsten Anordnungen, die zur Aufnahme
von Hologrammen möglich sind. Hier sind die Knotenflächen
der stehenden Lichtwellen abgebildet, die bei der Interferenz
des von der punktförmigen Quelle Q_1 und der punktförmigen
Referenzlichtquelle Q_2 ausgehenden Lichtes entstehen. In der
Anordnung der Abb. 17a befindet sich die Referenzlichtquelle im
endlichen Abstand vom Objekt. In Abb. 17b ist sie ins Unendliche gerückt worden, und die von ihr ausgehende Lichtwelle hat
eine ebene Wellenfront. In Abb. 17 sind die Schnitte der Interfe-
renzflächen mit der Zeichenebene dargestellt, in Wirklichkeit
sind diese Flächen rotationssymmetrische Figuren: Hyperboloide (Abb. 17a) und Paraboloide (Abb. 17b). Die Rotationsachse
geht durch beide punktförmigen Lichtquellen hindurch.
Den verschiedenen holografischen Anordnungen entspricht
eine unterschiedliche Form der Interferenzstreifen, die das Hologramm des Punktes bilden. Für alle Stellungen, in denen die Hologrammebene senkrecht zu der Linie steht, die Referenzquelle
und Gegenstandspunkt verbindet, sind die Interferenzstreifen
Ringe, die ein Fresnelsches Zonengitter darstellen. Wenn die
Hologrammebene parallel zu dieser Linie liegt, bilden die Streifen eine Hyperbelschar. Von *Stroke* [16] wird solch eine Anordnung, die zum ersten Male von *Winthrop* und *Worthington* [17]
vorgeschlagen wurde, *linsenlose Fourier-Holografie* genannt.
Im allgemeinen sind die Interferenzstreifen Kurven, die Flächen-
schnitte des Hologramms mit einer Schar von *Rotationshyperboloiden* (Abb. 17a) bzw. *Rotationsparaboloiden* (Abb. 17b) darstellen.
Die genannten Anordnungen werden praktisch realisiert durch
die Verfahren, die in den Abbn. 10, 19 und 25 bis 34 dargestellt
werden.

1.2.7. Volumenhologramme

Bis jetzt betrachteten wir die Fotoplatte als zweidimensionales Medium. Das ist nur so lange richtig, wie die Dicke der lichtempfindlichen Schicht vergleichbar ist mit dem Abstand zwischen benachbarten Interferenzstreifen. Ist die Schicht viel dikker, dann muß die Fotoplatte als dreidimensionales Medium angesehen werden. Die sich dabei ergebenden besonderen Eigenschaften der Fotoplatte wurden erstmals von *Lippmann* festgestellt und für die *Farbfotografie* ausgenutzt.[1]
Denisjuk [7] schlug vor, dreidimensionale Medien auch für die Hologrammaufzeichnung zu verwenden, und er war der erste, der solch eine Aufnahme durchführte.

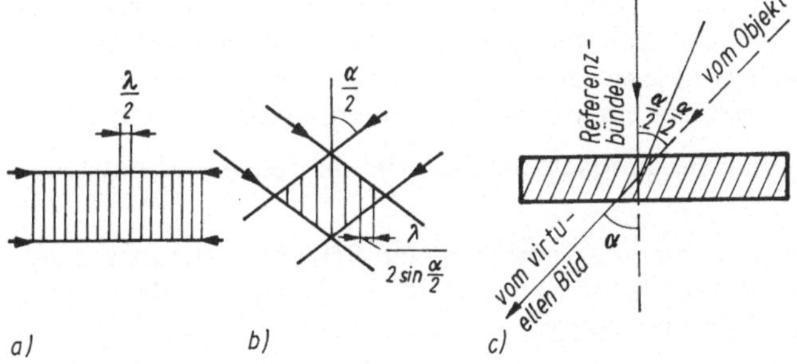

Abb. 18. Entstehung stehender Lichtwellen durch entgegengesetzt gerichtete Bündel (a) und Bündel, die einen Winkel $\alpha = 180°$ einschließen (b); Rekonstruktion der Lichtwellen mittels eines Volumenhologramms (c)

Wenn zwei interferenzfähige Bündel unter einem Winkel von 180° aufeinandertreffen, dann bilden sich im Raum bekanntlich stehende Wellen, d. h. Systeme von Knoten- und Bauchebenen aus, deren Abstand voneinander $\lambda/2$ beträgt. Wird im allgemeineren Falle $\alpha \neq 180°$, so ist zu erkennen, daß der Abstand zwi-

[1] Es wird oft die Meinung vertreten, daß *Lippmanns* Anordnung für die Farbfotografie vom Prinzip her der Anordnung zur Erzeugung eines Hologramms entspricht und somit *Lippmann* als Entdecker der Holografie angesehen werden kann. Diese Ansicht ist jedoch falsch, da das Muster der stehenden Wellen, das nach dem Lippmannschen Verfahren aufgezeichnet wird, keinerlei Information über die Phase der Objektwelle enthält. Wie in Abb. 17a zu erkennen ist, wird das Muster nahe der Symmetrieebene aufgezeichnet und stellt in jedem Fall ein System gleich weit entfernter Ebenen dar.

schen den Bäuchen (bzw. den Knoten) um den Faktor $\dfrac{1}{(\sin\alpha/2)}$ anwächst und damit gleich $\dfrac{\lambda}{(2\sin\alpha/2)}$ wird. Aus Abb. 18 geht hervor, daß die Knoten- und Bauchebenen der interferierenden Lichtwellen in Richtung der Winkelhalbierenden des Winkels α liegen. Bringt man in den Überlagerungsbereich der Lichtbündel eine lichtempfindliche Fotoemulsion, so wird in ihr das System der Knoten- und Bauchflächen in Form von halbdurchlässigen reflektierenden Schichten aus metallischem Silber festgehalten.[1] Ein solches dreidimensionales Beugungsgitter besitzt folgende Eigenschaften:

1. Das Licht, das von den Schichten reflektiert worden ist, rekonstruiert die Objektwelle. Die reflektierenden Schichten haben die Richtung der Winkelhalbierenden des Winkels, der von den interferierenden Bündeln gebildet wird. Das hat die in Abb. 18b gezeigte Eigenschaft des Hologramms zur Folge.

2. Die nullte Beugungsordnung sowie das reelle Bild entstehen nicht.

3. Die Bündel, die von verschiedenen Schichten ausgehen, verstärken sich nur dann, wenn sie gleichphasig sind (Bedingung von *Lippmann* und *Bragg*).

Das führt zu einer Wellenlängenselektion durch das Hologramm in bezug auf die Wellenlänge der Quelle, in deren Licht die Wellenfront rekonstruiert wird. Die Bedingung der Gleichphasigkeit wird nur für diejenige Wellenlänge erfüllt, in deren Licht das Hologramm aufgenommen worden ist. Es ist also möglich, das Bild mit Hilfe einer Lichtquelle mit kontinuierlichem Spektrum (Glühlampe oder Sonne) zu rekonstruieren. Wird das Hologramm im Licht mehrerer Spektrallinien (z. B. blau, grün, rot) aufgenommen, so bildet jede Wellenlänge ihr Flächensystem. Bei der Re-

---

[1] Wir haben hier zur Vereinfachung unserer Überlegungen eine Ungenauigkeit zugelassen. Da sich die Brechzahl der lichtempfindlichen Emulsion von der Brechzahl des äußeren Mediums unterscheidet, wird die Richtung der Bündel und die Lage der Knoten- und Bauchflächen in der Schicht etwas anders sein. Die Berücksichtigung dieses Umstandes würde unsere Feststellungen nicht verändern, sondern sie nur komplizieren. Da die Wellenlänge in der Emulsion n-mal kleiner ist (n ist die Brechzahl der Emulsion) als in der Luft, ergeben sich n-mal mehr Knoten- und Bauchflächen.

konstruktion des Bildes werden die entsprechenden Wellenlängen aus dem kontinuierlichen Spektrum herausgesucht, was nicht nur zur Rekonstruktion der Struktur, sondern auch zur Rekonstruktion der spektralen Zusammensetzung des Lichtes, d. h. zu einem Farbbild führt. All das gilt aber nur, wenn durch die Verarbeitung der Emulsion nicht die Lage der reflektierenden Flächen zueinander verändert wird. Manchmal wird infolge des *Schrumpfens* der Emulsion die vom Hologramm selektierte, für die Rekonstruktion des Bildes zu verwendende Wellenlänge nach der „blauen" (kurzwelligeren) Seite hin verschoben.

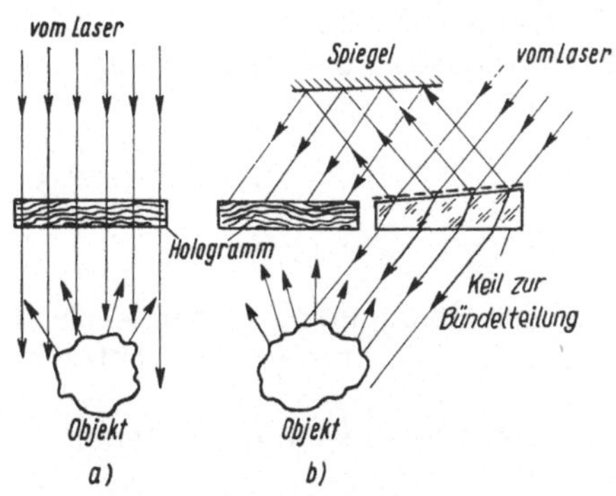

Abb. 19. Zur Entstehung des Hologramms in dicken Schichten bei entgegengesetzt gerichteten Bündeln

In Abb. 19 sind die gewöhnlich verwendeten Anordnungen zur Aufzeichnung von *Volumenhologrammen* dargestellt.
Die gegenseitige Lage von Referenzquelle, Hologramm und Gegenstand kann beliebig sein, d. h., das Hologramm kann an einer beliebigen Stelle der Anordnung untergebracht werden (s. Abb. 17). Für die Entstehung dreidimensionaler Eigenschaften eines Hologramms ist allerdings notwendig, daß die Emulsionsschicht zumindest einige reflektierende Schichten enthält. Bei vorgegebener Emulsionsdicke legt diese Forderung die Bereiche in Abb. 17 fest, in denen das Hologramm als *„dreidimensional"* angesehen werden kann.
In Abb. 17 wird das Hologramm, das senkrecht zur Vorzugsrichtung der Bauch- und Knotenflächen orientiert ist, die geringste „Dreidimensionalität" besitzen. Bei dieser Anordnung verändert sich durch Schrumpfungsprozesse in der Emulsion die Orientierung der Schichten nicht, so daß der *„Blaze*-Winkel" des Holo-

gramms erhalten bleibt. Umgekehrt ist es für die dreidimensionalen Eigenschaften des Hologramms vorteilhaft, wenn dieses entlang der reflektierenden Schichten angeordnet wird. In diesem Fall erreicht die Intensität des reellen Bildes und des ungebeugten Lichtes ein Minimum.

Volumenhologramme werden oft auch als *dicke* Hologramme bezeichnet. Der Hintergrund dieser Bezeichnung ist völlig klar. Die Dicke der lichtempfindlichen Schichten von Hologrammen liegt zwischen mehreren und einigen zehn Mikrometern. Man kann sie also getrost als *„dick"* bezeichnen. Die dreidimensionalen Eigenschaften des Hologramms treten dann auf, wenn die reflektierenden Schichten Abstände aufweisen, die einige Male kleiner sind als die Dicke der Emulsion. Das Kriterium für den Übergang vom dünnen zum dicken Hologramm [18] lautet

$$D \geqq 1{,}6 \frac{d^2}{\lambda'}.$$

Dabei bedeutet D die Dicke des Hologramms, d den Abstand zwischen den Schichten und λ' die Wellenlänge des Lichtes im Aufzeichnungsmedium.

Berücksichtigt man, daß $d \approx \lambda'/\alpha$ gilt, so kann das Kriterium in der Form

$$D \geqq 1{,}6 \frac{\lambda'}{\alpha^2}$$

geschrieben werden. Zum Beispiel treten bei der Emulsion Kodak 649 F dreidimensionale Effekte auf, wenn zwischen Referenz- und Objektbündel Winkel von mehr als $10°$ ($\lambda = 632{,}8\,\text{nm}$) vorliegen, d.h. bei einem Abstand zwischen den reflektierenden Schichten, der kleiner als $4\,\mu\text{m}$ ist.

1.3.   Eigenschaften der Hologramme

1.3.1.   *Wie das Hologramm Form und Größe des Objektes rekonstruiert (Abbildungsgleichungen)*

Wir haben festgestellt: Hat die Lichtquelle bei der Rekonstruktion die gleiche Wellenlänge und die gleiche räumliche Lage bezüglich des Hologramms wie bei der Aufnahme die Referenz-

lichtquelle, so entstehen Wellenfronten, die von einem
virtuellen Bild auszugehen scheinen. Das virtuelle Bild entspricht
in Form und Lage dem Gegenstand während der Aufnahme.
Bei Veränderung der Form des Referenzbündels, seiner Wellenlänge, der Orientierung des Hologramms und seines Maßstabes
gilt die erwähnte Übereinstimmung des virtuellen Bildes mit dem
Gegenstand nicht mehr. Andererseits kann gerade das bewußt
ausgenutzt werden. Durch Veränderung der Wellenlänge und
Divergenz des Bündels kann eine Änderung des *Abbildungsmaß-
stabes* erzielt werden: eine Verkleinerung oder eine Vergrößerung. In der Regel wird eine solche Änderung des Abbildungs-
maßstabes auch von einer unerwünschten Verzerrung der
Abbildung, der sog. *Aberration*, begleitet, die sich in einer Verzerrung der Längs- und Quermaßstäbe der Abbildung, in einer
Verminderung der Schärfe usw. offenbart.

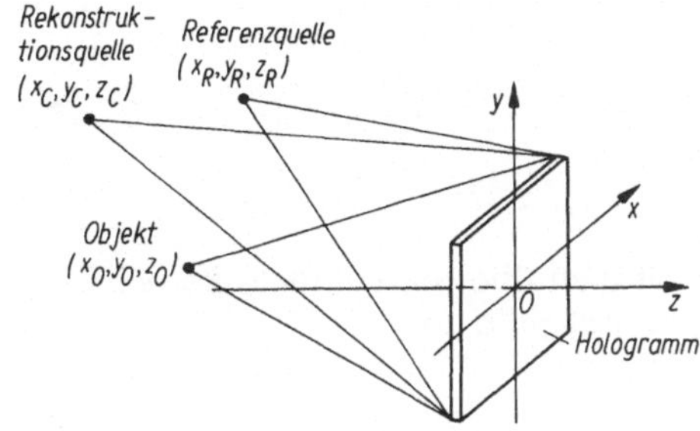

Abb. 20. Erklärung der Symbole in Gl. (30)

Wir werden jetzt Formeln angeben, die es erlauben, für einen
beliebigen Fall die Lage des rekonstruierten Bildes und den Ab-
bildungsmaßstab zu berechnen [19]. Dazu führen wir folgende
Bezeichnungen ein (Abb. 20): Das Hologramm liegt in der
x, y-Ebene bei $z = 0$; es behält diese Lage sowohl bei der Aufnahme als auch bei der Rekonstruktion der Wellenfront bei, die
Koordinaten des Objektes sind x_O, y_O, z_O, des rekonstruierten
Bildes x_B, y_B, z_B, die der punktförmigen Referenzquelle bei der
Aufnahme x_R, y_R, z_R, die der punktförmigen Lichtquelle bei der
Rekonstruktion x_C, y_C, z_C. Vor der Rekonstruktion sei das Holo-
gramm um den Faktor m vergrößert worden, die Wellenlänge
der zur Rekonstruktion verwendeten Lichtquelle sei um den Faktor μ größer als die der Aufnahmelichtquelle. Dann gilt

$$
\left.
\begin{aligned}
z_B &= \frac{m^2 z_R z_C z_O}{(m^2 z_R - \mu z_C)z_O + \mu z_R z_C}, \\[2mm]
x_B &= \frac{\mu m z_R z_C x_O + (m^2 x_C z_R - \mu m x_R z_C)z_O}{(m^2 z_R - \mu z_C)z_O + \mu z_R z_C}, \\[2mm]
y_B &= \frac{\mu m z_R z_C y_O + (m^2 y_C z_R - \mu m y_R z_C)z_O}{(m^2 z_R - \mu z_C)z_O + \mu z_R z_C}.
\end{aligned}
\right\}
\tag{30}
$$

Die Winkelvergrößerung des Hologramms μ/m ist unabhängig von den anderen in die Gl. (30) eingehenden Größen. Darum ist die laterale Vergrößerung *(Quervergrößerung)*

$$
M_{lat} = \frac{\mu}{m}\,\frac{z_B}{z_O}
$$

und mit Gl. (30)

$$
M_{lat} = \frac{m}{1 + \dfrac{m^2}{\mu}\,\dfrac{z_O}{z_C} - \dfrac{z_O}{z_R}}.
\tag{31}
$$

Das gleiche Ergebnis erhält man über eine direkte Berechnung der *lateralen Vergrößerung* mit Hilfe von Gl. (30):

$$
M_{lat} = \frac{\partial x_B}{\partial x_O} = \frac{\partial y_B}{\partial y_O}.
$$

Bei einem *dünnen* Hologramm, wo gleichzeitig zwei Bilder des Objektes entstehen, ergeben sich die Koordinaten des zweiten Bildes, wenn anstelle von μ in den Gln. (30) und (31) $-\mu$ eingesetzt wird.

Die *longitudinale (Längs-) Vergrößerung* unterscheidet sich von der lateralen (Quer-) Vergrößerung und ist gegeben durch

$$
M_{long} = \frac{\partial z_B}{\partial z_O} = \frac{\dfrac{m^2}{\mu}}{\left(1 + \dfrac{m^2}{\mu}\,\dfrac{z_O}{z_C} - \dfrac{z_O}{z_R}\right)^2} = \frac{M_{lat}^2}{\mu}.
\tag{32}
$$

Die Gln. (30) bis (32) gelten nicht uneingeschränkt, da sie unter der Annahme hergeleitet wurden, daß die Entfernung vom Hologramm zum Objekt wesentlich größer ist als die lateralen Abmessungen des Hologramms.

1.3.2. Wie das Hologramm die Helligkeitsverteilung des Objektes rekonstruiert

Beim gewöhnlichen fotografischen Prozeß wird die Helligkeitsverteilung des Objektes nur in erster Näherung in die Helligkeitsverteilung des Bildes überführt.

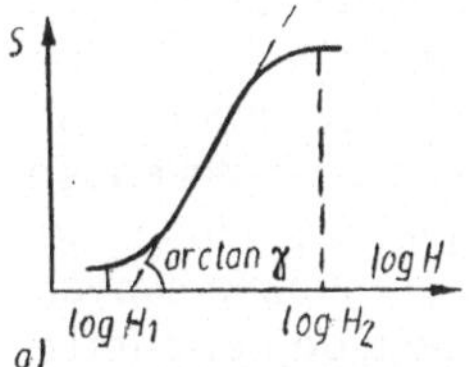

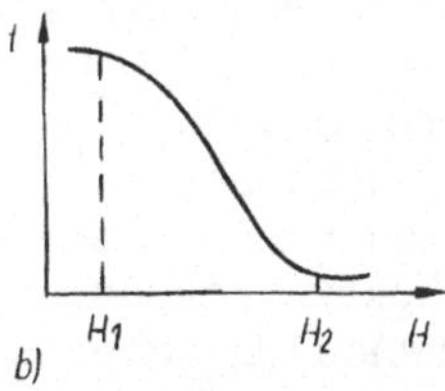

Abb. 21. Schwärzungskurve der fotografischen Emulsion (a) und Abhängigkeit der Amplitudentransmission von der Belichtung (b)
S Schwärzung; H Belichtung; t Amplitudentransmission

Die fotometrischen Eigenschaften einer fotografischen Emulsion werden i. allg. mittels der sog. charakteristischen Kurve *(Schwärzungskurve)* beschrieben, deren typischer Verlauf in Abb. 21a dargestellt ist. Diese Kurve veranschaulicht die Abhängigkeit der Schwärzung einer Emulsion $S = \log(1/T)$ (T gibt die *Intensitätstransmission* der entwickelten Schicht an: $T = I_0/I_T$, wobei I_0 die einfallende Intensität und I_T die hindurchgelassene Intensität bedeutet) von der *Belichtung H* ($H =$ Intensität $\times$ Belichtungszeit). Die Steigerung der charakteristischen Kurve bestimmt den Kontrastfaktor γ der Fotoschicht, auch *Gradation* genannt. In der Holografie ist es jedoch zweckmäßig, die fotometrischen Eigenschaften der Fotoschicht anhand einer Kurve darzustellen, die die Abhängigkeit der *Amplitudentransmission* $t = \sqrt{T}$ von der Belichtung beschreibt (Abb. 21b).
Wie aus Abb. 21b hervorgeht, reagiert die Fotoplatte überhaupt nicht auf Belichtungen unterhalb des Wertes H_1. Im Belichtungsbereich oberhalb H_2 ist die Transmission verschwindend klein. Nur im Intervall von H_1 bis H_2 reagiert die Fotoplatte — wenngleich auch nicht linear — auf die Helligkeitsverteilung des

Objektes und läßt um so weniger Licht hindurch, je stärker sie belichtet wurde.

Das Intervall der Belichtung von H_2 bis H_1 umfaßt in der Regel ein bis zwei Zehnerpotenzen von H_1. Indessen zeigen die aufzunehmenden Objekte i. allg. weitaus größere Helligkeitsunterschiede, als sie der fotografische Prozeß übertragen kann. Der holografische Prozeß dagegen weist bei Verwendung der gleichen Fotoemulsion viel größere (wenn auch nicht unbegrenzte) Möglichkeiten auf. Das Hologramm mit seinen fokussierenden Eigenschaften nutzt für die Erzeugung des Objektpunktbildes das gesamte auf die Hologrammoberfläche einfallende Licht aus. Dadurch kann ein größerer Helligkeitsbereich wiedergegeben werden. Die gewöhnliche fotografische Platte kann die Helligkeitsgradation nur auf Grund des Unterschiedes in der Transmission dieser oder jener ihrer Bereiche schaffen, d. h. also durch unterschiedliche Abschwächung des einfallenden Lichtstroms. Sie kann aber nicht – im Gegensatz zum Hologramm – die Helligkeitsverteilung des Bildes durch eine Umverteilung des einfallenden Lichtstroms infolge Beugung und Interferenz erzeugen.

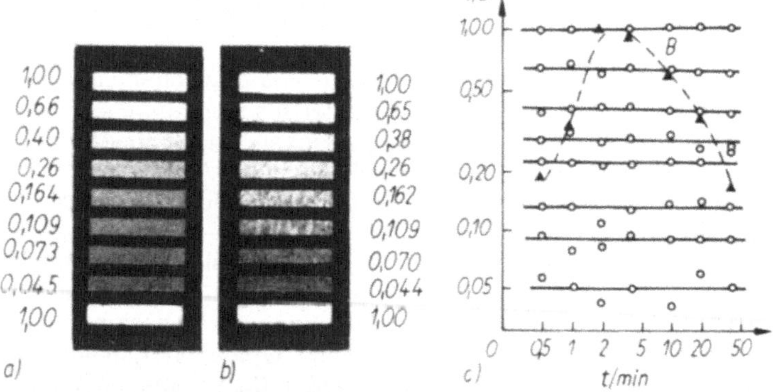

Abb. 22. Fotografie eines Graustufenkeils (a) und sein holografisch rekonstruiertes Bild (b) [20] (die Zahlen entsprechen den relativen Helligkeiten der Stufen); (c) Resultat der Fotometrie der rekonstruierten Bilder der Graustufen bei 80facher Veränderung der Belichtungszeit im Herstellungsprozeß des Hologramms. Das Hologramm gibt die relative Transmission (T) der Stufen ohne jegliche Verzerrung wieder

B Helligkeitsänderungen des rekonstruierten Bildes von einer der Stufen. Die größte Helligkeit im rekonstruierten Bild wurde innerhalb des Belichtungszeitintervalls von 2 bis 5 min erreicht

Natürlich wird auch das Hologramm, unabhängig davon, wie es belichtet wurde, die Helligkeitsverteilung des Objektes nicht unverzerrt übertragen. Hervorzuheben ist jedoch, daß bei richtiger Auswahl der Belichtung, des Verhältnisses der vom Objekt- und Referenzbündel erzeugten Intensitäten, der Emulsion und der Entwicklungsbedingungen immer erreicht werden kann, daß das Hologramm die Helligkeitswerte in einem weiten Bereich ohne bedeutende Verzerrungen überträgt. Gewöhnlich reicht es aus, die Belichtung in den Maxima der Interferenzstreifen nicht größer als H_2, in den Minima etwas mehr als H_1 (s. Abb. 21 b) und die Hologrammfläche hinreichend groß zu wählen, um eine derartige Helligkeitsübertragung zu ermöglichen.

Diese Erfordernisse entsprechen einer Aufnahme der holografischen Interferenzstruktur innerhalb der Grenzen eines nahezu linearen Bereiches der Kurve $t = f(H)$, d. h. einer linearen Aufzeichnung des Hologramms.

Die Abbn. 22a und b zeigen die Fotografie und holografische Rekonstruktion eines Graustufenkeils, der in der Fotometrie Verwendung findet. Beim näheren Betrachten der Abbildung erkennt man, daß das Hologramm die Helligkeitsabstufungen des Objektes praktisch verzerrungsfrei wiedergibt. Die Abb. 22 c vermittelt einen Eindruck davon, wie das Hologramm die Helligkeitsverteilung des Graustufenkeils bei 80facher Veränderung der Belichtungszeit speichert.

1.3.3.   Nichtlineare Effekte in der Holografie

Liegen die Belichtungswerte in den Maxima und Minima der Interferenzstruktur erheblich außerhalb der Grenzen des linearen Bereiches der Funktion $t = f(H)$, dann erhält die Aufzeichnung des Hologramms *nichtlinearen* Charakter.

Linear aufgezeichnete Hologramme sind mit Beugungsgittern vergleichbar, die eine sinusförmige Amplitudentransmissionsverteilung aufweisen und somit keine höheren Beugungsordnungen als $N = \pm 1$ bilden. Bei der nichtlinearen Aufzeichnung des Hologramms entsteht zwar auch ein periodisches Gitter, die Amplitudentransmissionsverteilung weicht jedoch merklich von der sinusoidalen ab, was auf nichtlineare Verzerrungen zurückzuführen ist. Solch eine Gitterstruktur erzeugt neben den Wellen erster und nullter Ordnung auch höhere Beugungsordnungen. Der nichtlineare Charakter der Hologrammaufzeichnung äußert sich nicht nur im Auftreten höherer Ordnungen, sondern auch in einer Verzerrung der Amplituden der Wellen erster Ordnung. Nichtlinearitäten führen im erzeugten Bild u. a. zu einer Verstärkung des Hintergrundes, zum Auftreten eines *Halos* (Lichthof), zu Verzerrungen der relativen Intensitäten unterschiedlicher Objektpunkte und in einigen Fällen zur Erscheinung von „Geisterbildern" [21].

Diejenigen Bilder, die durch höhere Beugungsordnungen entstehen, sind komplexe Funktionen der ursprünglichen Wellenfunktion des Objektes und haben mit dem Objekt selbst nur noch sehr wenig gemeinsam. In einigen Fällen (z. B. bei Bildfeldhologrammen oder bei Hologrammen von lichtdurchlässigen Objekten, die ohne Diffusor beleuchtet wurden) erzeugen die höheren Ordnungen jedoch Bilder [22]. Die Helligkeitsverteilung in diesen Bildern ist in der Regel stark verzerrt, und die Phase des Bildes N-ter Ordnung unterscheidet sich um das N-fache von der des Bildes erster Ordnung.

Ausführlichere Informationen darüber, wie die nichtlinearen Eigenschaften einer Fotoschicht die Qualität des rekonstruierten Bildes beeinflussen, findet der Leser in [18, 23–25].

1.3.4. *Das Auflösungsvermögen von Hologrammen*

Als *Auflösungsvermögen* bezeichnet man die Fähigkeit des Bildempfängers und abbildenden Systems, die Bilder dicht benachbarter Objekte getrennt aufzuzeichnen (aufzulösen). Diese Definition erfordert eine Präzisierung.

Gewöhnlich betrachtet man die Bilder zweier Punkte oder Linien gleicher Helligkeit als aufgelöst, wenn zwischen ihnen ein Minimum der Intensität auftritt, dessen Intensitätswert $\leq 80\%$ des Wertes der Intensität in einem der Maxima beträgt. (Die „Tiefe" des Minimums ist also $\geq 20\%$ des Maximalwertes der Intensitäten.) Anstelle der Tiefe des Minimums benutzt man oft den Begriff des *Bildkontrastes*:

$$k = \frac{E_{max} - E_{min}}{E_{max} + E_{min}}, \tag{33}$$

wobei E_{max} bzw. E_{min} die maximale bzw. die minimale Beleuchtungsstärke bedeutet. (In der Definition des Kontrastes stehen ursprünglich statt der Beleuchtungsstärken die Leuchtdichten L_{max} und L_{min}. Im hier betrachteten Fall ist eine Proportionalität zwischen L und E vorausgesetzt.) Ein 20% tiefes Minimum (oder

11%iger Kontrast) entspricht dem sog. Kriterium von *Rayleigh*. In diesem Fall nimmt aber das Auge die zwei verschiedenen Bilder mit einem bedeutend geringeren Kontrast (von 1 bis 2%) wahr. Deshalb unterscheidet sich die *visuelle Auflösung* von derjenigen nach *Rayleigh*.

Es ist üblich, das Auflösungsvermögen (vgl. beispielsweise [11]) durch die *Grenzwinkelauflösung* ($\delta\varphi$) oder die *Grenzlinienauflösung* (δx) zu charakterisieren. Gewöhnlich werden die letztgenannten Größen auf die Gegenstandsfläche (und nicht auf die Bildfläche) bezogen. Spektralgeräte charakterisiert man durch die Größe $\delta\lambda$, durch die Differenz der Wellenlängen, die bei absolut monochromatischen Spektrallinien gerade noch aufgelöst werden. Man charakterisiert sie aber auch durch den Winkel- oder Linienabstand ($\delta\varphi$ oder δy) zwischen den Bildern dieser Linien.

Das *Grenzauflösungsvermögen* optischer Geräte hängt besonders von den den optischen Bauteilen eigenen Aberrationen sowie von Unvollkommenheiten in der Gerätefertigung ab. Aber auch ein ideales Gerät weist infolge der Beugung des Lichtes an seiner Öffnung ein Grenzauflösungsvermögen auf. Die Auflösungsgrenze eines *Telekops* ist z. B. gegeben durch

$$\delta\varphi = 1{,}22\,\frac{\lambda}{D}\,, \tag{34}$$

wobei D der Durchmesser des Objektivs ist.
Die Auflösungsgrenze eines *Mikroskops* ist gegeben durch

$$\delta x = 0{,}61\,\frac{\lambda}{A}\,, \tag{35}$$

A ist die *numerische Apertur*.[1]
Die Auflösungsgrenze eines Spektralgerätes mit sinusförmigem Beugungsgitter kann mit einer der folgenden Formeln berechnet werden:

$$\delta\lambda = \frac{\lambda}{N}\,, \tag{36}$$

$$\delta y = \frac{\lambda}{\alpha}\,, \tag{37}$$

[1] $A = n\sin\alpha$; n ist die Brechzahl, 2α der Öffnungswinkel.

$$\delta\varphi = \frac{\lambda}{L}, \tag{38}$$

wobei N die Gesamtzahl der Striche, α die Winkelweite des Gitters und L die Projektionsbreite des Gitters auf eine senkrecht zur Beobachtungsrichtung stehende Ebene bedeutet.

Wie wir schon früher feststellten, wirkt das Hologramm als Beugungsgitter, und darum kann seine Auflösung durch die Formeln (37) und (38) ermittelt werden. Die *Winkelauflösung* des Hologramms hängt nur von seiner linearen Abmessung und die *Linienauflösung* von der Winkelweite (Abb. 23) ab. Die Formeln (37) und (38) wurden durch experimentelle Daten bestätigt. Sie gelten für beliebige gegenseitige Lagen der Referenzquelle, des Gegenstandes und des Hologramms (s. Abb. 17a, b), d. h. für eine beliebige Holografieanordnung.

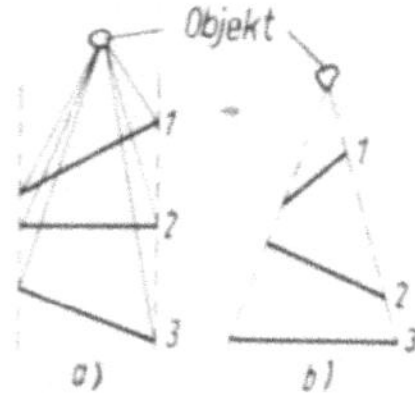

Abb. 23. Die Hologramme 1–3 haben die gleiche Winkelauflösung (ihre Linienauflösung nimmt von 1 bis 3 ab) (a) bzw. die gleiche Linienauflösung (ihre Winkelauflösung wächst von 1 bis 3) (b). Die Anforderungen an das Auflösungsvermögen der Emulsion verringern sich in beiden Fällen von 1 bis 3. Hingegen wachsen die Anforderungen an die Empfindlichkeit der Emulsion von 1 bis 3

Es kann jedoch nicht immer ein Hologramm mit einer derartig großen Abmessung verwendet werden, die den notwendigen Grad der Auflösung sicherstellt. Bei Verwendung einer Referenzlichtquelle mit ebener Wellenfront wird mit der Vergrößerung der Hologrammfläche die maximale Ortsfrequenz seiner Struktur vergrößert. Ist diese Frequenz die von der Emulsion gerade noch auflösbare Grenzfrequenz, so ist eine weitere Vergrößerung der Hologrammfläche nutzlos, die Fotoemulsion wird die Struktur des Hologramms nicht übertragen können. Diese Frage werden wir nun ausführlich betrachten.

Die *Ortsfrequenz* des Interferenzbildes kann nach Gl. (24) wie folgt niedergeschrieben werden:

$$f = \frac{\sin \gamma_1 + \sin \gamma_2}{\lambda} = \frac{2}{\lambda} \sin \frac{\gamma_1 + \gamma_2}{2} \cos \frac{\gamma_1 - \gamma_2}{2} \tag{39}$$

oder, unter der Annahme $\cos(\gamma_1 - \gamma_2)/2 \approx 1$,

$$f = \frac{2}{\lambda} \sin \frac{\psi}{2}, \tag{40}$$

wobei $\psi = \gamma_1 + \gamma_2$ der Winkel zwischen den interferierenden Bündeln ist. ($\cos(\gamma_1 - \gamma_2)/2$ nimmt für $\gamma_1 - \gamma_2$ gleich 30, 60 und 90° die Werte 0,97, 0,87, 0,71 an.)

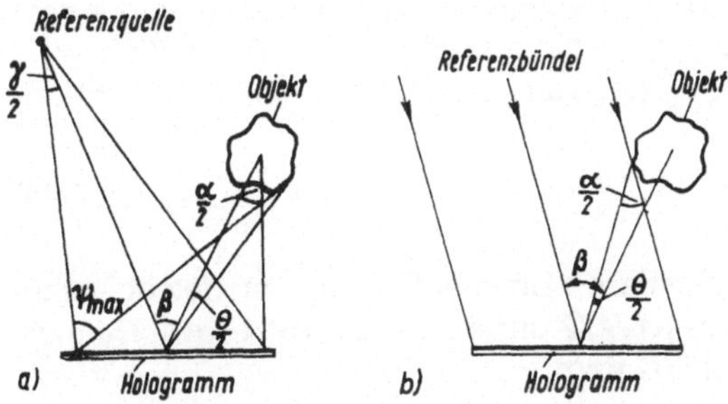

Abb. 24. Zur Berechnung der Ortsfrequenz des Interferenzmusters auf dem Hologramm

a) Allgemeiner Fall; b) Referenzquelle im Unendlichen

Wie aus Abb. 24a folgt, entspricht die höchste Ortsfrequenz dem maximalen Winkel zwischen den Bündeln:

$$\psi_{max} = \beta + \frac{\alpha}{2} - \frac{\gamma}{2} + \frac{\theta}{2}. \tag{41}$$

Hier ist α die Winkelweite des Hologramms (die Spitze des Winkels α liegt im Zentrum des Objektes), γ der Öffnungswinkel des Referenzbündels, β der Winkel zwischen den Achsen des Referenz- und des Gegenstandsbündels und θ die Winkelweite des Objektes. So erhält man [15]

$$f_{max} = \frac{2}{\lambda} \sin\left(\frac{\beta}{2} + \frac{\alpha - \gamma + \theta}{4}\right). \tag{42}$$

Deshalb können wir, wenn das Auflösungsvermögen der Emulsion f_E vorgegeben ist, die Winkel α, β und γ nur so weit variieren, daß die folgende Bedingung erfüllt bleibt:

$$\frac{\beta}{2} + \frac{\alpha - \gamma + \theta}{4} \leqq \arcsin \frac{f_E \lambda}{2}. \tag{43}$$

Zu beachten ist, daß die Linienauflösung durch die Winkelweite α des Hologramms begrenzt wird. Es ist vorteilhaft, diese Größe α auf Kosten der Verringerung der anderen so groß wie möglich zu machen.

Wir betrachten zunächst den Fall einer ebenen Referenzwellenfront ($\gamma = 0$). In diesem Fall erhält man einen minimalen Winkel β, wenn das Referenzbündel direkt am Objekt vorbeigeht (Abb. 24b). Wie aus Abb. 24b ersichtlich, ist $\beta_{min} = \theta|2 + \alpha|2$, und für die Bedingung (43) kann somit geschrieben werden:

$$\frac{\alpha + \theta}{2} \leqq \arcsin \frac{f_E \lambda}{2}. \tag{44}$$

Die maximal erreichbare Linienauflösung ist leicht abzuschätzen, indem $\arcsin f_E \lambda / 2$ durch $f_E \lambda / 2$ ersetzt wird. Dann ist $\alpha \leqq f_E \lambda - \theta$, und mit (37) folgt

$$\frac{1}{\delta y} \leqq f_E - \frac{\theta}{\lambda}. \tag{45}$$

Mit anderen Worten: Die Linienauflösung des Gegenstandes kann nur schlechter als die Linienauflösung der Emulsion selbst sein.

Betrachten wir jetzt einen anderen Grenzfall. Die Referenzlichtquelle möge in der Objektebene liegen, d.h., $\gamma \leqq \alpha$. Demzufolge heben sich α und γ in (43) heraus, und die Bedingung (43) enthält keine Beschränkung mehr für die Winkelweite des Hologramms und folglich [nach Gl. (38)] auch nicht mehr für die Linienauflösung.

Praktisch ist es jedoch schwer, ein Hologramm mit einer Winkelweite $\alpha > 1$ rad aufzunehmen. Deshalb liegt, wie aus (37) folgt, die maximale Linienauflösung in der Größenordnung einer Wellenlänge.

Wie bereits erwähnt, wird das Verfahren von *Winthrop* und *Worthington* [17] als *linsenlose Fourier-Holografie* (vgl. [16]) bezeichnet. Eine entsprechende Anordnung ist für viele Fälle vorteilhaft, insbesondere dann, wenn es notwendig ist, eine Linienauflösung zu erzielen, die (auf die Objektebene bezogen) größer ist als die Linienauflösung der Emulsion. Eine Anordnung mit einem Referenzbündel, das eine ebene Wellenfront besitzt, erlaubt dieses i. allg. nicht.

Bei Verwendung hochauflösender Platten vom Typ Kodak 649 F oder WR macht sich der genannte Vorzug im sichtbaren Spektralbereich i. allg. nicht bemerkbar. Diese Platten besitzen ein Auflösungsvermögen von weniger als λ. Im Röntgengebiet des Spektrums dagegen wird eine solche Anordnung sicher wesentlich günstiger sein.

In der Anordnung der linsenlosen Fourier-Holografie kann die Ortsfrequenz der Interferenzstruktur bei dichter Annäherung der Referenzlichtquelle an das Objekt und unveränderter Anordnung aller übrigen Teile auf ein Minimum gesenkt werden. Deshalb braucht man im Prinzip bei einer derartigen Anordnung der Referenzlichtquelle nicht ein so hohes Auflösungsvermögen der Emulsion zu fordern. Für ein paralleles Lichtbündel gilt $\gamma = 0$ und $\beta_{min} = \theta/2 + \alpha/2$ (s. Abb. 24), woraus sich die maximale Ortsfrequenz der Streifen auf dem Hologramm nach (42) zu

$$f_{\parallel} = \frac{2}{\lambda} \sin\left(\frac{\theta}{2} + \frac{\alpha}{2}\right) \tag{46}$$

ergibt. Für die linsenlose Fourier-Holografie ist $\beta_{min} = \theta/2$ sowie $\alpha = \gamma$, und nach Gl. (42) wird

$$f_{\text{Fourier}} = \frac{2}{\lambda} \sin\frac{\theta}{2}. \tag{47}$$

Aus (46) und (47) folgt, daß beim Übergang von einem parallelen Referenzbündel zu einer Referenzquelle, die in der Objektebene dicht beim Objekt liegt, ein um den Faktor

$$\frac{f_{\parallel}}{f_{\text{Fourier}}} = \frac{\sin\left(\dfrac{\theta + \alpha}{2}\right)}{\sin\dfrac{\theta}{2}} \tag{48}$$

geringeres Auflösungsvermögen der Emulsion ausreicht. Leider ist eine solche Anordnung praktisch nicht brauchbar, weil bei der Rekonstruktion der Lichthof des hellen Bündels nullter Ordnung die Ränder des Bildes überstrahlt.

1.4.   Literatur

[1] *Gabor, D.:* Nature **161** (1948) 777.
[2] —: Proc. Roy. Soc. (London) **A 197** (1949) 454.
[3] —: Proc. Phys. Soc. **B 64** (1951) 449.
[4] An Interview with the „Father of Holography". In: Optical Spectra, Oct., 1970, p. 32.
[5] *Leith, E., Upatnieks, J.:* J. Opt. Soc. Amer. **53** (1963) 1377; **54** (1964) 1295.
[6] —, —: J. Opt. Soc. Amer. **51** (1961) 1469; **52** (1962) 1123.
[7] *Denisjuk, Ju. N.:* DAN SSSR **144** (1962) 1275.
[8] —: Opt. i spektr. **15** (1963) 522.
[9] —: Opt. i spektr. **18** (1965) 275.
[10] *Michelson, A. A.:* Studies in Optics. Univ. of Chicago Press 1927.
[11] *Born, M., Wolf, E.:* Principles of Optics, 5. Ed. Oxford: Pergamon Press 1975.
[12] *Steel, W. M.:* Interferometry, 2nd Ed. Cambridge: Cambridge University Press 1983.
[13] *Hariharan, P.:* Optical Interferometry. Sydney: Academic Press 1985.
[14] *Stroke, G. W.:* An Intruduction to Coherent Optics and Holography, 2nd Ed. New York: Academic Press 1969.
[15] *Konstantinov, B. P., Zaidel, A. N., Konstantinov, V. B., Ostrovski, Ju. I.:* Zh. tekhn. fiz. **36** (1966) 1718.
[16] *Stroke, G. W.:* Appl. Phys. lett., **6** (1965) 201.
[17] *Winthrop, J. T., Worthington, C. R.:* Phys. Lett., **15** (1965) 124.
[18] *Collier, R. J., Burckhardt, C. B., Lin, L. H.:* Optical Holography. New York: Academic Press 1971.
[19] *Meier, R. W.:* J. Opt. Soc. Amer. **56** (1966) 219.
[20] *Zaidel, A. N., Ostrovskaja, G. V., Ostrovski, Ju. I.:* Zh. tekhn. fiz. **38** (1968) 1405.
[21] *Friesem, A. A., Zelenka, J. S.:* Appl. Opt. **6** (1967) 1755.
[22] *Bryngdahl, O., Lohmann, A. W.:* J. Opt. Soc. Amer. **58** (1968) 1325.
[23] *Goodman, J. W.:* Introduction to Fourier Optics. New York: McGraw-Hill 1968.
[24] *Ostrovskaja, G. V.:* Non-Linear Effects in Holography. In: Materialy IV Vsesoyuznoi shkoly po golografii (Materials of the 4th All-Union School on Holography). Leningrad 1973.
[25] *Kozma, A., Jull, G. W., Hill, K. O.:* Appl. Opt. **9** (1970) 721.

Ergänzende Literatur über Holografie

Caulfield, H. J.: Handbook of Optical Holography. New York: Academic Press 1979.
Kiemle, H., Röss, D.: Einführung in die Technik der Holografie. Frankfurt/Main: Akad. Verlagsges. 1969.

Smith, H. M.: Principles of Holography. New York, London, Sydney, Toronto: J. Wiley & Sons 1975.

Françon, M.: Holographie. Berlin, Heidelberg, New York: Springer 1972.

Lenk, H.: Holographie. (Fortschritte der exp. und theor. Biophysik, H. 9). Leipzig: VEB Georg Thieme 1971.

Miler, M.: Optische Holografie. Thiemig Taschenbücher, Band 61. München: 1978.

Menzel, E., Mirande, W., Weingärtner, J.: Fourier-Optik und Holographie. Wien, New York: Springer 1973.

Wenyon, M.: Understanding Holography. Newton Abbot, London, Vancouver: David and Charles 1978.

Hariharan, P.: Optical Holography. Principles, Techniques and Application. (Series: Cambridge Monographs on Physics.). Cambridge, London, New York, New Rochelle, Melbourne, Sydney: Cambridge University Press 1984.

Denisiuk, Ju. N.: Fundamentals of Holography. Moskau: Mir Publisher 1984.

Yu, F. T. S.: Optical Information Processing. New York: J. Wiley & Sons 1983.

– : White Light Optical Signal Processing. New York: J. Wiley & Sons 1985.

Saxby, G.: Practical Holography. New York, London, Toronto, Sydney, Tokio: Prentice Hall 1988.

Iizuka, K.: Engineering Optics. 2nd Ed. Springer Series in Optical Sciences, Vol. 35. Berlin, Heidelberg, New York, London, Paris, Tokio: Springer 1987.

Horner, J. L.: Optical Signal Processing. Santiago, New York, Berkeley: Academic Press 1987.

2. Holografische Experimente

2.1. Anordnungen und Hilfsmittel zur Erzeugung von Hologrammen

2.1.1. Prinzipskizzen des optischen Aufbaus

Betrachten wir zunächst die in der Holografie gebräuchlichen Aufnahmeanordnungen. Als Lichtquelle werden in der Regel Laser verwendet, obwohl auch andere Strahlungsquellen geeignet sind. Diese emittieren ein Lichtspektrum, aus dem eine oder mehrere Linien ausgefiltert werden (vgl. Abschn. 2.4.). Eine Anzahl von Anordnungen, die für die Aufnahme von Hologrammen

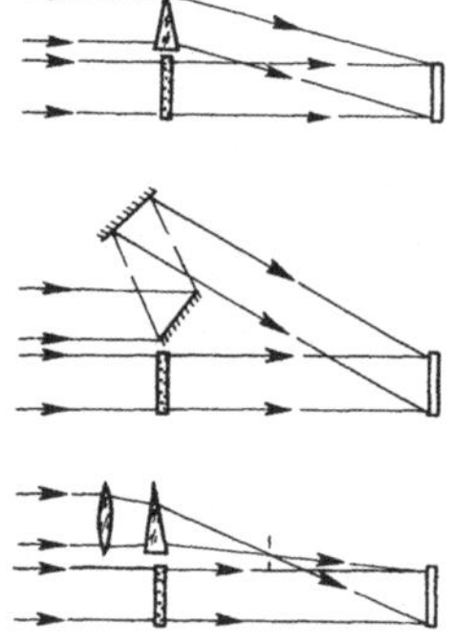

Abb. 25. Anordnungen zur Herstellung des Hologramms eines transparenten Objektes nach *Leith* und *Upatnieks*

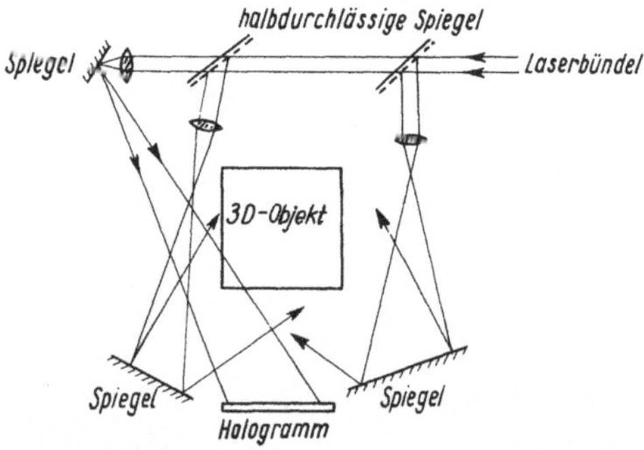

Abb. 26. Anordnung zur Herstellung des Hologramms eines dreidimensionalen Objektes bei Beleuchtung des Objektes von zwei Seiten

sowohl dreidimensionaler Objekte als auch durchsichtiger, nichtstreuender Objekte (z. B. Diapositive) verwendet werden, zeigen die Abbn. 10, 19, 25–34. In der Regel existieren in einer jeden solchen Anordnung zwei Strahlengänge: einer, mit dem das Objekt beleuchtet wird, und ein zweiter, der das Referenzbündel darstellt.

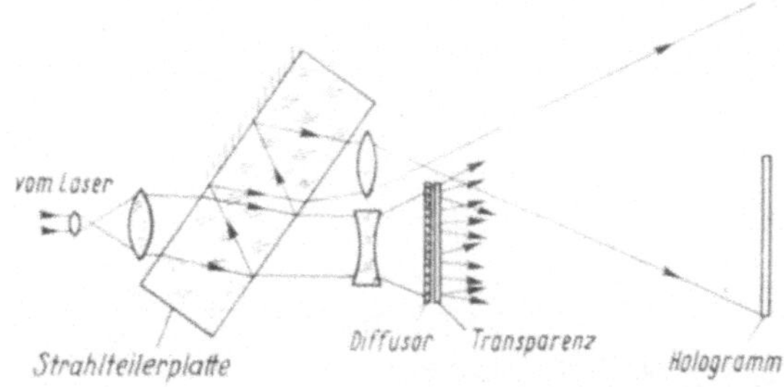

Abb. 27. Anordnung zur Herstellung eines linsenlosen Fourier-Hologramms eines transparenten Objektes unter Verwendung der Streuscheibe (Diffusor)
Die Brennweiten der Konkav- und Konvexlinse sind identisch

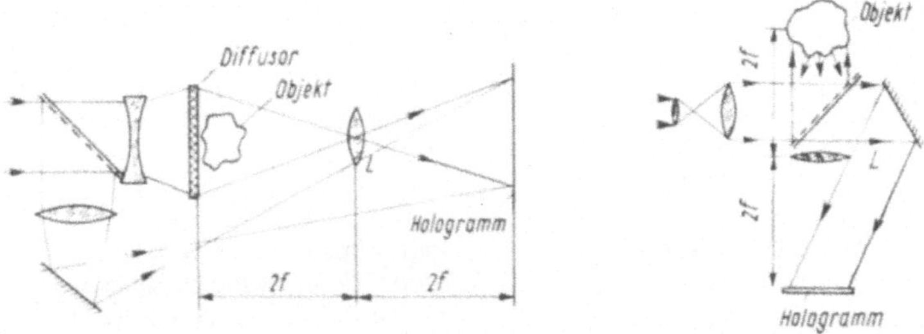

Abb. 28. Anordnung zur Herstellung des Hologramms eines transparenten Objektes unter Verwendung einer Streuscheibe bei unvollständiger räumlicher Kohärenz der Laserstrahlung
Die Streuscheibe wird durch die Linse auf das Hologramm abgebildet. Dadurch kann die Modenstruktur von Objekt- und Referenzbündel in Übereinstimmung gebracht werden

Abb. 29. Anordnung zur Herstellung des Hologramms eines dreidimensionalen Objektes mit rauher Oberfläche bei unvollständiger räumlicher Kohärenz der Laserstrahlung
Durch die Linse wird das Objekt auf das Hologramm abgebildet, womit die Übereinstimmung der Modenstruktur der Bündel erreicht wird

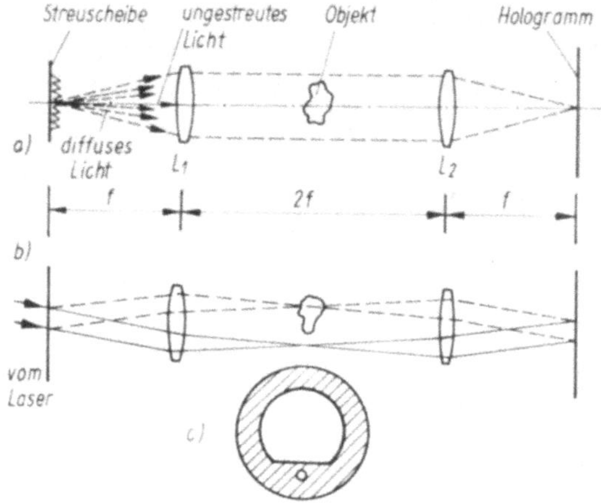

Abb. 30. Anordnung mit einer Streuscheibe [1, 2]:
a) Seitenansicht;
b) Draufsicht (die Streuscheibe wird mittels der Linsen L_1 und L_2 auf das Hologramm abgebildet).
c) Die Blende wird in die Objektebene gebracht. Sie hat zwei Öffnungen: eine große für das Objektbündel und eine kleine für das Referenzbündel. Letzteres wird durch das ungestreute Licht des Bündels gebildet

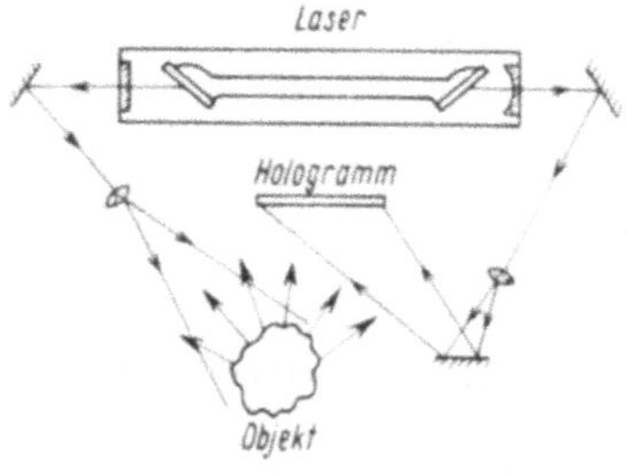

Abb. 31. Herstellung eines Hologramms ohne Strahlteiler unter Verwendung eines zweiten Laserbündels als Referenzbündel

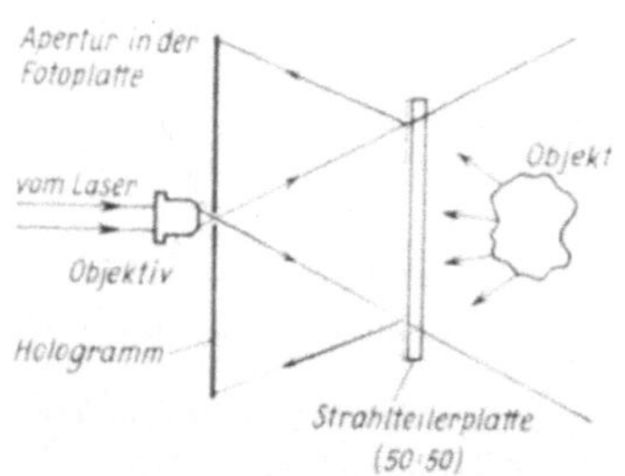

Abb. 32. Anordnung zur Herstellung eines Gabor-Hologramms des undurchsichtigen, diffus streuenden Objektes [3]

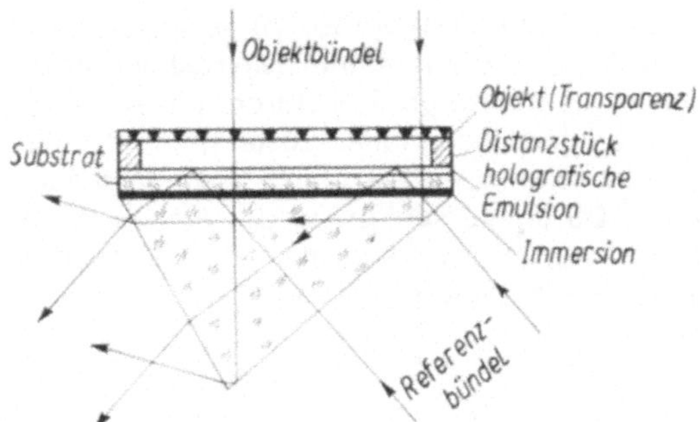

Abb. 33. Anordnung zur Hologrammherstellung mit einem Referenzbündel, das vollständig an der Grenzschicht Emulsion—Luft reflektiert wird [4]

Hier werden gleichzeitig zwei Hologramme in der Emulsion aufgezeichnet: mit dem einfallenden Referenzbündel – dieses Hologramm weist eine hohe Ortsfrequenz auf – und mit dem reflektierten Bündel – dieses Hologramm hat eine geringe Ortsfrequenz. Die Wellenfront wird unter Verwendung des gleichen Prismas rekonstruiert. Mit dieser Anordnung ist es möglich, das Objekt sehr nahe am Hologramm zu plazieren

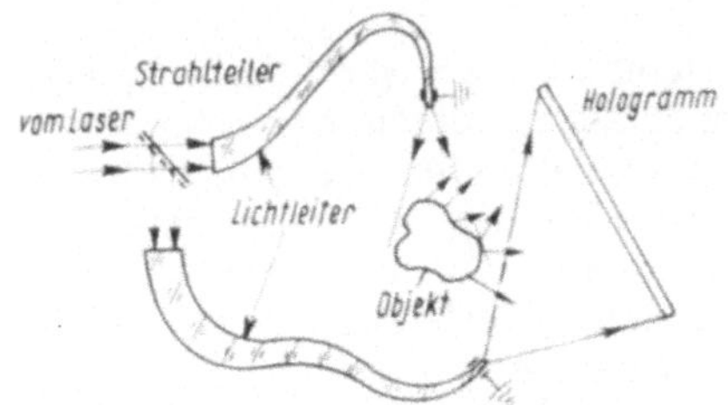

Abb. 34. Herstellung des Hologramms mit Lichtleitern [5]

Die schmalen und flexiblen Lichtleiterkabel mit einem Austrittsdurchmesser von einigen Mikrometern übernehmen die Funktion eines Mikroskopobjektivs mit Pinhole und erzeugen eine ideale Kugelwelle am Ausgang. Die Aufweitung des Bündels wird durch das Größenverhältnis von Eintritts- und Austrittsdurchmesser bestimmt

2.1.2. Hilfsmittel zur Aufweitung und Richtungsänderung der Lichtbündel

Die *Laser* senden Lichtbündel mit wenigen Millimetern Durchmesser aus. Diese Bündel werden mit Hilfe von Linsen oder Linsensystemen bis zu dem erforderlichen Durchmesser und dem benötigten Öffnungswinkel aufgeweitet.

Zur Aufweitung paralleler Lichtbündel (Abb. 35) verwendet man vorteilhaft *Teleskopsysteme*, die aus einem Mikroskopobjektiv und einer langbrennweitigen Linse großen Durchmessers bestehen. Die Brennpunkte beider Linsen fallen zusammen. Die Vergrößerung des Bündeldurchmessers ist gleich dem Verhältnis der Brennweiten f_2/f_1. Durch Verschiebung der Linsen dieses Systems längs der optischen Achse kann man auch konvergierende oder divergierende Lichtbündel erzeugen.

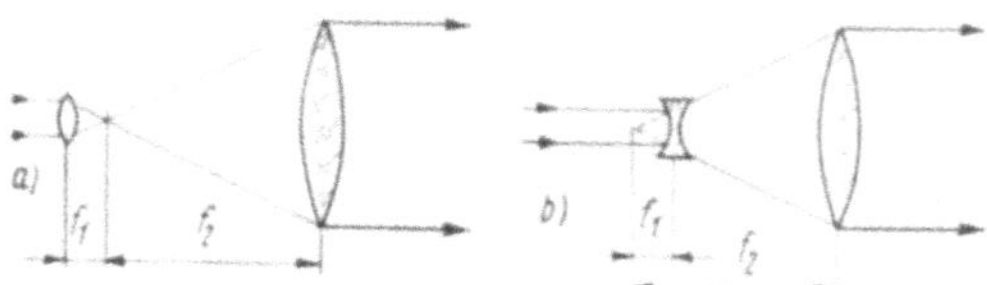

Abb. 35. Teleskopisches Linsensystem zur Aufweitung paralleler Bündel mit einer Sammellinse (Konvexlinse) (a) und mit einer Zerstreuungslinse (Konkavlinse) (b)
Das System b ist vorzuziehen, wenn ein Impulslaser eingesetzt wird, da im Brennpunkt der Sammellinse eine Funkenentladung durch die hohe Energiedichte der Laserstrahlung entstehen kann

Zur Richtungsänderung der Lichtbündel verwendet man Spiegel und Prismen. Bei letzteren ist darauf zu achten, daß keine Mehrfachreflexionen an ihren Flächen stattfinden, die zum Auftreten parasitärer Bündel führen. Diese Bündel sind zwar nicht sehr hell, aber sie können mit dem Referenzbündel interferieren und erzeugen dann sehr kontrastreiche Interferenzstreifen, die die Qualität der Hologramme verschlechtern.
Staubteilchen, die sich auf den optischen Komponenten im Referenzstrahlengang befinden, beeinträchtigen die Qualität des Hologramms ebenfalls. Die oftmals über die gesamte Hologrammfläche verteilten auffälligen Ringstrukturen sind das Ergebnis der Beugung des kohärenten Laserlichtes an Staubteilchen (s. beispielsweise Abbn. 11a u. 36a). Sie bewirken eine unerwünschte Modulation der Schwärzung des Hologramms mit dem Resultat, daß die den Beugungsmaxima entsprechenden Gebiete überbelichtet und die den Beugungsminima entsprechenden Hologrammbereiche unterbelichtet sind. Infolgedessen verkleinert sich die effektive Fläche des Hologramms, und die Qualität der Rekonstruktion nimmt ab.
Ein gutes Hologramm sollte eine sichtbar gleichmäßig geschwärzte Oberfläche aufweisen. Zu diesem Zweck bringt man gewöhnlich eine kleine Lochblende *(Pinhole)* mit einem Durch-

messer in der Größenordnung von 10 bis 15 µm in den Brennpunkt des Mikroskopobjektivs zur Aufweitung des Referenzbündels. Dieses möglichst genau justierbare Pinhole wirkt als *Raumfrequenzfilter* und garantiert, daß eine ideale Kugelwelle austritt (Abb. 36 b). Alle negativen Auswirkungen von Aberrationen des optischen Systems im Strahlengang, z. B. Interferenzen infolge von Mehrfachreflexionen, Beugung an Staubteilchen und Defekte optischer Bauteile, werden durch dieses einfache Hilfsmittel weitgehend beseitigt. Natürlich ist es erforderlich, die richtige Position des Pinholes in Längs- und Querrichtung sehr sorgfältig einzujustieren. Andernfalls wird ein großer Teil der Lichtenergie ausgeblendet.

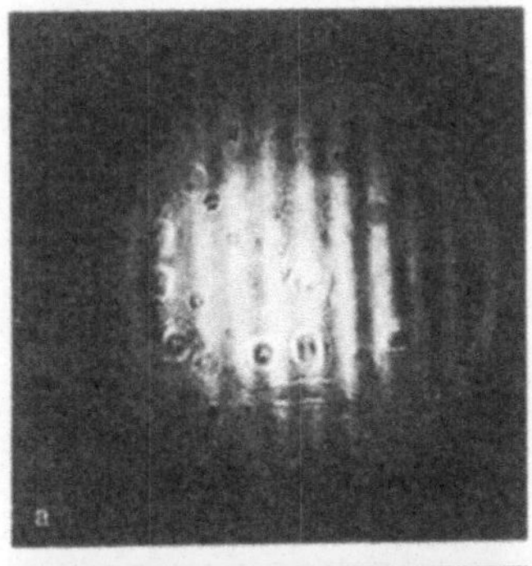
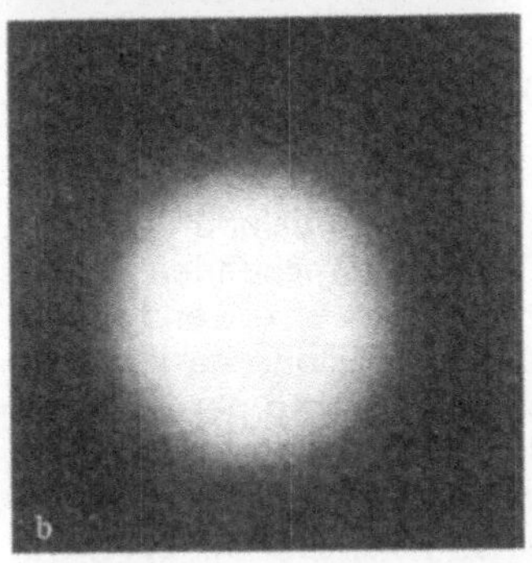

Abb. 36. Ortsfrequenzfilterung des Referenzbündels mit Hilfe eines Linsen-Pinholesystems (Fotografie aus [6])
a) Struktur des Originalbündels;
b) Struktur nach der Filterung

Eine kleine Öffnung mit geeignetem Durchmesser erhält man, indem mit der Spitze einer feinen Nadel ein Loch in eine dünne Aluminiumfolie gestochen wird. Die Folie legt man dazu am besten auf eine glatte und harte Unterlage. Das geeignete Pinhole wird danach unter dem Mikroskop aus mehreren Proben ausgewählt. Brauchbare Pinholes erhält man ebenfalls unter Verwendung eines Impulslasers, dessen Strahlung mittels einer sehr gut korrigierten Linse auf die Folie fokussiert wird.

2.1.3.   Hilfsmittel zur Teilung der Lichtbündel

Die *kohärente Teilung* des Laserbündels in zwei Teilbündel kann nach einem der beiden Grundprinzipien geschehen: *Teilung der Amplitude* und *Teilung der Wellenfront.*

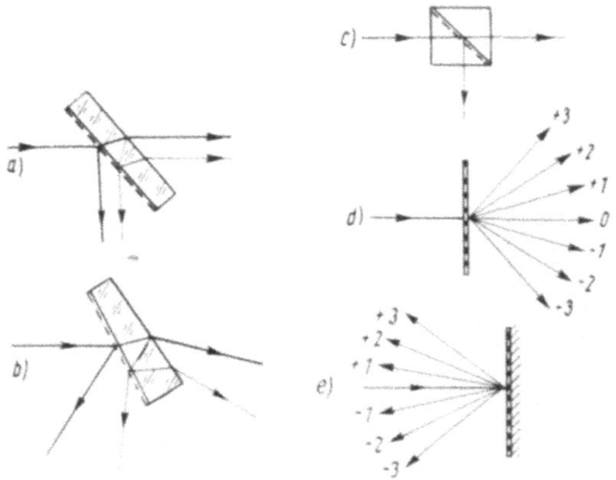

Abb. 37. Anordnungen zur Amplitudenteilung der Lichtbündel
a) Halbdurchlässiger Spiegel; b) Keil; c) Strahlteilerwürfel; d) Transmissionsgitter; e) Reflexionsgitter

Bei der *Amplitudenteilung* verwendet man halbdurchlässige Spiegel, Keile oder Beugungsgitter. Die entsprechenden Anordnungen zeigt Abb. 37. Für den gleichen Zweck verwendet man auch doppelbrechende Systeme, z. B. Wollastonsche Prismen, Kalkspatkristalle oder andere doppelbrechende Körper (Abb. 38). Die aus diesen Systemen austretenden Bündel sind senkrecht zueinander polarisiert. Damit diese Bündel nun miteinander interferieren können, läßt man sie durch einen Polarisator hindurchtreten, dessen Polarisationsebene mit den Polarisationsebenen jedes dieser beiden Bündel einen Winkel von 45° einschließt. Dabei geht allerdings die Hälfte der Lichtenergie verloren. Man kann aber auch beide Bündel ohne Verlust in eine Polarisationsebene überführen. Das geschieht mit Hilfe optischer Bauelemente, die die Polarisationsebene drehen, beispielsweise durch

70

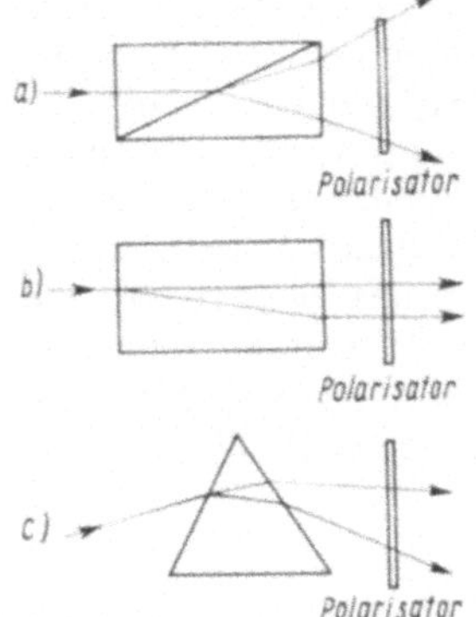

Abb. 38. Polarisationsverfahren für die Amplitudenteilung der Lichtbündel
a) Wollaston-Prisma (Rochon- und Senarmont-Prisma können ebenfalls verwendet werden);
b) Kalkspat-Platte;
c) Kalkspat-Prisma

eine Quarzplatte, die senkrecht zur optischen Achse des Kristalls geschnitten wurde. Um eine Drehung der Polarisationsebene um 90° zu erreichen, muß man eine Quarzplatte von 4,8 mm Dicke verwenden ($\lambda = 632,8$ nm).

Auch einfache Mattglasscheiben können zur Amplitudenteilung verwendet werden. Die von ihnen diffus gestreuten Strahlen beleuchten das Objekt, während der ungestreute Anteil das Referenzbündel bildet. Solch eine Anordnung zeigt Abb. 30.

Die *Teilung der Wellenfront* kann ebenfalls durch Spiegel, Prismen oder Linsen erfolgen. Entsprechende Anordnungen sind in Abb. 39 festgehalten. Es sollte jedoch beachtet werden, daß die Anordnungen zur Teilung der Wellenfront nur bei ausreichen-

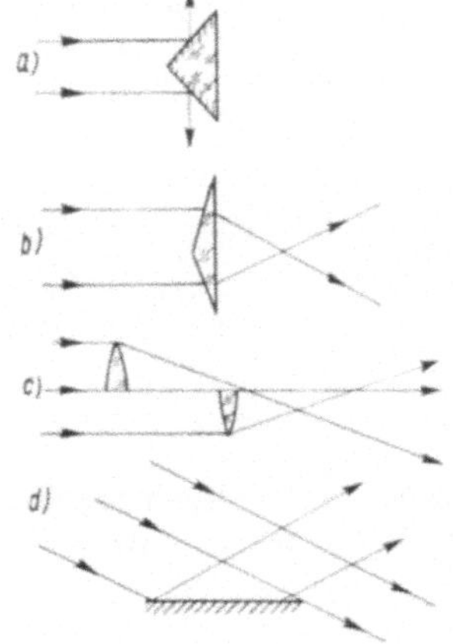

Abb. 39. Anordnungen zur Teilung der Wellenfront
a) Prisma mit reflektierenden Außenseiten;
b) Biprisma;
c) Teilerlinse;
d) Lloyd-Spiegel

der räumlicher Kohärenz des Bündels verwendet werden können, die Anordnungen zur Amplitudenteilung hingegen auch bei räumlich inkohärenter Strahlung. Letztere erlauben in einigen Fällen, die Modenstruktur des Referenz- und des Gegenstandsbündels zu vereinigen (s. weiter unten). Manchmal kann man in der Holografie ohne lichtteilende optische Bauteile auskommen. Man verwendet dann als Referenzbündel das viel schwächere zweite Teilbündel des Lasers (s. Abb. 31). Zahlreiche Anwendungsmöglichkeiten zum Aufbau holografischer Systeme eröffnen die faseroptischen Bauelemente (s. Abb. 34) [5, 7].

2.1.4. Streuscheiben (Diffusoren)

Bei der Aufnahme von Hologrammen transparenter Objekte ordnet man gewöhnlich vor den Objekten *Diffusoren* an, um die gerichtete Laserstrahlung in eine diffuse Strahlung umzuwandeln. Das Hologramm eines transparenten Objektes, das mit Hilfe eines Diffusors aufgenommen wurde, besitzt alle bereits betrachteten, für Hologramme dreidimensionaler Objekte charakteristischen Eigenschaften. Die wichtigste dieser Eigenschaften besteht darin, daß die Strahlung jedes Objektpunktes über das gesamte Hologramm verteilt wird und folglich jeder kleine Ausschnitt des Hologramms die Information über das gesamte Objekt enthält. Wenn ein transparentes Objekt ohne Diffusor aufgenommen wird, besitzt das Hologramm diese Eigenschaft nicht. Jedem Ausschnitt des transparenten Objektes entspricht dann nur ein ihm zugeordneter Hologrammausschnitt. Diffusoren verwendet man ferner zur gleichmäßigen und diffusen Ausleuchtung von dreidimensionalen Objekten und *Szenen*. Durch den

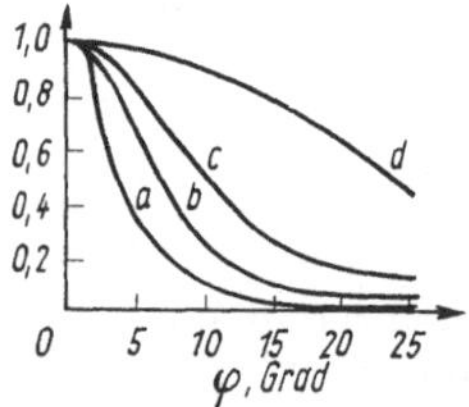

Abb. 40. Streuindikatrix verschiedener Diffusoren für Laserstrahlung [8]
a Glas, mit einem Schleifmittel der mittleren Korngröße 7 µm geschliffen; *b* wie *a*, mittlere Korngröße jedoch 28 µm; *c* wie *a*, mittlere Korngröße 80 µm; *d* Milchglas

Einsatz der *Streuscheibe* erfolgt eine gleichmäßige Belichtung über der gesamten Hologrammfläche, und falls der dynamische Bereich der Emulsion begrenzt ist, wird die Auswahl des Arbeitspunktes in der Schwärzungskurve (s. Abschn. 2.2.) erleichtert. Es ist natürlich klar, daß die Eigenschaften des Hologramms in erheblichem Maße von der Qualität des Diffusors abhängen.

Als Diffusoren verwendet man gewöhnlich feingeschliffenes Glas oder Quarz. Feinkörnige Diffusoren kann man durch Behandlung von Glasplatten mit Fluorwasserstoffdampf herstellen. Milchgläser lassen sich vorteilhaft als diffuse Reflektoren verwenden. Einige dieser Gläser haben einen diffusen Reflexionskoeffizienten nahe 1. Ebenso kann man Metall- oder Glasoberflächen verwenden, die mit einer Schicht Magnesiumoxid bedeckt sind.

Bei der Verwendung von Diffusoren in der Holografie muß die Winkelweite des Hologramms auf die *Streuindikatrix* des Diffusors abgestimmt sein. Wenn letztere zu breit ist, geht ein beträchtlicher Teil des Laserlichtes am Hologramm vorbei. Wenn die Indikatrix zu schmal ist, wird das Hologramm ungleichmäßig ausgeleuchtet.

In Abb. 40 ist die Streuindikatrix für einige Typen geschliffener Gläser und für Milchglas angegeben. Über den Einsatz eines *Christiansen-Filters* als Diffusor wird in [8] berichtet. Das Christiansen-Filter besteht aus einer Dispersion von Glaspulver in einer Flüssigkeit, deren Brechzahl nahe der des Glases liegt. Die Breite der Streuindikatrix dieses Filters kann durch Temperaturänderungen leicht variiert werden. In vielen Fällen ist das von Vorteil. Andererseits muß natürlich die Temperatur dieses Diffusors während der Belichtungszeit sorgfältig konstant gehalten werden.

J. Gates [2] verwendete bei der in Abb. 31 gezeigten Anordnung als Diffusor das gebleichte Hologramm einer Mattglasscheibe, das im gleichen Aufbau erzeugt wurde. Dadurch erhielt er eine nahezu ideale Übereinstimmung zwischen der Streuindikatrix und der Geometrie der Anordnung. Das ungebeugte Licht (nullte Ordnung) eines solchen Hologramms übernimmt die Funktion des Referenzbündels. Rund 60% des eingestrahlten Lichtes sind darin enthalten. Zwischen 10 und 15% entfallen auf jedes der beiden gestreuten Bündel erster Ordnung.

Bei der Rekonstruktion von Bildern diffus reflektierender oder transparenter Objekte, die mit Diffusoren beleuchtet werden, entsteht — darauf wurde bereits hingewiesen — eine charakteristische körnige Bildstruktur (s. Abb. 15) *(Speckle)*. Die Korngröße wird durch die Apertur des optischen Systems bestimmt. Das *Specklemuster* verschlechtert das Auflösungsvermögen des Hologramms, besonders bei kleiner Apertur. Um den Einfluß der Kornstruktur zu verringern, kann man den Belichtungsvorgang in mehrere Teilvorgänge aufteilen, wobei der Diffusor jedesmal ein wenig weitergerückt wird. Auf der Fotoplatte werden dann mehrere Hologramme aufgezeichnet. Jedes dieser Hologramme rekonstruiert an der gleichen Stelle ein und dasselbe Bild des Objektes. Die Kornstrukturen dieser Bilder jedoch sind verschieden. Bei der Rekonstruktion werden sich die hellen und dunklen Stellen der einzelnen Kornstrukturen im Mittel derart überlagern, daß die Kornstruktur des Bildes abgeschwächt wird. Es ist nicht sinnvoll, ein Hologramm mit einem sich während der Belichtungszeit unregelmäßig bewegenden Diffusor aufzunehmen. Ein so aufgenommenes Hologramm würde bei der Rekonstruktion kein Bild liefern.

Wird jedoch bei der Rekonstruktion eine rotierende Scheibe ungleichmäßiger Dicke (z. B. aus Polyethylen) in den Strahlengang gebracht, dann kann infolge der zeitlichen Mittelung im Bild das sichtbare Specklemuster erheblich abgeschwächt werden. Die Anordnung einer rotierenden Mattglasscheibe am Ort der Entstehung des reellen Bildes erbringt den gleichen Effekt. Ein anderes Verfahren zur Abschwächung des Specklerauschens im rekonstruierten Bild ist nur bei Fourier-Hologrammen anwendbar. Die Ortsfrequenz der Interferenzstruktur ändert sich in einem solchen Hologramm nur sehr langsam. Kleine Translationen des Hologramms in seiner eigenen Ebene führen deshalb nicht zum Verrücken des rekonstruierten Bildes. Die Kornstruktur des Bildes dagegen verändert sich mit jeder neuen Lage des Hologramms vollständig. Man kann daher eine wesentliche Verbesserung des Bildes erreichen, wenn man das Fourier-Hologramm auf einer vibrierenden Unterlage, beispielsweise einer schwingenden Lautsprechermembran, befestigt.

Die Beleuchtung dreidimensionaler Phasenobjekte durch eine Streuscheibe schafft die Möglichkeit, Wellen zu rekonstruieren und zu untersuchen, die das Objekt in vielen Richtungen durchlaufen. Das ist wichtig im Hinblick auf die eindeutige Interpretation der gewonnenen Resultate. Zum Beispiel kann das Brechzahlprofil eines nicht achsensymmetrischen Phasenobjektes mit Hilfe eines holografischen Interferogramms, das einen hinreichend großen Raumwinkel überstreicht, ermittelt werden. Um jedoch kontrastreiche Interferenzen zu erzeugen, ist es erforderlich, das Hologramm durch ein optisches System mit kleiner

Blende zu beobachten. Das wiederum führt zu einer Verstärkung des Specklerauschens im rekonstruierten Bild.

Vest und *Sweeney* [9] schlagen vor, das Objekt nicht mit Hilfe einer Streuscheibe, sondern durch ein Phasengitter zu beleuchten. Das holografisch aufgezeichnete Gitter mit 50 Linien liefert auf jeder Seite der Normalen helle Bündel der ersten 3 Ordnungen und ermöglicht es, 7 Interferogramme, die einen Blickwinkel von 11° überstreichen (in Schritten von 1,8°), ohne Specklerauschen zu erhalten.

2.1.5. *Weitere Komponenten holografischer Versuchsanordnungen*

Die Fotoplatten bringt man in Spezialkassetten oder in normalen Kassetten von Foto- bzw. Spektralapparaten unter. Filme (wenn das Format ausreichend ist) spannt man hingegen in einen Fotoapparat ein, aus dem das Objektiv entfernt worden ist. Linsen, Prismen, Spiegel, Filter und Kassetten müssen in Fassungen gehaltert werden, die eine genügende Anzahl von Freiheitsgraden zur Justierung besitzen.

Spezielle Sortimente optischer Bauteile für Holografie werden von mehreren Herstellern in der ganzen Welt angeboten. In der Sowjetunion betrifft das z. B. die interferometrische Bank *SIN* der Lenin-Instrumentenwerkstätten aus Nowosibirsk, Aufbauten vom Typ *UIG* des Allunions-Forschungsinstituts für optisch-physikalische Meßtechnik und die Hologrammkamera *UGM 1*. In den USA werden Spezialtische für Holografie gemeinsam mit einem breiten Spektrum optischer und feinmechanischer Komponenten u. a. von den Firmen *Ealing Corp.*, *Newport Research Corp.* und *Melles Griot* angeboten. Unter der Bezeichnung „HC 1000" vertreibt die Newport Research Corp. eine automatische Sofortbildkamera für Holografie mit entsprechenden Anschlußmöglichkeiten an ein Videosystem. Ealing Beck Ltd. stellte 1984 seine Variante „Holomatic 6000" vor, die es unter Verwendung eines hochauflösenden holografischen Films in Verbindung mit modernsten Entwicklungsverfahren erlaubt, Hologramme, Doppelbelichtungs-, Zeitmittelungs- und Echtzeitinterferogramme automatisch in weniger als 10 s zu erzeugen. Die Rekonstruktion mittels Videotechnik ist auch hier ein fester Bestandteil der Kamera. Neben kompletten Impulslasersystemen für holografische Zwecke bietet die *Apollo Lasers Inc.* (USA) eine weitere Kamera vom Typ „Apollo Impart 1" an. Die Kamera enthält einen Doppelimpuls-Rubinlaser mit 2 Verstärkerstufen (Impulsdauer etwa 30 ns, Impulsabstände zwischen 1 und 500 µs), einen 5-mW-He-Ne-Laser zum Justieren und zur Rekonstruktion, alle erforderlichen optischen Bauelemente wie Linsen, Spiegel usw. sowie Instrumente zur Steuerung der Kamera. In der BRD sind es vor allem die Firma *Rottenkolber Holo-System* und das *Labor Dr. Steinbichler für kohärente Optik*, die vollständige Prüfsysteme (optische Komponenten, Laser und Hologrammkameras, schwingungsisolierte Aufbautische für Holografie und Filmmaterial) für breiteste wissenschaftlich-technische Anwendungen der Holografie entwickeln und vertreiben. Universelle Baukastensysteme für optische Laboraufbauten fertigt in der DDR das *Zentrum für wissenschaftlichen Gerätebau der AdW der DDR* und in Ungarn das *Zentralinstitut für Physik der Ungarischen Akademie der Wissenschaften.* Ein breites Sortiment kontinuierlicher Gaslaser (He-Ne-Laser, Argon-Laser, Argon-Krypton-Laser) mit verschiedenen Ausgangsleistungen und spezielle optische Bauteile (Teleskopsysteme, Laserspiegel, Mikroskopobjektive, Strahladapter, ...) fertigt das *Kombinat VEB Carl Zeiss Jena*.

Bei der Konstruktion holografischer Einrichtungen muß man die vorgesehenen Belichtungszeiten unbedingt berücksichtigen. Eine Verschiebung beliebiger Teile des Aufbaus nach der Strahlteilung darf während der Hologrammaufzeichnung zu keiner Änderung des Gangunterschiedes zwischen den interferierenden Bündeln von mehr als $\lambda/4$ führen. Bei einem Gangunterschied von $\lambda/2$ wird das Interferenzbild völlig zerstört. Hieran erkennt man die besonders strengen Forderungen in bezug auf die Stabilität der Lage aller optischen Bauteile, durch die das Licht nach der Aufspaltung in zwei Bündel hindurchgeht bzw. von denen es reflektiert wird. Die das Licht reflektierenden oder brechenden optischen Bauteile (zu ihnen gehört auch das Objekt selbst) dürfen sich in der Regel um nicht mehr als $\lambda/8$ verschieben. An diejenigen Apparaturteile, die die Lichtbündel hindurchlassen, werden weniger strenge Forderungen gestellt.

Alle diese Voraussetzungen, die auch für die Interferometeranordnungen gelten, können sehr leicht ohne irgendeinen besonderen Aufwand erfüllt werden, wenn die Hologramme mit Hilfe von *Impulslasern* (die Impulsdauer liegt in der Größenordnung einer Mikrosekunde) aufgenommen werden. *Gütegeschaltete Impulslaser* erzeugen einen Impuls von einigen Nanosekunden Dauer. Mit ihnen können sogar bewegte Objekte holografisch aufgenommen werden. Eine Schwierigkeit bei der Holografie sich schnell bewegender Objekte besteht aber in der Frequenzverschiebung des von dem Objekt reflektierten Lichtes infolge des *Dopplereffektes.*

Gaslaser hingegen erzeugen eine kontinuierliche Strahlung. Bei Anwendung dieser Laserart beträgt die Belichtungszeit Bruchteile von Sekunden bis Minuten, manchmal sogar bis zu 10 min. In diesen Fällen muß man besondere Maßnahmen zur Befestigung der Bauteile, zur Beseitigung von Vibrationen, zur Temperaturstabilisierung usw. anwenden. Die Apparaturteile werden gewöhnlich auf massive Granit-, Beton- oder Stahlplatten gestellt, die ihrerseits z. B. auf aufgepumpten Autoreifen, Tennis- oder Fußbällen ruhen.

Tischplatten für Holografie werden zumeist in den Abmessungen 2 m × 1 m bzw. 1,5 m × 1 m angeboten und verwendet. Sie wiegen etwa eine Tonne und weisen Resonanzfrequenzen auf, die in Abhängigkeit von der Lagerung (z. B. auf Autoreifen oder konventionellen Schwingungsdämpfern) zwischen einigen und mehreren hundert Hertz liegen.

Zur Kontrolle der Schwingungsdämpfung genügt bereits ein Mikroskop mit hinreichender Vergrößerung, das beispielsweise auf die Hologrammebene scharf eingestellt wird. Damit können auch Konstanz und Schärfe der Hologrammstruktur visuell überprüft werden. Man überprüft mittels dieses Mikroskops nacheinander die Auswirkungen aller möglichen mechanischen Störungen, die von Pumpen, Werkzeugmaschinen, vom „Durchs-Zimmer-Gehen", von Gesprächen usw. herrühren können. So stellt man fest, welche Vorsichtsmaßnahmen bei der Hologrammaufnahme notwendig sind und auf welche verzichtet werden kann.

Ein sehr empfindlicher Nachweis der Schwingungssicherheit des Versuchstischs ist auch mit Hilfe des *Michelson-Interferometers* möglich, das aus den für die Holografieanordnung verwendeten Bauteilen zusammengestellt wird. Durch einen teildurchlässigen Spiegel wird das Licht in zwei zueinander senkrechte Richtungen aufgespalten. Die beiden Teilbündel gelangen, jeweils in sich reflektiert und auf dem Teilerspiegel wieder zusammengeführt, nach der Aufweitung durch eine Linse auf eine Mattscheibe. Sie interferieren, und es kommt zu ausgeprägten Interferenzen, wenn die optischen Elemente in beiden Teilstrahlen relativ zueinander in Ruhe sind. Andernfalls bewegen sich die Interferenzstreifen, werden unscharf oder sogar vollständig verwischt. Um stationäre Interferenzstreifen auch unter dem Einfluß von Störungen zu erhalten, sind Stabilisierungsanordnungen vorgeschlagen worden, die automatisch die auftre-

tenden Phasenverschiebungen nachführen bzw. kompensieren
[10]. Jedoch sind Apparaturen dieser Art kompliziert und können
nur in ausgewählten Fällen angewendet werden, wenn alle übrigen Möglichkeiten zur Störungsbeseitigung geprüft worden sind
und nicht die gewünschten Erfolge gebracht haben.
Zur Beseitigung von Rauscheffekten oder zur Erzeugung von Hologrammen unregelmäßig bewegter Objekte wird von mehreren
Autoren [11–13] eine Anordnung mit *„lokalem Referenzbündel"*
vorgeschlagen. Diese Anordnung verwendet einen Teil des vom
Objekt reflektierten oder diffus gestreuten Lichtes oder das reflektierte Licht eines auf dem Objekt fest angebrachten Spiegels
als Referenzbündel. Die Frequenzverschiebung infolge der Objektbewegung findet nun gleichzeitig im Objekt- und Referenzbündel statt, so daß das Interferenzmuster stationär bleibt. Derartige Aufbauten erfordern keine Stabilität des Objektes im
interferometrischen, sondern nur im herkömmlichen fotografischen Sinne. Falls sich das Objekt mit konstanter Geschwindigkeit v bewegt, kann die Stabilität des Interferenzmusters verbessert werden, indem die *Dopplerverschiebung* in der Frequenz
des Objektbündels mit Hilfe einer Ultraschallzelle in einem der
Bündel kompensiert wird. Ein Lichtbündel, das an den stehenden
Ultraschallwellen gebeugt wird, hat eine Frequenz, die sich von
der ursprünglichen um

$$\Delta \nu = \pm N \nu_{\mathrm{US}}$$

unterscheidet, wobei N die Ordnung des Spektrums und ν_{US} die
Schallfrequenz ist. Berücksichtigt man, daß gilt

$$\Delta \nu_{\mathrm{D}} = \frac{v}{\lambda} \cos \theta,$$

und angenommen, $\Delta \nu$ sei identisch mit ν_{D}, so erhält man eine
Gleichung zur Berechnung der erforderlichen Frequenz des Ultraschallgenerators:

$$\nu_{\mathrm{US}} = \frac{v \cos \theta}{N \lambda}.$$

Beispielsweise beträgt die notwendige Frequenz der Ultraschallzelle bei einem Objekt, dessen Geschwindigkeitsprojektion auf
das Objektbündel $v \cos \theta = 10\,\mathrm{m/s}$ ist, rund 16 MHz
($\lambda = 632{,}8\,\mathrm{nm}$, $N = 1$).

Falls das Hologramm eines betrachteten Gebietes aufgrund ungenügender Stabilität des Aufbaus und zu geringer Laserleistung nicht durch eine Belichtung erzeugt werden kann, so wird in [14] vorgeschlagen, die Belichtung portionsweise vorzunehmen.
Zuweilen ist es erforderlich, ein Hologramm in genau derselben Lage zu rekonstruieren, in der es sich während der Belichtung befunden hat. Zu diesem Zweck entwickelt und fixiert man das Hologramm gleich an Ort und Stelle [15]. Diese Notwendigkeit ergibt sich beispielsweise in der *holografischen Interferometrie* (s. Abschn. 3.2.). Ein spezieller Fotoplattenhalter, der es erlaubt, den Behälter mit Entwicklerlösung (Abb. 41a) unter das Hologramm zu schieben, kann dazu verwendet werden.

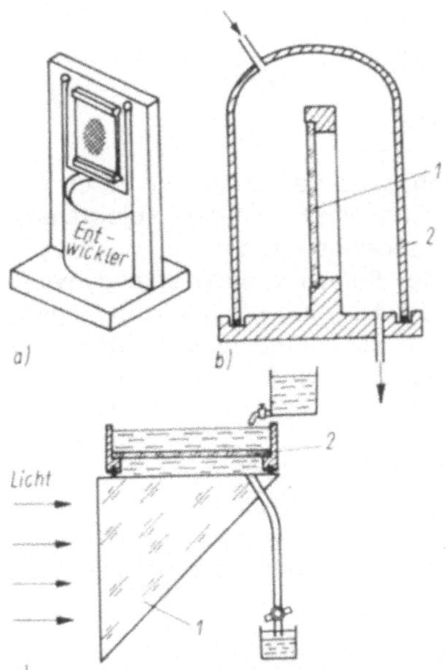

Abb. 41. Apparaturen zur Entwicklung des Hologramms am Aufnahmeort

Für geeignete Plattenhalter gibt es mehrere Vorschläge. Abb. 41b zeigt ein Beispiel, bei dem sich der Halter *(1)* unter einer Glocke *(2)* befindet. Das Entwickeln und Wässern findet nun unter dieser Glocke statt. Abb. 41c zeigt eine Vorrichtung zur Entwicklung am Ort mit einem 45°-Prisma *(1)* [16]. Im Prisma ist eine Öffnung angebracht, um die verwendeten Flüssigkeiten ableiten zu können. Vor der Belichtung sowie nach dem Entwikkeln und Fixieren wird der Behälter mit der Fotoplatte *(2)* mit destilliertem Wasser gefüllt. Das ist notwendig, um die Emulsion im gequollenen Zustand zu halten. Gleichzeitig übernimmt das Wasser die Rolle einer Immersion, die die Lichtverluste infolge von Reflexionen mindert und die Qualität des rekonstruierten Bildes erhöht. Kann die Fotoplatte nicht am Ort entwickelt werden, dann muß sie nach der Entwicklung wieder genau an die gleiche Stelle gebracht werden. Hierzu ist eine *kinematische Lagerung* erforderlich. Sie kann aus zwei kreiszylindrischen Walzen bestehen, denen die Platte mit einer Seite aufliegt, während sie seitlich an eine Walze angedrückt wird. Mit ihrer Rückseite wird sie leicht gegen drei Kugeln gedrückt. *Abramson* [17] hat die einfache, aber sehr wirksame Methode vorgeschlagen, den Fotoplattenhalter geringfügig zu neigen, so daß die Fotoplatte sich durch ihr Eigengewicht in die richtige Lage bringt.

2.2.   Intensitätsverhältnisse

In der Holografie kann ein optimales Verhältnis der durch die Referenzlichtquelle und den Gegenstand in der Hologrammebene erzeugten Intensitäten erreicht werden. In der Regel sollte die Intensität, die von der Referenzquelle erzeugt wird, etwa 5- bis 10mal größer sein als die Intensität des vom Gegenstand herrührenden Lichtes. Die Belichtung ist dann praktisch vollständig durch die Intensität der Referenzquelle bestimmt. Der Kontrast der Streifen verringert sich etwas im Vergleich zum maximalen Kontrast, der dann entsteht, wenn die von beiden Bündeln herrührenden Intensitäten einander gleich sind. Wenn die Intensität des Referenzbündels 5- bis 10mal größer ist als die des Objektbündels, dann können Schwankungen der Objektintensität nicht so leicht zum Verlassen des linearen Teils der Schwärzungskurve (s. Abb. 21 b) führen.

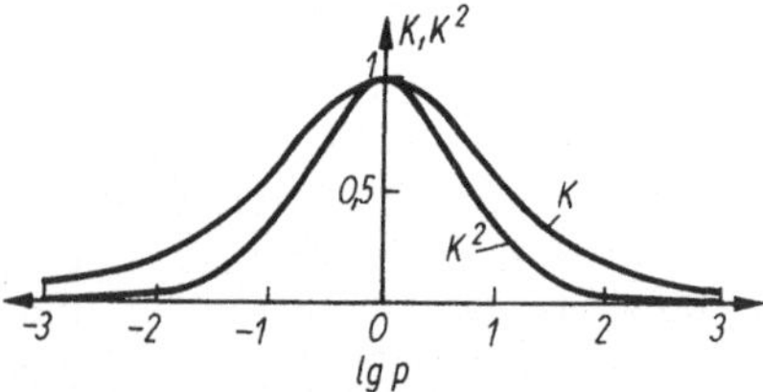

Abb. 42. Abhängigkeit des Kontrastes *K* des Interferenzmusters und dessen Quadrat vom Intensitätsverhältnis *p* zwischen Objekt und Referenzbündel

In Abb. 42 ist die Abhängigkeit des Kontrastes K des Interferenzbildes vom Intensitätsverhältnis $p = I_{ref}/I_{Obj}$ der interferierenden Bündel aufgetragen. Die Kurve entspricht der unter der Voraussetzung vollständiger Kohärenz der Bündel geltenden Formel (13). Abb. 42 zeigt auch die Abhängigkeit der Größe p von der Größe $K^2 = 4p/(1 + p)^2$, die der Helligkeit im rekonstruierten Bild proportional ist.

Nishida [18] benutzt den linken Zweig der Kurve zur Rekonstruktion eines Umkehrbildes (Negativ) durch das Hologramm. Ist die vom Objekt hervorgerufene Belichtung größer als die Belichtung durch das Referenzbündel, dann erzeugen die helleren Partien des auf das Hologramm projizierten Objektes ein Gitter mit vergleichsweise geringerem Kontrast und erscheinen in der Rekonstruktion weniger hell. Es leuchtet natürlich ein, daß dieses Verfahren zur Erzeugung eines Negativs durch den erforderlichen Abbildungsvorgang (Projektion) nur in der *Bildfeldholografie* (s. Abschn. 2.5.3.) Verwendung finden kann, aber nicht in der Holografie mit diffusem Licht, da hier die Strahlung von unterschiedlichen Objektpunkten über die gesamte Hologrammfläche verteilt wird.

Bei einem Referenzbündel geringer Intensität und entsprechend starker Beleuchtung des Hologramms durch das Objekt macht sich die gegenseitige Überlagerung der Lichtwellen, die von den verschiedenen Punkten des Objektes ausgehen, bemerkbar. Man kann jeden Punkt des Objektes als Referenzlichtquelle in bezug auf die übrigen Objektpunkte betrachten. Bei der Rekonstruktion solcher Hologramme erscheint das Bild der Quelle mit einem breiten Lichthof. Dieser tritt infolge der Beugung des Lichtes an der Interferenzstruktur des bei derartigen Intensitätsverhältnissen entstandenen Hologramms auf. Der Lichthof wird dem Rekonstruktionsbild überlagert und kann es sogar überstrahlen. Damit das nicht eintritt, muß der Winkel β zwischen den Achsen des Referenz- und des Objektbündels (vgl. Abb. 24) größer als (3/2) θ sein; θ ist die Winkelweite des Objektes. Der Lichthof tritt nicht auf, wenn das Referenzbündel auf der Fotoplatte eine Intensität hat, die einige Male größer als die Intensität des Gegenstandsbündels ist. Bei der Hologrammaufzeichnung von symmetrischen Objekten kann jedoch die soeben beschriebene Interferenzstruktur — die dadurch entsteht, daß jeder Objektpunkt auch als Referenzquelle für die restlichen Objektpunkte wirkt — zur Aufnahme vieler wichtiger Informationen über das Objekt ausreichend sein. Daher können sogar Hologramme ohne Verwendung eines Referenzbündels aufgezeichnet werden. Das ist besonders für die *Röntgen-Holografie* von Kristallen wertvoll [19].

Zweckmäßigerweise realisiert man das gewünschte Intensitätsverhältnis von Referenz- und Objektbündel auf dem Hologramm nicht durch Filter, sondern durch die geeignete Auswahl von *Strahlteilern*. Dadurch läßt sich die Energie der Laserstrahlung am besten ausnutzen. Es ist jedoch zu beachten, daß der Energieverlust im Objektstrahlengang bei weitem größer ist (10- bis 1000mal) als im Referenzstrahlengang. Deshalb verwendet man mitunter einfache unverspiegelte Glaskeile als Lichtteilerspiegel. Das Verhältnis der Intensität in den Bündeln kann dabei in weiten Bereichen durch Veränderung des Einfallswinkels des Bündels auf den Lichtteilerkeil variiert werden, da der *Fresnelsche Reflexionskoeffizient* bekanntlich vom Einfallswinkel abhängt (Abb. 43).

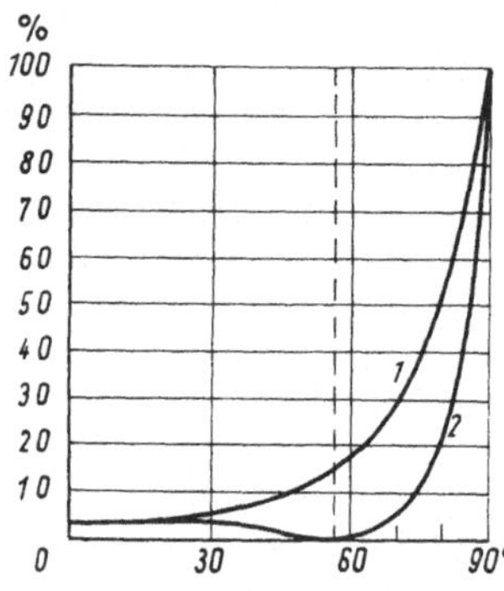

Abb. 43. Abhängigkeit des Reflexionskoeffizienten R vom Einfallswinkel (Luft-Glas-Übergang, $n = 1,52$)
Licht polarisiert in der Einfallsebene (*1*) und in einer senkrecht zur Einfallsebene liegenden Ebene (*2*)

Zur Veränderung des Intensitätsverhältnisses der Bündel läßt sich noch vorteilhafter die Abhängigkeit des Reflexions- und Transmissionsgrades von der Polarisationsrichtung ausnutzen. Wenn das Licht unter einem Winkel von 56° 40' *(Brewster-Winkel)* auf eine Glasplatte ($n = 1,52$) fällt, kann, wie aus Abb. 43 ersichtlich, das Verhältnis der Intensitäten von 5 bis ∞ variiert werden, wenn die Polarisationsebene des auf die Glasplatte fallenden Lichtes um 90° gedreht wird. Bei einem Einfallswinkel von 70° betragen die Variationsgrenzen des Intensitätsverhältnisses 2 und 18.

Eine kontinuierlich einstellbare Drehung der Polarisationsebene ist mit Hilfe von Quarzkeilen möglich, die senkrecht zur optischen Achse geschnitten wurden. Die spezifische Drehung von

Quarz beträgt ungefähr 19°/mm für $\lambda = 632{,}8$ nm und etwa 16°/mm für $\lambda = 694{,}3$ nm.

Einen auf polarisationsoptischen Effekten beruhenden Strahlteiler mit variablem Intensitätsverhältnis zwischen den Bündeln beschreibt *Brown* [20]. Ähnlich dem in Abb. 38 skizzierten Strahlteiler besteht er aus einem *Rochonprisma* und einer $(\lambda/2)$-Platte, die drehbar um die optische Achse vor dem Prisma angeordnet ist. Bei der Verwendung derartiger Strahlteiler sollte man jedoch beachten, daß die Richtungen der elektrischen Feldstärkevektoren von Objekt- und Referenzwelle in der Hologrammebene soweit wie möglich übereinstimmen.

Manchmal ist es erforderlich, das Intensitätsverhältnis der Bündel zu ändern, während ihre Phasenstruktur erhalten bleiben muß. Dieser Fall tritt z. B. ein, wenn das Hologramm zur späteren Erzeugung eines Interferogramms (s. Abschn. 3.2.) am Aufnahmeort entwickelt wird und das bei der Herstellung als optimal befundene Intensitätsverhältnis verändert werden muß, um kontrastreiche Interferenzstreifen zu erhalten. Hier verwendet man zweckmäßigerweise entweder planparallele Lichtfilter oder sehr gute Polarisatoren, die um die Bündelachse gedreht werden. Um die Orientierung der Polarisationsebene nicht zu verändern, wird im letzteren Fall ein stationärer Polarisator, der auf maximale Durchlässigkeit des Bündels eingestellt ist, nach dem drehbaren Polarisator in den Strahlengang gebracht. Phasenverschiebungen der Wellenfront werden minimiert, indem das Filter oder der Polarisator in den schmalsten Teil des Bündels (i. allg. nahe dem Brennpunkt der Aufweitungsoptik) gestellt wird.

Zur Überprüfung der Intensitätsverhältnisse in der Hologrammebene kann man fotoelektrische Messungen durchführen. Dazu verwendet man eine hinreichend empfindliche Fotodiode, ein Fotoelement oder einen Fotovervielfacher. Um eine hochgenaue Einhaltung der Belichtungszeit gewährleisten zu können, werden auch elektronisch gesteuerte Verschlüsse eingesetzt. Gekoppelt mit einem Fotodetektor, schließt der Verschluß dann, wenn die Belichtung einen gewählten Wert erreicht [21].

2.3. Erzeugung von Hologrammen selbstleuchtender Objekte

Soll von einem selbstleuchtenden Objekt ein Hologramm aufgenommen werden, so muß das Hologramm vor dem Licht, das von dem Objekt selbst ausgesendet wird, geschützt werden.

Man erreicht das durch Filter, die für die Laserstrahlung eine maximale Durchlässigkeit aufweisen, aber nach Möglichkeit sowohl den langwelligeren als auch den kurzwelligeren Teil des Spektrums abschneiden.

Für den Helium-Neon-Laser ($\lambda = 632,8$ nm) ist das Filter KS-13 [22] günstig, das für $\lambda < 615,0$ nm undurchlässig ist. Die Wirkung des langwelligeren Spektralbereiches wird automatisch unterbunden, weil die Emulsion für diesen Bereich wenig empfindlich ist.

Falls diese Maßnahmen noch nicht ausreichen, um störenden Lichteinfall zu beseitigen, verwendet man zur besseren Filterung z. B. schmalbandige *Interferenzfilter*, deren maximale Durchlässigkeit auf die Laserlinie abgestimmt ist. Es muß jedoch beachtet werden, daß solche Filter nur in parallele Lichtbündel' gebracht werden dürfen, weil die Stelle der maximalen Durchlässigkeit im Spektrum vom Einfallswinkel abhängt. Sie wird mit wachsendem Einfallswinkel zur kurzwelligen Seite des Spektrums verschoben. Zur Abschwächung des störenden Lichtes verwendet man auch Polarisatoren, die so orientiert sind, daß sie die polarisierte Laserstrahlung durchlassen, aber die Eigenstrahlung des selbstleuchtenden Objektes um den Faktor zwei dämpfen. Übrigens braucht man geringe Intensitäten der auf das Hologramm einfallenden inkohärenten Strahlung nicht zu unterdrücken. Von *Hamasaki* [21] ist gezeigt worden, daß die Qualität des rekonstruierten Bildes sogar dann befriedigend bleibt, wenn die inkohärente Belichtung 50mal größer als die Belichtung durch das Objektbündel ist.

2.4. Lichtquellen zur Herstellung von Hologrammen

Die wichtigsten Anforderungen an die Ausdehnung und Monochromasie der Lichtquellen zur Erzeugung von Hologrammen haben wir bereits im Abschn. 1.2.1. behandelt. Danach müssen sowohl Lichtwellen, die von der Quelle in verschiedene Richtungen emittiert werden, als auch solche, die unterschiedliche Zeiten entlang ihres Weges von der Quelle zum Hologramm benötigen, miteinander in der Hologrammebene interferieren. Diese Eigenschaften der Lichtwellen werden mit den Begriffen *zeitliche* und *räumliche Kohärenz* gekennzeichnet.

2.4.1. Zeitliche und räumliche Kohärenz

Zeitliche Kohärenz bedeutet, daß zu verschiedenen Zeiten von der Quelle ausgesandte Lichtwellen miteinander interferieren können. Die *zeitliche Kohärenz* kann zahlenmäßig durch das maximale Zeitintervall (Δt) charakterisiert werden, in dem die Strahlung ihre Kohärenzeigenschaften beibehält. Sie kann aber auch durch den Wegabschnitt (Δl) beschrieben werden, den das Licht während dieser Zeit Δt durchläuft. Zwischen der *Kohärenzlänge* Δl und der *Kohärenzzeit* Δt besteht die Beziehung $\Delta l = c \Delta t$, wobei c die Lichtgeschwindigkeit bedeutet.

Die zeitliche Kohärenz ist eindeutig mit der Breite der Spektrallinie, die von der Lichtquelle ausgesendet wird, verknüpft. Je schmaler die Linienbreite ist, um so größer wird die Länge des Lichtwellenzuges. Dem entspricht folglich eine größere Kohärenzlänge der Strahlung. Mit Gl. (16) haben wir gezeigt, daß

$$\Delta l = \frac{\lambda^2}{\Delta \lambda}$$

ist, wobei $\Delta \lambda$ die *Spektrallinienbreite* in Einheiten der Wellenlänge angibt.

Die *Kohärenzlänge* hat in der Holografie eine große Bedeutung. Es ist notwendig, daß der Gangunterschied der sich auf dem Hologramm treffenden Lichtbündel nicht größer als die Kohärenzlänge wird. Dieser Umstand begrenzt zuweilen die Tiefe der holografisch aufzunehmenden Szene. Er zwingt auch dazu, die Länge der Strahlengänge nach der Aufteilung des Lichtbündels aufeinander abzustimmen.

Eine thermische Lichtquelle, wie z. B. die uns allen vertraute Glühlampe, besteht aus einer Vielzahl von lichtemittierenden Atomen, deren Ausstrahlung völlig unabhängig voneinander erfolgt. Um Licht mit der geforderten zeitlichen Kohärenz zu erhalten, ist es notwendig, die Strahlung einer konventionellen Lichtquelle (z. B. der genannten Glühlampe oder einer Quecksilberdampflampe) durch einen schmalbandigen Monochromator zu schicken.

Die *räumliche Kohärenz* der Strahlung charakterisiert die Interferenzfähigkeit von Lichtwellen, die von verschiedenen Teilen der Quelle und unter verschiedenen Winkeln ausgesandt worden sind. Zur Erzeugung von Lichtwellen mit hinreichender räumlicher Kohärenz muß die Winkelgröße der Quelle genügend klein sein. Daher sollte der Abstand von der Quelle möglichst groß gewählt oder die Strahlung auf eine Öffnung mit geeignet kleinem Durchmesser fokussiert werden.

Indem jedoch den Erfordernissen der räumlichen und zeitlichen Kohärenz auf diese Weise Rechnung getragen wird, geht der überwiegende Teil der Energie des Lichtes verloren. Das Problem der Kohärenz der Strahlung reduziert sich somit weitgehend auf das der *spektralen Energiedichte*, d. h. auf diejenige Energie, die von einer Einheitsfläche der Quelle innerhalb eines Einheitsraumwinkels im Einheitswellenlängenintervall emittiert wird.

Laser sind den gewöhnlichen Lichtquellen hinsichtlich ihrer spektralen Energiedichte um ein Vielfaches überlegen. Im Unterschied zu allen konventionellen Quellen emittiert ein Laser nur Licht innerhalb eines sehr kleinen Raumwinkels. Folglich ergeben sich praktisch keine Energieverluste, wenn Laserstrahlung auf eine kleine Apertur fokussiert wird oder wenn sich der Laser in genügend großer Entfernung vom holografischen Aufbau befindet. Laserlicht ist in der Regel in hohem Maße monochromatisch, so daß die Anforderungen an die zeitliche Kohärenz ohne nennenswerte Lichtverluste erfüllt werden können.

Aus diesen Gründen konnten die wesentlichen Fortschritte der Holografie erst nach der Erfindung des Lasers erzielt werden. Es ist jedoch interessant festzustellen, daß die weitere Entwicklung des Verfahrens zu holografischen Anordnungen führte, bei denen die Anforderungen an die Kohärenz des Lichtes erheblich gesenkt werden konnten. Unter Beachtung bestimmter Voraussetzungen besteht die Möglichkeit, ausgezeichnete Hologramme im Licht gewöhnlicher Lichtquellen aufzuzeichnen.

2.4.2.   *Laser*

Die ersten Laser-Hologramme wurden mit Hilfe von *Helium-Neon-Lasern* aufgenommen, die Licht der Wellenlänge $\lambda = 632{,}8$ nm aussenden. Später verwendete man zur Hologrammaufnahme oft die leistungsfähigeren *Argonlaser* mit den Wellenlängen $\lambda = 514{,}5$ nm, $488{,}0$ nm und $476{,}5$ nm. Seit einigen Jahren werden in zunehmendem Maße auch *Impulslaser* (in der Regel Rubinlaser; $\lambda = 694{,}3$ nm) eingesetzt.

Die Wirkungsweise der *Laser* sowie eine ausführliche Beschreibung ihrer Eigenschaften und ihrer Besonderheiten sind in einer Anzahl von Monografien (z. B. [24–28]) dargelegt worden. Wir betrachten hier nur die Kohärenzeigenschaften der Laserstrahlung, weil gerade diese die Laser für die Holografie zu unentbehrlichen Lichtquellen machen. Der Kohärenzbegriff soll hier im Zusammenhang mit seinen Erscheinungsformen diskutiert werden.

Bekanntlich bilden sich in einem Laserresonator transversale stehende Wellen heraus, die als TE-*Moden* (TEM ≙ *transversale elektromagnetische Mode*) bezeichnet werden. Der Schwingungsmode (Eigenfrequenz des Resonators) kann durch 3 Indizes charakterisiert und in der Form TEM_{mnq} gekennzeichnet werden. Die ersten beiden Indizes (m und n) beziehen sich auf die Feldverteilung in einer Ebene senkrecht zur Resonatorachse. Moden, die sich in diesen Indizes unterscheiden, werden *transversale Moden* genannt. Erzeugt der Laser nur eine transversale Mode, so sagt man, der Laser emittiert im *Grundmode*. Abb. 44 zeigt den Bündelquerschnitt, wenn der Laser verschiedene transversale Moden generiert. Die Anzahl von Moden, die

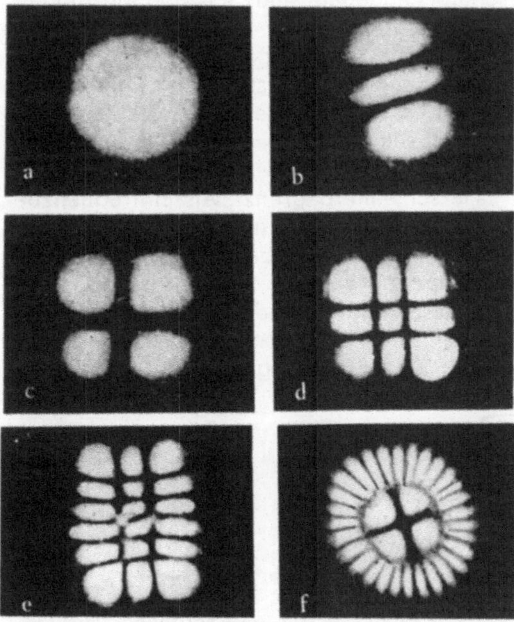

Abb. 44. Intensitätsverteilung im Querschnitt eines Laserbündels des Helium-Neon-Lasers
a) TEM_{00q}; b) TEM_{02q}; c) TEM_{11q}; d) TEM_{22q}; e) TEM_{25q}; f) komplexe Multimodenstruktur

gleichzeitig anschwingen können, wird durch die Konfiguration des Resonators und die Art der Wechselwirkung jeder Mode mit dem aktiven Medium bestimmt. Beim *Grundmode* TEM$_{00q}$ ist die Strahlung nahe der Resonatorachse konzentriert. Die Winkeldivergenz ist in diesem Fall minimal und wird durch die Beugung bestimmt. Mit wachsender Anzahl transversaler Moden nimmt die Winkeldivergenz der Strahlung zu, was einer wachsenden Ausdehnung der Quelle gleichzusetzen ist.

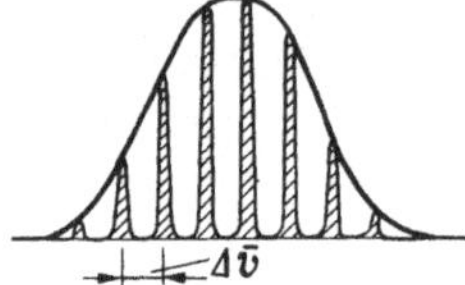

Abb. 45. Struktur einer Laserlinie

Der dritte Index *(q)* entspricht der Anzahl stehender Wellen, die der Länge *L* des Resonators angepaßt sind. Schwingungsmoden, die sich in diesem Index unterscheiden, werden *Longitudinal-* oder *Axialmoden* genannt. Die Strahlung eines Lasers, der mehrere longitudinale Moden generiert, besteht aus einer Anzahl äquidistanter Linien mit dem Frequenzabstand $\Delta v \doteq c/2L$ (Abb. 45). Die Anzahl gleichzeitig anschwingender longitudinaler Moden wird durch die Breite der Fluoreszenzlinie des aktiven Mediums über der Laserschwelle begrenzt. Als Einfrequenzbetrieb (Einmoden-Betrieb) wird der Zustand bezeichnet, in dem der Laser nur eine longitudinale Mode erzeugt. Der Index *q* wird durch eine Zahl bestimmt, die größer als *m* und *n* ist. In der Regel wird er bei der Bezeichnung der Moden weggelassen.
Die Kohärenzlänge ist dann maximal, wenn der Laser im Einfrequenzbetrieb arbeitet. Eine ungenügende Kohärenzlänge

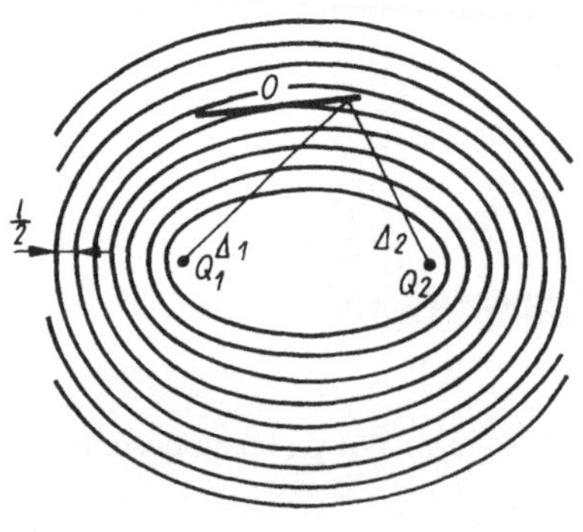

Abb. 46. Prinzipskizze zur günstigsten Anordnung eines Objektes bei Verwendung von Licht mit begrenzter zeitlicher Kohärenz (Holodiagramm nach *Abramson* [29])

schränkt die Tiefe der holografischen Szene ein und erfordert Maßnahmen zum genauen Abgleich der Weglängen von Objekt- und Referenzbündel, beginnend vom Ort ihrer Teilung bis zum Hologramm. In diesem Fall sollte auch die Auswahl der konkreten Lage des Objektes relativ zur Lage der Lichtquelle und des Hologramms sehr sorgfältig erfolgen, so daß der Weg Quelle–Objekt–Hologramm für alle Objektpunkte der gleiche ist. Mit dem *Holodiagramm* nach *Abramson* (Abb. 46) erhalten wir ein sehr anschauliches Hilfsmittel zum Verständnis des Prinzips der zweckmäßigsten Anordnung des Objektes [29]. Nehmen wir an, die Beleuchtungsquelle liegt im Punkt Q_1 und das Zentrum des Hologramms im Punkt Q_2. Die Fläche, für deren Punkte die Summe der Entfernungen $b = \Delta_1 + \Delta_2$ von Q_1 und Q_2 konstant ist, ist ein Rotationsellipsoid mit den Brennpunkten Q_1 und Q_2. Abb. 46 zeigt den Schnitt durch eine Schar solcher Ellipsoide, bei denen jedes einem bestimmten Wert b entspricht und von seinen beiden Nachbarellipsoiden um eine Länge L entfernt ist, die mit der Kohärenzlänge übereinstimmt. Wenn die beleuchtete Oberfläche des Objektes O so angeordnet wird, daß sie in den Raum zwischen zwei benachbarten Ellipsoiden paßt (wie in Abb. 46 gezeigt), dann reicht die zeitliche Kohärenz der Quelle aus, um ein Hologramm dieser Fläche zu erzeugen. Ausgedehnte Objekte können auch unter Verwendung der in Abb. 47 dargestellten Anordnung beleuchtet werden, in der das Objekt abschnittsweise angestrahlt wird.

He-Ne-Laser mit kurzen Entladungsrohren (10–20 cm) arbeiten gewöhnlich im Einfrequenzbetrieb, da nur eine Laserlinie unter die Fluoreszenzlinie des aktiven Mediums fällt. Die Leistung der-

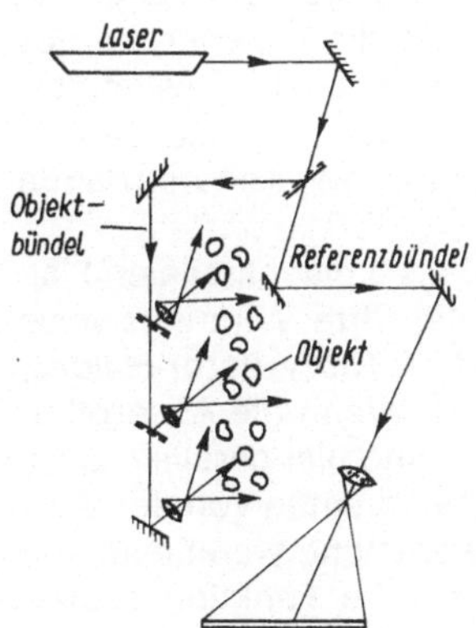

Abb. 47. Erzeugung des Hologramms einer in der Tiefe ausgedehnten Szene durch ein Laserbündel mit begrenzter zeitlicher Kohärenz [30]

artiger Laser ist jedoch außerordentlich gering (0,1–0,5 mW). He-Ne-Laser mit einer Resonatorlänge von 1–2 m weisen beträchtlich höhere Leistungen auf (20–150 mW), aber ihre Kohärenzlängen sind weitaus geringer (10–40 cm).

Zur Vergrößerung der zeitlichen Kohärenz der Laser werden in ihre Resonatoren selektierende Elemente eingeführt, gewöhnlich planparallele durchsichtige Platten. Ein solches Plattensystem wirkt wie ein *Fabry-Perot-Etalon* mit geringem Reflexionskoeffizienten. In Abb. 48 ist die typische Wellenlängenabhängigkeit des Transmissionsgrades einer solchen Platte für senkrechten Lichteinfall dargestellt. Für einige Moden wird bei

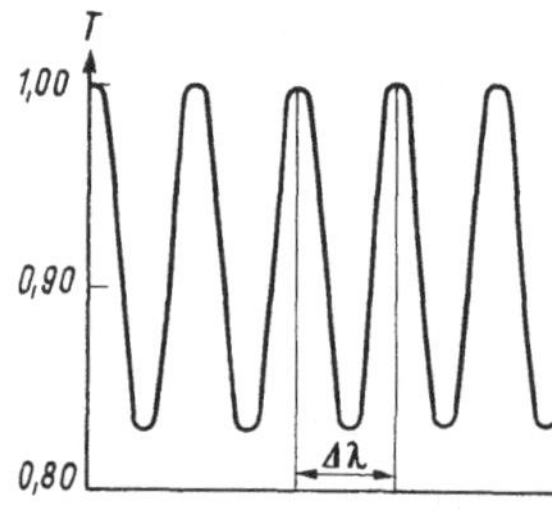

Abb. 48. Wellenlängenabhängigkeit des Transmissionsgrades einer Glasplatte λ ($n = 1,5$)

Verwendung solcher Platten die *Güte* des Resonators praktisch nicht verändert, für andere hingegen wird sie verringert. Im Ergebnis dessen wird die Erzeugung von Strahlung bestimmter Wellenlängen verhindert, die Emissionslinie wird wesentlich schmaler, und die Kohärenzlänge nimmt zu. Die Strahlungsleistung hingegen wird nur sehr wenig vermindert.

Rubinlaser haben eine Kohärenzlänge von wenigen Zentimetern, wenn nichts unternommen wird, um die Linienbreite des emittierten Lichtes zu verringern. Die Auswahl bestimmter Schwingungsmoden, die mit Hilfe von *Resonanzreflektoren* vorgenommen wird, erlaubt die Vergrößerung der Kohärenzlänge bis auf einige Meter.

Die Resonanzreflektoren bestehen aus 2 bis 3 planparallelen Platten aus Quarz, Glas oder Saphir (Abb. 49). Ihre Wirkungsweise entspricht der eines zusammengesetzten *Fabry-Perot-Etalons*, dessen reflektiertes Licht verwendet wird. Wenn die Absorption vernachlässigt werden kann, dann ist für eine planparallele Glasplatte die Abhängigkeit des Reflexionskoeffizienten von der Wellenlänge durch eine Kurve gegeben, die entsteht, wenn man von dem Wert $T = 1$ die in Abb. 48 dargestellte Funktion subtrahiert.

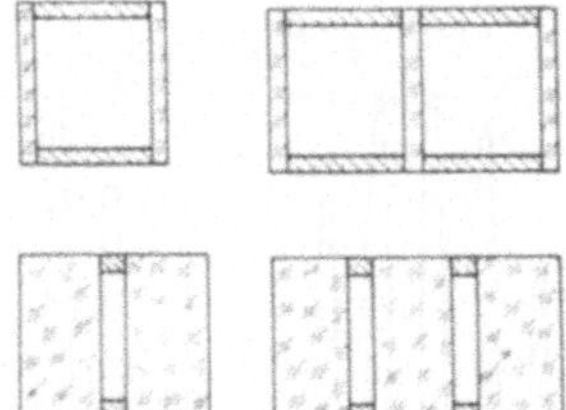

Abb. 49. Resonanzreflektoren zur Selektion der longitudinalen Moden

Der maximale Reflexionskoeffizient für einen Resonanzreflektor, der aus N Platten besteht, kann mit Hilfe der folgenden Formel [31] berechnet werden:

$$R_{max} = \left[\frac{1 - \left(\frac{1}{n}\right)^{2N}}{1 + \left(\frac{1}{n}\right)^{2N}} \right]^2 .$$

In Abb. 50 ist die nach dieser Formel berechnete Abhängigkeit der Größe R_{max} von der Brechzahl n für Reflektoren aus 1, 2, 3 und 4 Platten dargestellt. Abb. 51 gibt die in [32] berechnete Abhängigkeit des Reflexionskoeffizienten von der Wellenlänge λ für zwei verschiedene Resonanzreflektoren an.
Wie wir bereits festgestellt haben, senden die *Gas*- und *Festkörperlaser* Strahlung aus, die i. allg. durch eine inhomogene Feldverteilung innerhalb der Ebene senkrecht zur Resonatorachse

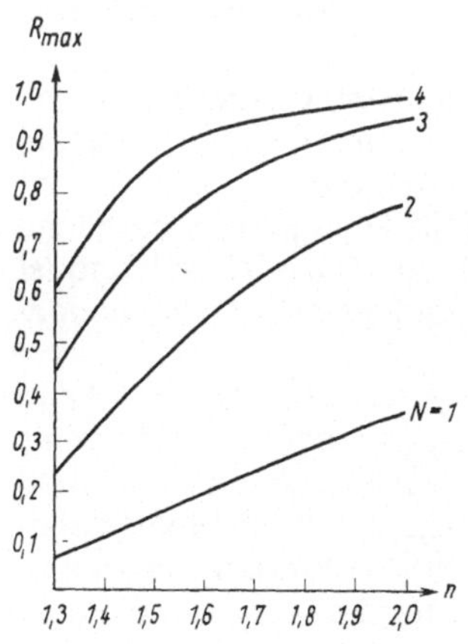

Abb. 50. Abhängigkeit des maximalen Reflexionsgrades von der Brechzahl für aus N Platten bestehende Resonanzreflektoren

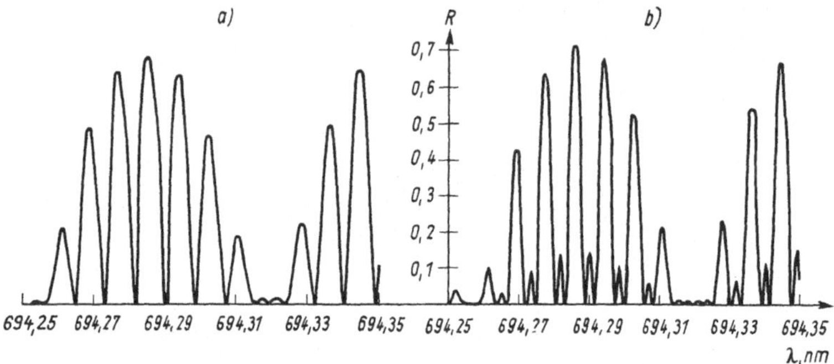

Abb. 51. Reflexionsgrad eines Resonanzreflektors als Funktion der Wellenlänge (in der Umgebung der Rubinlaserlinie $\lambda = 694{,}3$ nm)
a) Der Reflektor besteht aus zwei 2 mm starken Platten ($n = 1{,}79$), deren Abstand 25 mm beträgt.
b) Der Reflektor besteht aus drei 2 mm starken Platten ($n = 1{,}52$), deren Abstand 25 mm beträgt (vgl. Abb. 49)

gekennzeichnet ist. Laserstrahlung mit einer Struktur, wie wir sie bei TE-Moden mit m, $n > 0$ feststellen, zeichnet sich durch geringe räumliche Kohärenz aus, weil zwischen den Transversalmoden dieser Struktur keine konstanten Phasenbeziehungen bestehen. Aber auch mit solchen Lasern können gute Hologramme aufgenommen werden. Es ist dabei nur notwendig, daß bei der Versuchsanordnung die Modenstruktur der Bündel nicht verändert wird und daß auf dem Hologramm diese Bündel wieder genau zur Deckung kommen. Bei der Holografie durchsichtiger nichtstreuender Objekte ohne Diffusor können diese Forderungen leicht erfüllt werden.

Etwas komplizierter ist die Anordnung zum Wiedervereinigen der Modenstruktur bei der Holografie durchsichtiger Objekte unter Verwendung von Diffusoren. Hierbei muß der Diffusor mit Hilfe zusätzlicher Objektive scharf auf die Hologrammoberfläche abgebildet werden [32] (vgl. Abbn. 28, 30). Diese Anordnung ist jedoch nur dann günstig, wenn das Objekt selbst die Modenstruktur des Bündels nicht verändert.

Bei der Holografie dreidimensionaler streuender Objekte kann die Modenstruktur des Referenz- und des Gegenstandsbündels nur unvollkommen wieder vereinigt werden. Auch dann muß noch entsprechend Abb. 29 der Gegenstand auf das Hologramm abgebildet werden. Alle diese Kunstgriffe erübrigen sich, wenn es gelingt, die Transversalmoden zu unterdrücken. Am einfach-

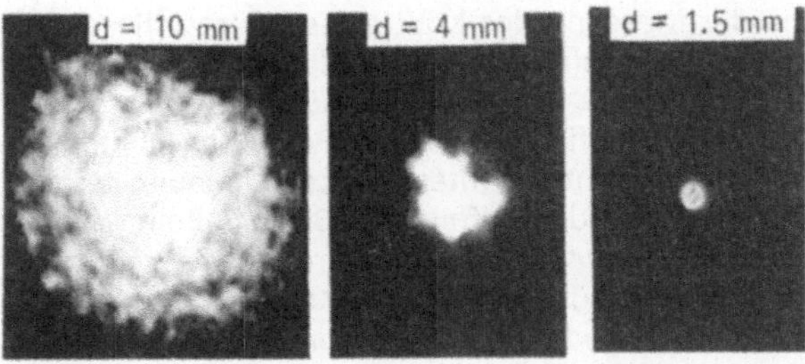

Abb. 52. Unterdrückung nichtaxialer Moden durch Einführung einer kleinen Blende (Modenblende) in den Resonator des Rubinlasers (Fotografie aus [34])

sten erreicht man den Grundmode durch das Anbringen einer Blende (Abb. 52) im Resonator des Lasers. Derartige Blenden sind bereits bei der Konstruktion einiger kommerzieller Gaslaser vorgesehen. Die Leistung von Gaslasern wird dann aber um den Faktor 2 bis 4 verringert. Die Impulsleistung von gütegeschalteten Rubinlasern wird durch diese Blenden um den Faktor 10 bis 50 verkleinert. Die Strahlung eines solchen Lasers kann wieder verstärkt werden, wenn an seinem Ausgang ein zweiter Laserkopf nachgeschaltet wird, der synchron mit dem ersten gepumpt wird. Der dabei auftretende Verstärkungsfaktor liegt meist bei etwa 5. Dadurch wird der Verlust, der durch das Einführen der Blende entstand, weitgehend wieder kompensiert. Zuweilen verwendet man sogar 2 bis 3 solcher Verstärkerstufen als Kaskade.

2.4.3. Methoden zur Untersuchung der Kohärenz der Strahlung

Die zeitliche Kohärenz von Lasern kann z. B. mit Hilfe eines Michelson-Interferometers direkt untersucht werden. Dabei kann man die Interferenz von zwei Bündeln eines Lasers beobachten, die verschiedene Lichtwege durchlaufen haben. Man kann die zeitliche Kohärenz der Strahlung auch über die Linienbreite mit Hilfe von Spektralgeräten hohen Auflösungsvermögens (z. B. Fabry-Perot-Interferometer) messen.
Zur Überprüfung der räumlichen Kohärenz der Strahlung sind mehrere Verfahren entwickelt worden. Ihre gemeinsame Grundlage besteht in der Beobachtung der Interferenz von Lichtbündeln, die von einer Quelle in verschiedene Richtungen emittiert

werden, und in der Messung des Kontrastes der resultierenden Interferenzstreifen. Solch eine Möglichkeit liefert beispielsweise der klassische *Youngsche Interferenzversuch*. Hier wird ein Schirm mit zwei kleinen Öffnungen in den Weg des Lichtes gebracht, und man untersucht die Interferenzerscheinung infolge der Beugung an diesen beiden Öffnungen [35–37]. Beim *Jamin-, Michelson-, Mach-Zehnder-* und bei weiteren *Zweistrahl-Interferometern* besteht am Ausgang exakte Koinzidenz zwischen den Wellenfronten, die die beiden Interferometerzweige durchlaufen haben. In der Ebene, wo diese Koinzidenz gegeben ist, werden unabhängig vom Grad der räumlichen Kohärenz des einfallenden Lichtes Interferenzstreifen mit hohem Kontrast beobachtet. Diese Ebene wird als *Lokalisationsebene* der Interferenzen bezeichnet. Wird jedoch die Voraussetzung für die Koinzidenz der Wellenfronten künstlich verletzt, dann bestimmt der Grad der räumlichen Kohärenz den Kontrast der beobachteten Interferenzstreifen. Auf dieser Tatsache beruhen zahlreiche Methoden zur Messung der räumlichen Kohärenz.

In [38] wurde beispielsweise einer der Spiegel im Michelson-Interferometer durch einen Prismenreflektor ersetzt, so daß die sich entlang eines Interferometerzweiges fortpflanzende Wellenfront relativ zu jener invertiert wurde, die den anderen Zweig durchläuft. Bei einer anderen Methode wurden die Koinzidenzbedingungen verletzt, indem einer der Interferometerspiegel geneigt wurde [39].

Ein weiteres Verfahren, das keiner Veränderung oder Neujustierung des Interferometers bedarf, wird in [40] beschrieben. Die Messung der räumlichen Kohärenz der Strahlung gründet sich hier auf die Veränderung des Kontrastes der Interferenzen in unterschiedlichen Abständen von der Lokalisationsebene der Streifen. Mit wachsendem Abstand von dieser Ebene sinkt der Kontrast um so schneller, je geringer der Grad der räumlichen Kohärenz des Lichtes ist (d. h., je größer die Ausdehnung der Quelle ist).

Im folgenden wollen wir kurz einige holografische Methoden zur Messung der Kohärenz behandeln. Es ist völlig klar, daß ein Hologramm die wirkliche Intensitätsverteilung über der Oberfläche des Objektes nur dann rekonstruieren kann, wenn das gesamte Objekt mit kohärentem Licht beleuchtet wurde. Diejenigen Gebiete des Objektes, die mit inkohärentem Licht beleuchtet wurden, tragen nicht zur Gitterstruktur des Hologramms bei, sondern erzeugen lediglich einen Hintergrund. Daher werden solche Gebiete bei der Rekonstruktion des Bildes dunkel erscheinen. Objektbereiche, die mit partiell kohärentem Licht beleuchtet werden, erzeugen auf dem Hologramm eine weniger kontrastreiche Gitterstruktur, so daß sie nach der Rekonstruktion viel dunkler erscheinen als erwartet. Der Kontrast im holografischen Gitter ist dem räumlich-zeitlichen Kohärenzgrad proportional, während die Helligkeit im rekonstruierten Bild dem Quadrat des Kontrastes des Gitters proportional ist (s. Abschn. 2.2.). Die wirkliche Helligkeitsverteilung im rekonstruierten Bild wird also durch das Quadrat der Kohärenzfunktion bestimmt. Darauf beruhen die holografischen Methoden zur Messung der Kohärenz [41, 42]. Wenn es sich nur um ein in der Tiefe ausgedehntes Objekt handelt und wenn dieses Objekt durch Licht beleuchtet wird, das die Quelle in eine Richtung emittiert, dann ist die Helligkeitsverteilung eine Funktion der zeitlichen Kohärenz. Bei Objekten geringer Tiefenausdehnung, die mit Licht beleuchtet werden, das von der Quelle in verschiedene Richtungen emittiert wird, ist die Helligkeitsverteilung im rekonstruierten Bild eine Funktion der räumlichen Kohärenz der Quelle. Die in Abb. 53 gezeigte Anordnung ermöglicht es, die Modenstruktur eines Laserbündels zu untersuchen, das eine Streuscheibe beleuchtet, indem das Bild der Streuscheibe aus verschiedenen Punkten des Hologramms rekonstruiert wird [43, 44].

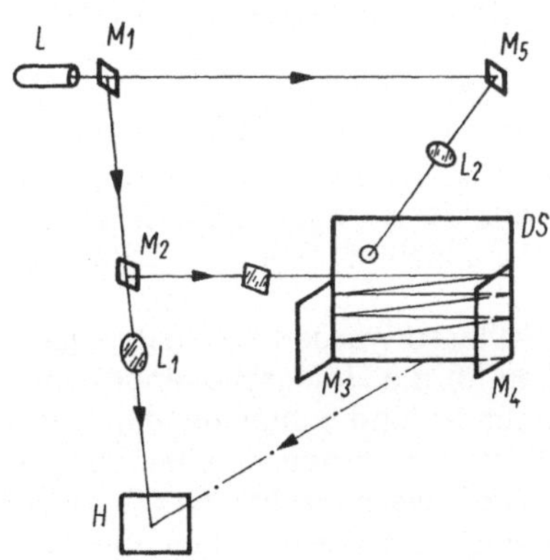

Abb. 53. Anordnung für die holografische Messung der zeitlichen und räumlichen Kohärenz der Laserstrahlung [43, 44]
M_1, M_2 Strahlteiler; M_3–M_5 Spiegel; L_1, L_2 Linsen; DS Diffusor; H Hologramm; L Laser.
Die Linse in der Bildmitte stellt eine Zylinderlinse dar

2.4.4. Veränderung der Wellenlänge

Während man für kontinuierliche Laser große Auswahlmöglichkeiten hinsichtlich der Wellenlänge hat, ist für die Impulsholografie nur die Wellenlänge 694,3 nm des Rubinlasers verwendbar. Neodymlaser ($\lambda = 1,06\,\mu$m) sind deshalb ungünstig, weil die Wellenlänge ihrer Strahlung in einem dem Experimentator schwer zugänglichen Spektralgebiet liegt. Außerdem weisen sie eine geringe zeitliche Kohärenz auf. Die Linienbreite der Neodymlaserstrahlung beträgt einige Nanometer, und die Kohärenzlänge liegt dementsprechend in der Größenordnung weniger Millimeter.

Einige Möglichkeiten für die Erweiterung des Spektralbereiches bietet die nichtlineare Optik. Es sind bereits effektive Methoden ausgearbeitet worden, um die zweite und dritte Harmonische der Rubinlaserstrahlung ($\lambda = 347,2$ nm und $\lambda = 231,4$ nm) zu erzeugen. Die erste der genannten Linien wurde bereits zur Aufnahme von Impulshologrammen angewendet [45—47].

Zur Erzeugung von Hologrammen bei Prozessen, die mit sehr hoher Geschwindigkeit ablaufen, wurde auch die zweite Harmonische des Neodymlasers ($\lambda = 530$ nm) verwendet [48]. Die Kohärenzeigenschaften der Primärstrahlung bleiben dabei in hohem Maße erhalten. Breite Möglichkeiten für die Auswahl geeigneter Wellenlängen bei der Hologrammaufnahme eröffnen sich durch die Ausnutzung des mittels induzierter Raman-Streuung (ebenfalls ein aus der nichtlinearen Optik bekannter Effekt) erzeugten Lichtes. Als nicht zu unterschätzende Schwierigkeit ist jedoch die Abnahme des räumlichen Kohärenzgrades der stimulierten Raman-Streuung (um mehr als eine Größenordnung) im Vergleich zur räumlichen Kohärenz der anregenden Laserstrahlung zu berücksichtigen [40]. Ungeachtet dessen wurde die stimulierte Raman-Streuung bereits zur Aufnahme von Hologrammen verwendet [49]. Des weiteren wurden Halbleiter- [50] und *Farbstofflaser* als Lichtquellen für die Holografie eingesetzt. Mit der Einführung von abstimmbaren und schmalbandigen Interferenzfiltern (wie das Fabry-Perot-Etalon oder das Beugungsgitter) in den Resonator von Farbstofflasern ergibt sich die Möglichkeit, hochkohärente Strahlung innerhalb eines breiten Wellenlängenbereiches zu erzeugen [51—54].

Neben den Helium-Neon- und Argonlasern haben zahlreiche andere *kontinuierliche Laser* in der Holografie bereits Verwendung gefunden. Dazu zählen insbesondere die *Helium-Cadmium-Laser* ($\lambda = 325,0$ und 441,6 nm). CO_2-Laser sind die leistungsstärksten kontinuierlichen Laser. Ihre Wellenlänge ($\lambda = 10,6\,\mu$m) liegt jedoch in einem für die Aufzeichnung sehr ungünstigen Bereich.

2.4.5. Erzeugung von Hologrammen ohne Laser

Das Hologramm ist ein Interferenzbild, das durch Überlagerung der Referenzwelle mit der vom Objekt gestreuten Welle entsteht. Die Entstehung des Hologramms haben wir folgendermaßen betrachtet: Jeder Objektpunkt sendet eine Kugelwelle aus. Mit der Referenzwelle bildet sie eine Interferenzfigur, ein Fresnelsches Zonengitter. Jeder Objektpunkt bildet sein eigenes Zonengitter aus. Die diesen Zonengittern entsprechenden Wellenfelder überlagern sich kohärent und werden so auf dem Hologramm registriert. (Es addieren sich die Amplituden unter Berücksichtigung ihrer Phasenbeziehungen und nicht die Intensitäten.)
Es sind aber auch Holografieanordnungen möglich, mit denen man Hologramme bei räumlicher Inkohärenz des Aufnahmelichtes erhalten kann. In diesen Anordnungen bildet das von jedem Objektpunkt kommende, in zwei Strahlengänge aufgeteilte Licht zwei Kugelwellen unterschiedlicher Krümmung. Diese Wellen ergeben durch Interferenz ein Fresnelsches Zonengitter. Die verschiedenen Objektpunkten zuzuordnenden Zonengitter bilden sich inkohärent. Sie überlagern sich daher auf dem Hologramm durch Addition der Intensitäten. Die Güte des Hologramms (sein Kontrast) ist daher bedeutend geringer als bei räumlicher Kohärenz des Lichtes, und zwar um so geringer, je komplizierter das Objekt ist. Für einfache, aus einer geringen Anzahl von Punkten bestehende Objekte kann die Güte des mit inkohärentem Licht aufgezeichneten Hologramms jedoch ausreichend sein.
Ein Verfahren zur Hologrammaufzeichnung mit inkohärentem Licht haben wir schon im Zusammenhang mit den Anwendungsmöglichkeiten mehrmodiger Laser in der Holografie betrachtet (vgl. Abb. 28–30). In diesen Anordnungen wird zunächst eine Aufteilung des Lichtbündels in zwei Teilbündel mit entsprechend geringen Amplituden vorgenommen. Danach erfolgt eine möglichst genaue Wiedervereinigung der Wellenfronten auf dem Hologramm. Eines der beiden Bündel durchdringt das zu untersuchende Objekt. Die durch das Objekt verursachten Verzerrungen dieses Bündels dürfen dabei nur geringfügig sein. Anderen-

falls erfolgt die Vereinigung der Strukturen beider Wellen nur ungenau, und das Interferenzbild wird kontrastarm.

Ein ähnlicher Sachverhalt liegt vor, wenn man ein Hologramm mit Hilfe einer Lichtquelle geringer zeitlicher Kohärenz aufzeichnet. Bei Verwendung einer Niederdruckquecksilberdampflampe mit einem Filter, das eine der Linien aussondert (Monochromatfilter), beträgt die Kohärenzlänge nur einige Millimeter. Lichtquellen mit schmaleren Linien sind dagegen von zu geringer Intensität und daher hier nicht brauchbar.

Quecksilberhochdrucklampen und Quecksilberhöchstdrucklampen strahlen sehr helle, aber auch sehr breite Linien aus, deren Kohärenzlängen nicht größer als 1/10 mm sind. Deshalb muß man bei Hologrammaufnahmen mit solchen Lichtquellen die optischen Weglängen beider Strahlengänge der Anordnung einander äußerst sorgfältig angleichen. Das ist jedoch nur beim Holografieren von transparenten Objekten, flächenhaften Szenen oder Phasenobjekten, die die Wellenfront nur wenig verzerren, möglich.

Ungeachtet der aufgeführten Schwierigkeiten hat die „laserlose" Holografie schon bemerkenswerte Erfolge erzielt. In einzelnen Fällen ist die Güte der Wellenfrontrekonstruktion so hoch, daß die Ergebnisse denen der „Laserholografie" nicht nachstehen [55, 56].

Für die Teilung der Wellenfront und deren Wiedervereinigung bei der Entstehung des „laserlosen" Hologramms sind Anordnungen mit Interferometern nach *Michelson, Jamin, Mach-Zehnder* u. a. brauchbar. Eine Reihe anderer Anordnungen zur Aufnahme „laserloser" Hologramme wird in [57] vorgeschlagen. *Stroke* und *Restrick* [58] verwendeten ein Interferometer mit Beugungsgitter und *Froehly* und *Pasteur* [59] eines mit zwei Halblinsen.

Bemerkenswerte Erfolge in der „laserlosen" Holografie erzielten

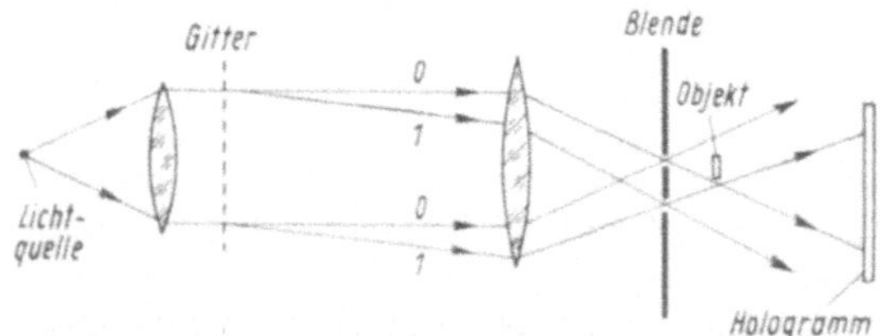

Abb. 54. Anordnung zur Herstellung achromatischer Hologramme [56]
0 Bündel nullter Ordnung; *1* Bündel erster Ordnung

Leith und *Upatnieks* [56]. Ihre Anordnung zur Aufnahme achromatischer Hologramme ist in Abb. 54 dargestellt. Der Sinn der Achromatisierung besteht darin, die Phasendifferenz der interferierenden Wellen von der Wellenlänge unabhängig zu machen. Man erreicht das durch Einfügen von achromatisierenden Bauelementen, z. B. Prismen, Linsen und Beugungsgittern. Bei der in Abb. 54 gezeigten Anordnung erzeugt man mittels Gitter und Linse in der Blendenebene das Beugungsspektrum der Lichtquelle. Das Beugungsspektrum wird dabei als die Gesamtheit monochromatischer Bilder der Lichtquelle aufgefaßt. Für die Beleuchtung des transparenten Objektes verwendet man das ungebeugte Licht (nullte Ordnung) des Beugungsspektrums und als Referenzbündel das Spektrum eines Beugungsbündels erster Ordnung. Die langwelligen Anteile dieses Spektrums fallen unter größeren Winkeln α auf das Hologramm ein, die kurzwelligen unter kleineren. Die Ortsfrequenz der Streifen auf dem Hologramm bleibt daher für alle Wellenlängen ungefähr gleich:

$$f \approx \frac{\sin \alpha}{\lambda} \, .$$

In Übereinstimmung mit dem *Van-Cittert-Zernike-Theorem* (s. beispielsweise [12]) verringern sich bei Verwendung des in Abb. 54 gezeigten Aufbaus die Anforderungen an die Strahlung nicht nur hinsichtlich ihrer zeitlichen, sondern auch ihrer räumlichen Kohärenz, da der Grad der wechselseitigen Kohärenz bei jenen Wellen am größten ist, die sich nach dem Gitter in Richtung der Beugungsmaxima ausbreiten.
Bei Verwendung einer Quecksilberhöchstdrucklampe mit Monochromatfilter erhielten *Leith* und *Upatnieks* [56] eine qualitativ hochwertige Rekonstruktion von Bildern transparenter Objekte und dreidimensionaler umrißartiger Szenen. Die Qualität dieser Rekonstruktionsart war dabei mit der unter Verwendung von Laserlicht erreichbaren vergleichbar.
Die Anordnung von *Leith* und *Upatnieks* erlaubt auch die Anwendung nichtmonochromatischer Lichtquellen in der Holografie, z. B. Quecksilberdampflampen ohne Filter [60]. Die Rekonstruktionsgüte ist dabei natürlich nicht hoch.

2.4.6. Mehrfarbige Hologramme

Auf die Möglichkeit der Herstellung von Hologrammen, die nicht nur die Struktur, sondern auch die Wellenlänge und damit die Farbe der bei der Aufnahme verwendeten Lichtwellen zu rekonstruieren erlauben, haben wir bereits in Abschn. 1.2.7. hingewiesen. Eine allgemeine Anordnung zur Herstellung eines *„mehrfarbigen"* zweidimensionalen Hologramms ist in Abb. 55 dargestellt. Auf dem mit dieser Anordnung hergestellten Hologramm entstehen drei Beugungsgitter: eines für blaues ($\lambda = 488$ nm), eines für grünes ($\lambda = 514,5$ nm) und eines für rotes ($\lambda = 632,8$ nm) Licht.

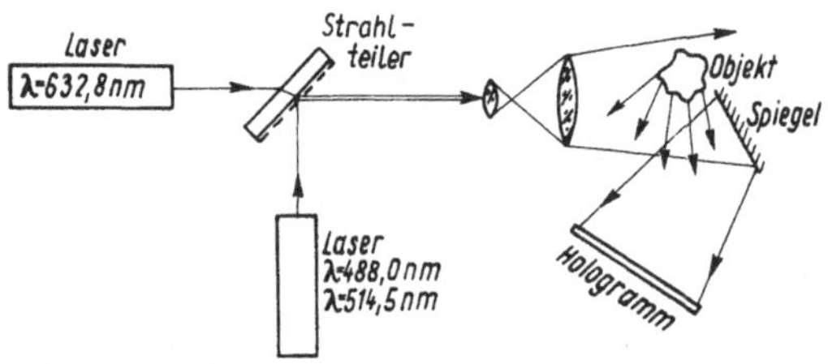

Abb. 55. Anordnung zur Herstellung eines „Drei-Farben"-Hologramms mit Hilfe eines Helium-Neon- und eines Argon-Lasers

Bei der Rekonstruktion der Wellenfront mit einem Strahl, der wieder aus dem Licht dieser drei Wellenlängen besteht, entsteht durch Beugung des roten Lichtes am „roten" Gitter, des grünen Lichtes am „grünen" Gitter und des blauen Lichtes am „blauen" Gitter ein farbiges Bild des Objektes durch additive Mischung. Das rote Licht wird jedoch auch am „grünen" und „blauen" Gitter gebeugt und rekonstruiert, so zwei Bilder in roter Farbe, die relativ zum oben erwähnten farbigen Bild des Objektes verschoben sind. Analog werden der blaue und der grüne Strahl an den „fremden" Gittern gebeugt.
Betrachten wir einmal den Fall, daß das Referenzbündel senkrecht auf das Hologramm fällt (Einfallswinkel 0°), dann werden nach Gl. (39) die Ortsfrequenzen der sich bildenden Zonengitter (es handelt sich um das Hologramm eines punktförmigen Objektes):

$$f_1 = \frac{\sin \alpha}{\lambda_1}, \quad f_2 = \frac{\sin \alpha}{\lambda_2}, \quad f_3 = \frac{\sin \alpha}{\lambda_3}.$$

α ist der Einfallswinkel des Objektbündels, λ_1, λ_2 und λ_3 sind die Wellenlängen des blauen, grünen und roten Lichtes.
Durch Beugung des Lichtes der Wellenlänge λ_1 an allen drei Gittern entstehen Bilder des Objektpunktes unter den Winkeln

$$\left.\begin{aligned}
\sin \alpha_{11} &= \sin \alpha, \\
\sin \alpha_{12} &= \frac{\lambda_1}{\lambda_2} \sin \alpha, \\
\sin \alpha_{13} &= \frac{\lambda_1}{\lambda_3} \sin \alpha.
\end{aligned}\right\} \tag{49}$$

Analog ergibt die Beugung des Lichtes der Wellenlängen λ_2 und λ_3 Bilder des Objektes unter den Winkeln

$$\left.\begin{aligned}
\sin \alpha_{21} &= \frac{\lambda_2}{\lambda_1} \sin \alpha, \\
\sin \alpha_{22} &= \sin \alpha, \\
\sin \alpha_{23} &= \frac{\lambda_2}{\lambda_3} \sin \alpha,
\end{aligned}\right\} \tag{50}$$

$$\left.\begin{aligned}
\sin \alpha_{31} &= \frac{\lambda_3}{\lambda_1} \sin \alpha, \\
\sin \alpha_{32} &= \frac{\lambda_3}{\lambda_2} \sin \alpha, \\
\sin \alpha_{33} &= \sin \alpha.
\end{aligned}\right\} \tag{51}$$

Der überlagerungsfreie Winkelbereich erstreckt sich, wie aus Abb. 56 ersichtlich, von α_{12} bis α_{21}. Für $\lambda_1 = 488$ nm und $\lambda_2 = 514{,}5$ nm beträgt er ungefähr 4° bei einem Einfallswinkel $\alpha = 30°$ und ungefähr 7° bei einem Einfallswinkel $\alpha = 45°$. Die

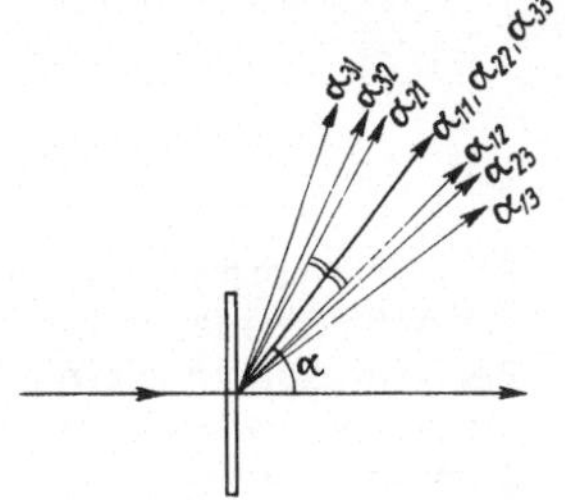

Abb. 56. Zur Berechnung des überlagerungsfreien Winkelbereiches bei der Aufnahme eines Farbhologramms

Grenzwinkelweite des Objektes ist dann entsprechend halb so groß.

Diese Einschränkung bezüglich des überlagerungsfreien Winkelbereiches versucht man in einer Reihe von Arbeiten zu umgehen (vgl. beispielsweise [61, 62]). Jedoch konnten nur bei Verwendung der Technik der Volumenholografie [7–9] gute Ergebnisse erreicht werden. Wie früher gezeigt wurde, gibt es zu diesen *Volumenhologrammen* ganz bestimmte zugeordnete Wellenlängen, und die rekonstruierten Bilder entstehen nur im Licht dieser Wellenlängen. Aus diesem Grunde entfallen bei der Bildrekonstruktion „mehrfarbiger" Volumenhologramme [63, 64] störende Nebenbilder. „Mehrfarbige" Volumenhologramme können auch in weißem Licht Bilder rekonstruieren. Dabei wirkt das Hologramm als *Interferenzfilter*, das die benötigten Wellenlängen auswählt.

Eines der schwierigsten Probleme hierbei ist die Wellenlängenverschiebung bei der Rekonstruktion infolge der Schrumpfung der Emulsion. Der „Blaustich" im rekonstruierten Bild macht sich sehr stark bemerkbar, wenn die Schrumpfung 15 bis 20% erreicht. Das beste Mittel gegen diesen Effekt ist das Baden des entwickelten und ausfixierten Hologramms in einer Triethanolaminlösung. Die Konzentration der Lösung und die Dauer des Badens ermittelt man experimentell.

Die Farbe des rekonstruierten Bildes kann sich von der Farbe des Objektes auch aus einem anderen Grunde unterscheiden. Die Beugungseffektivität des Hologramms, die durch den Kontrast der Hologrammstruktur bestimmt wird, sinkt im „blauen" Spektralbereich ab. Das hat zwei Gründe: 1. Je kleiner die Wellenlänge ist, desto größer ist die Ortsfrequenz des Interferenzbildes [vgl. Gl. (39)]. 2. Kurzwellige Strahlung wird in der Emulsion stärker gestreut als langwellige. Damit verschlechtert sich die Kontrastübertragungsfunktion der Emulsion.

Lin und *LoBianco* [64] beschreiben eine originelle Methode zur

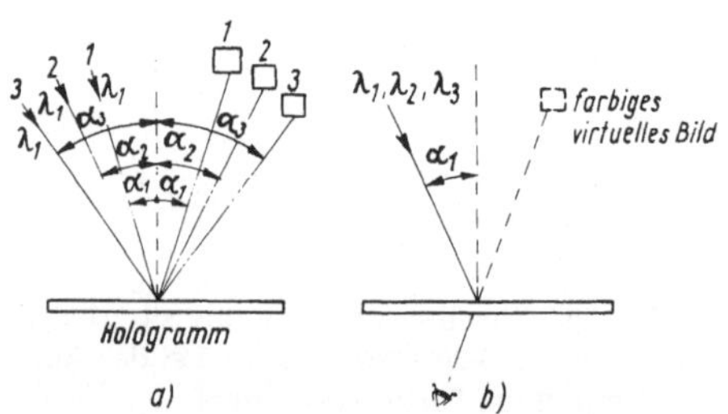

Abb. 57. Anordnungen zur Aufnahme (a) und Rekonstruktion (b) „synthetischer" Farbhologramme

Herstellung von mehrfarbigen Volumenhologrammen mit Hilfe eines einzigen einfarbigen Lasers. Die Methode beruht auf einer dreimaligen Belichtung des Hologramms mit derselben Wellenlänge, aber bei verschiedenen Lagen des Objektes und des Referenzbündels (Abb. 57).

Im Hologramm bilden sich dadurch drei Systeme paralleler reflektierender Flächen, und bei der Rekonstruktion mit weißem Licht entsteht dann ein farbiges Bild. An der Erzeugung des Bildes sind nur drei Wellenlängen des gesamten Spektrums beteiligt, die durch die folgende Beziehung gegeben sind:

$$\sin \alpha_1 : \sin \alpha_2 : \sin \alpha_3 = \frac{1}{\lambda_1} : \frac{1}{\lambda_2} : \frac{1}{\lambda_3}. \tag{52}$$

2.5. Rekonstruktion der Wellenfronten

2.5.1. *Anforderungen an die zeitliche Kohärenz der Lichtquelle*

Bei der Wellenfrontrekonstruktion sind die Anforderungen sowohl an die räumliche als auch an die zeitliche Kohärenz des Rekonstruktionslichtes bedeutend geringer als bei der Aufnahme der Hologramme. Deshalb verwendet man bei der Rekonstruktion oft auch konventionelle Lichtquellen.

Die Anforderungen an die zeitliche Kohärenz des Lichtes einer derartigen Lichtquelle werden dadurch bestimmt, daß die Objektbilder, die durch die Beugung des Lichtes unterschiedlicher Wellenlängen entstehen, auf dem Hologramm nicht merklich zueinander verschoben sein dürfen. Verwendet man bei der Rekonstruktion gleichzeitig zwei Wellenlängen, die sich um dλ unterscheiden, so entstehen zwei Bildpunkte desselben Objekt-

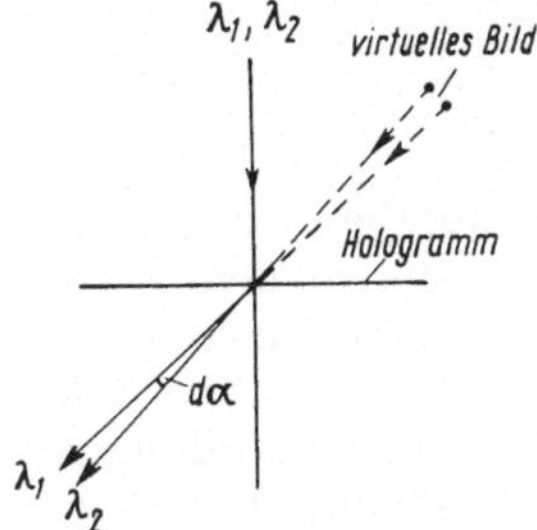

Abb. 58. Zur Berechnung der zulässigen Spektralbreite der Rekonstruktionslichtquelle

punktes, die um einen Winkel dα verschoben sind. Sollen die beiden Bildpunkte nicht getrennt erscheinen, so muß dα kleiner sein als die realisierbare Winkelauflösung $\delta\varphi = \delta x / r$ (Abb. 58), wobei δx die Linienauflösung ist und r die Entfernung vom Hologramm zum rekonstruierten Bild angibt, d. h.

$$d\alpha \leq \delta\varphi \quad \text{oder} \quad \frac{d\alpha}{d\lambda} d\lambda \leq \delta\varphi.$$

Hierbei ist dα/dλ die *Winkeldispersion* des Gitters, die nach Gl. (25) ausgedrückt werden kann als

$$\frac{d\alpha}{d\lambda} = \frac{1}{a\cos\alpha}. \tag{53}$$

Damit erhalten wir schließlich

$$d\lambda \leq a\cos\alpha \cdot \delta\varphi \tag{54}$$

oder

$$d\lambda \leq a\frac{\delta x}{r}\cos\alpha. \tag{55}$$

Bei visueller Wellenfrontrekonstruktion ist $\delta\varphi \approx 2 \cdot 10^{-4}$ rad. Das entspricht dem Auflösungsvermögen (der Sehschärfe) des normalen menschlichen Auges, und es ergibt sich mit $a = 10^{-4}$ cm und $\cos\alpha \approx 0,7$ ein d$\lambda \leq 0,14$ nm. Daher ist zur visuellen Wellenfrontrekonstruktion eine Quecksilberniederdrucklampe mit einem die grüne Linie durchlassenden Monochromatfilter gut geeignet. Soll dagegen die durch Beugung verursachte Auflösungsgrenze des Hologramms erreicht werden, dann ist nach Gl. (38) $\delta\varphi = \lambda / L$, und wir erhalten

$$\frac{d\lambda}{\lambda} \leq \frac{a\cos\alpha}{L} = \frac{1}{N}.$$

N bedeutet hier die Gesamtzahl der Linien auf dem Hologramm. Das erhaltene Resultat ist allgemeingültig: Die relative Linienbreite muß kleiner sein als das spektrale Auflösungsvermögen eines Beugungsgitters, das dieselbe Linienzahl N wie das Hologramm besitzt [vgl. Gl. (36)]. Es existieren jedoch Anordnungen zum Achromatisieren der rekonstruierten Wellenfront, in denen

104

die Anforderungen an die Breite der Spektrallinie der Lichtquelle
beträchtlich reduziert werden können. Eine der möglichen Anordnungen zum Achromatisieren von Hologrammen [65] wird in
Abb. 59 gezeigt. Das Beugungsgitter zerlegt die einfallende
Strahlung in ein Spektrum und erzeugt in der Blendenebene eine
Vielzahl von Rekonstruktionslichtquellen verschiedener Wellenlängen. Durch geeignete Wahl des Gitters und der Geometrie
der Anordnung läßt sich erreichen, daß die von all diesen Lichtquellen unterschiedlicher Wellenlänge rekonstruierten Objektbilder sich decken oder sich wenigstens nur geringfügig unterscheiden (Abb. 60). So lassen sich ausgezeichnete Ergebnisse
auch bei Verwendung von Rekonstruktionslichtquellen mit be-

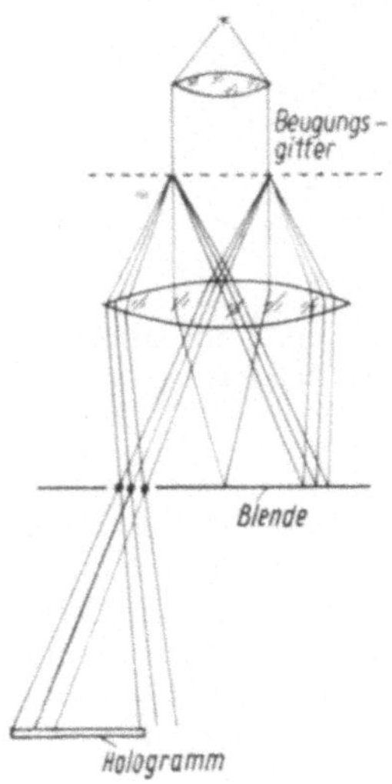

Abb. 59. Anordnung zum Achromatisieren bei der Wellenfrontrekonstruktion

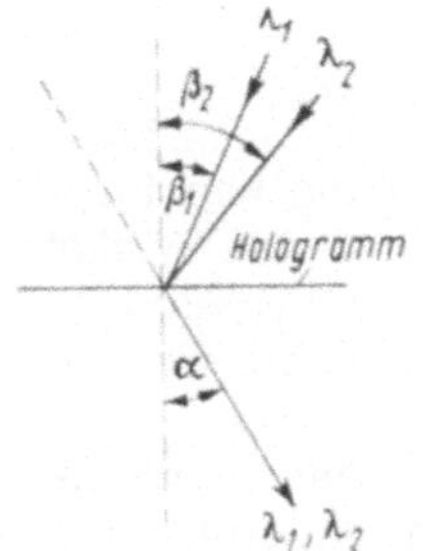

Abb. 60. Zur Erklärung der Wirkungsweise der Anordnung in Abb. 59

trächtlicher Spektralbreite, z. B. mit einer hellen Quecksilberhöchstdrucklampe ($\Delta\lambda \approx 5$ nm) oder sogar mit Glühlicht, erreichen.

2.5.2. Anforderungen an die räumliche Kohärenz der Licht-
quelle

Hinsichtlich der räumlichen Kohärenz muß die Winkelweite der
Rekonstruktionslichtquelle hinreichend klein sein, damit die
Struktur des rekonstruierten Bildes richtig wiedergegeben wird.
Wir betrachten diese Anforderungen genauso allgemein wie be-
reits die Anforderung an die Linienbreite der Rekonstruktions-
lichtquelle.

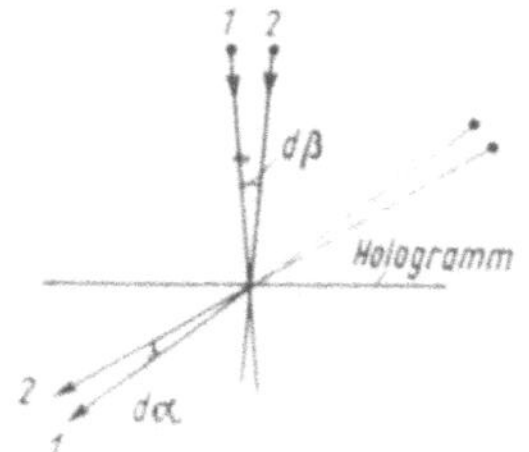

Abb. 61. Zur Berechnung der zulässigen
Winkelweite der Rekonstruktionslichtquelle

Das Hologramm möge mit einer ideal punktförmigen Referenzlichtquelle aufgenommen worden sein. In Abb. 61 sind 1 und 2
die Randpunkte der Rekonstruktionslichtquelle und dβ ihre Winkelweite. Der Winkel dα zwischen den entsprechenden gebeugten Strahlen gibt dann die Winkelweite jedes Punktes des rekonstruierten Bildes an. Unter der Annahme einer monochromatischen Lichtquelle erhalten wir aus Gl. (25)

$$|d\beta| = \frac{\cos\alpha}{\cos\beta}\, d\alpha = \frac{\cos\alpha}{\cos\beta}\, \frac{\delta x}{r}. \tag{56}$$

Der Faktor $\cos\alpha/\cos\beta$ liegt in der Größenordnung von 1 und
variiert gewöhnlich in den Grenzen von 0,5 bis 2. Die Winkelweite der Rekonstruktionslichtquelle muß also in der Größenordnung der geforderten Winkelauflösung des Hologramms liegen.
Oft gelingt die Bildrekonstruktion schon, wenn man durch das
Hologramm und ein Rotfilter eine wenige Meter entfernte Glüh-

lampe betrachtet. Eine Glühlampe mit Mattglaskolben ist dafür ungeeignet, ihre Winkelweite ist zu groß. Für eine qualitativ hochwertige Rekonstruktion verwendet man gewöhnlich Laserstrahlung. Oft benutzt man dafür den gleichen Laser wie bei der Hologrammaufnahme.

2.5.3. Bildfeldhologramme (Hologramme fokussierter Bilder)

Die Anforderungen an die räumliche und zeitliche Kohärenz des zur Rekonstruktion verwendeten Lichtes können merklich gesenkt werden, wenn das Objekt auf dem Hologramm oder in unmittelbarer Nähe der Hologrammoberfläche abgebildet wird. Ein auf diese Weise erzeugtes Hologramm nennt man *Bildfeldhologramm*.

Die außergewöhnlichen Eigenschaften dieser Hologramme sind ein Ergebnis der Tatsache, daß in der *Bildfeldholografie* im Unterschied zur konventionellen Holografie eine strenge Übereinstimmung zwischen den Punkten des Hologramms und denen des Objektes vorliegt. Einem definierten Punkt des Objektes entspricht ein Punkt des Hologramms und umgekehrt. Das hat zur Folge, daß ein Bildfeldhologramm das Bild stets in der Hologrammebene rekonstruiert, und dieses Bild verändert seine Abmessungen, seine Gestalt und seinen Entstehungsort auch dann nicht, wenn die Position der Referenzquelle verändert wird oder wenn die Wellenlänge und der Ort der Rekonstruktionsquelle verändert werden. Die spektrale Zusammensetzung und die Ausdehnung der Rekonstruktionsquelle sind folglich in der Bildfeldholografie ohne Bedeutung. Ausgezeichnete Bilder erhält man gerade dann, wenn zur Rekonstruktion eine ausgedehnte Lichtquelle verwendet wird, die weißes Licht emittiert. Man beobachtet lediglich unterschiedliche Färbungen des rekonstruierten Bildes, wenn das Bild unter verschiedenen Winkeln betrachtet wird.

Aus dem gleichen Grund ist die Struktur der Referenzwelle unwesentlich für die Herstellung des Hologramms, und es besteht nicht die Notwendigkeit, identische Referenz- und Rekonstruktionswellen zu verwenden. Bildfeldhologramme können mit ausgedehnten Referenzlichtquellen erzeugt werden, die Wellen mit beliebiger Struktur emittieren.

Wir wollen darauf hinweisen, daß die geringeren Anforderungen an die räumliche und zeitliche Kohärenz der Lichtquelle zur

Rekonstruktion eines Bildes in der Bildfeldholografie unmittelbar aus den Gln. (55) und (56) folgen. Für den Fall $r \to 0$ ergeben sich aus diesen Formeln keine Einschränkungen hinsichtlich der Bandbreite dλ des Strahlungsspektrums und der Winkelweite dβ der Lichtquelle. Tatsächlich folgt aus Gl. (56), daß bei $r \to 0$ die Winkelweite |dβ| gegen Unendlich strebt, d. h., die Winkelweite der zur Rekonstruktion verwendeten Lichtquelle kann beliebig groß sein, und die Linienauflösung δx des Hologramms wird dadurch nicht beeinflußt (s. Abb. 61).

Ob das zur Rekonstruktion verwendete Licht monochromatisch ist oder nicht, hat keine Bedeutung für die Bildfeldholografie. Gl. (55) macht keinerlei Einschränkungen bzgl. der Größe von dλ bei $r \to 0$. Rekonstruiert man das Bild im weißen Licht, dann beobachtet man auf Grund der Dispersion des Hologramms verschieden gefärbte Bilder, wenn das Hologramm aus unterschiedlichen Richtungen betrachtet wird (s. Abb. 58). Der wesentliche Vorteil von Bildfeldhologrammen besteht also darin, daß zur Rekonstruktion Licht ausgedehnter Quellen verwendet werden kann, die ein kontinuierliches Spektrum emittieren.

2.5.4. Volumenhologramme

Bei *Volumenhologrammen* bestehen ebenfalls keine strengen Anforderungen an die Monochromasie der Lichtquelle zur Rekonstruktion der Wellenfronten. In einem früheren Abschnitt wurde gezeigt, daß solche Hologramme wie ein vielschichtiges Interferenzfilter wirken und daher selbst den monochromatischen Anteil aus dem kontinuierlichen Spektrum herausfiltern, dessen Wellenlänge der *Lippmann-Bragg-Bedingung* genügt. Wenn ein Volumenhologramm in unmittelbarer Nähe des Objektes aufgezeichnet wird, ist die Winkelweite der Rekonstruktionslichtquelle wie bei den Bildfeldhologrammen ohne Einfluß [s. Gl. (56)], so daß man das Bild auch im Licht einer ausgedehnten Lichtquelle beobachten kann. Die reflektierenden Isophasenflächen im Volumenhologramm geben das Relief des Objektes um so genauer wieder, je näher sich dieses am Hologramm befindet. Daher stellt man bei einem Volumenhologramm Reflexionseigenschaften fest, die denen des Objektes sehr ähnlich sind. Das Hologramm kann also nicht nur jene Lichtwellen rekonstruieren, die bei seiner Herstellung vom Objekt gestreut wurden, sondern auch solche Wellen, die bei unterschiedlichen Beleuchtungsverhältnissen entstehen [66]. Wenn die Rekonstruktionsquelle bewegt wird, wandern die Schatten und Lichtflecken genauso über die Oberfläche des Bildes, als ob man das Objekt selbst beobachten würde.

2.5.5. Geometrische Betrachtungen zur Rekonstruktion von Hologrammen

Im Abschn. 1.2.5. haben wir geometrische Beziehungen abgeleitet, die den longitudinalen und lateralen Abbildungsmaßstab des Objektes mit der Lage des Hologramms, des Objektes und der Referenz- sowie Rekonstruktionsquelle verknüpfen [Gln. (30)–(32)]. Diese Beziehungen können z. B. bei der Konzipierung von Anordnungen zur Rekonstruktion der Wellenfronten verwendet werden. Im folgenden betrachten wir einige Spezialfälle.

a) Das Hologramm sei nicht vergrößert worden ($m = 1$), und die Rekonstruktion erfolgt mit der gleichen Wellenlänge wie die Aufnahme ($\mu = 1$). Ist nun noch $x_R = x_C$, $y_R = y_C$ und $z_R = z_C$ (Abb. 62a), d. h., die Rekonstruktionslichtquelle befindet sich am selben Ort wie die Referenzlichtquelle zum Zeitpunkt der Aufnahme, dann folgt aus den Gln. (30) bis (32) für das virtuelle Bild (positives Vorzeichen) $x_B = x_O$, $y_B = y_O$, $z_B = z_O$ und $M_{lat} = M_{long} = 1$. Das virtuelle Bild entsteht also in diesem Fall an demselben Ort, an dem sich das Objekt während der Aufnahme befunden hat. Seine Dimensionen, sowohl die Quer- als auch die

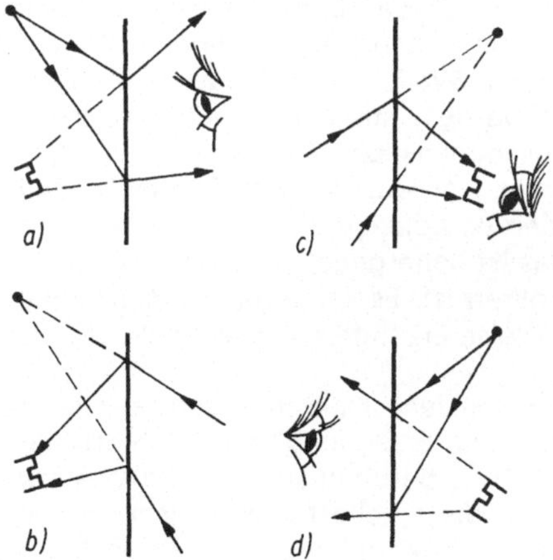

Abb. 62. Anordnungen zur Rekonstruktion aberrationsfreier Bilder
Rekonstruktions- und Referenzquelle sind identisch. Die Fälle c und d sind nur bei zweidimensionalen Hologrammen möglich

Längsabmessungen, sind unverändert. Das reelle Bild [negatives Vorzeichen in den Gln. (30)–(32)] entsteht hier unsymmetrisch zum virtuellen ($z_B \neq -z_O$), seine Vergrößerung ist $\neq 1$ (M_{lat} $= 1/[1 - 2\,z_O/z_C]$) , und die Längsdimensionen sind verzerrt ($M_{long} \neq M_{lat}$).

b) Um ein unverzerrtes reelles Bild zu erhalten, muß die Richtung der Rekonstruktionswelle, wie in Abb. 62b gezeigt ist, umgedreht werden. Die Koordinaten der Rekonstruktionsquelle stimmen auch hier mit denen der Referenzquelle überein. Im Unterschied zum ersten Beispiel treten die Lichtstrahlen nun nicht mehr aus der Quelle aus, sondern konvergieren im Quellpunkt. Das Bild entsteht am gleichen Ort, wo sich das Objekt befunden hat; sein longitudinaler und lateraler Abbildungsmaßstab beträgt 1. Da wir das Bild in den Anordnungen der Abbn. 62a und b jedoch von entgegengesetzten Seiten betrachten, werden wir im letzten Fall das umgekehrte Relief beobachten. Bei einem *dünnen* (zweidimensionalen) Hologramm entsteht zusätzlich zu diesem reellen Bild ein virtuelles Bild mit verzerrten Proportionen.

Eine ebene Referenzwelle gestattet es uns, das reelle Bild auf sehr einfache Weise zu rekonstruieren. Da jede ebene Welle zu sich selbst konjugiert (invers) ist, genügt es zur Realisierung von Fall 62b, das Hologramm bei der Rekonstruktion einfach um 180° zu drehen und mit der Referenzquelle zu beleuchten. Bei jeder nichtebenen Referenzwelle können wir uns ähnliche Bedingungen schaffen, indem wir das Hologramm im Rekonstruktionsprozeß gleichfalls um 180° drehen und mit dem unaufgeweiteten Laserbündel beleuchten. Dieses Bündel verkörpert eine nahezu ideale ebene Welle und kann folglich als eine Komponente des Spektrums ebener Wellen verschiedener Ausbreitungsrichtungen aufgefaßt werden, aus denen sich jede Welle beliebiger Komplexität zusammensetzt. Nun muß das Hologramm nur noch so gedreht werden, daß das Bündel in dem Punkt des Hologramms, den es beleuchtet, diese ebene Welle möglichst gut simuliert. Das ist dann gegeben, wenn die Holligkeit im reellen Bild am größten ist. Es sei jedoch darauf hingewiesen, daß ein auf diese Weise erzeugtes reelles Bild nicht frei von Aberrationen ist.

c) Bei *dünnen* (zweidimensionalen) Hologrammen existieren zwei weitere Möglichkeiten zur Erzeugung eines fehlerfreien und unvergrößerten Bildes. Diese beruhen auf einer Rekonstruktionsanordnung, bei der sich die Quelle für den direkten und umgekehrten Lichtweg in dem Punkt befindet, der symmetrisch zur Position der Referenzquelle liegt (s. Abb. 62 c und d). Nehmen wir also in den Gln. (30) bis (32) an, daß $m = 1$, $\mu = -1$, $z_C = -z_R$, $x_C = x_R$ und $y_C = y_R$ gilt, so erhalten wir $z_B = -z_O$, $x_B = x_O$, $y_B = y_O$ und $M_{lat} = M_{long} = 1$.

Das Vorhandensein zusätzlicher Anordnungen zur Rekonstruktion unverzerrter Bilder mittels zweidimensionaler Hologramme können wir uns auch anhand von Abb. 63 klarmachen. Bei einem zweidimensionalen Hologramm treffen die Strahlen AB, BA, DC und CD unter dem gleichen Winkel α wie das Referenzbündel auf das Hologramm. Aber nur 2 von diesen 4 Strahlen, nämlich AB und BA (s. auch Abb. 62a und b), treffen unter dem gleichen Winkel wie das Referenzbündel auf die halbdurchlässigen reflektierenden Schichten eines Volumenhologramms. Die Strahlen CD und DC (s. auch Abb. 62c und d) genügen nicht der *Lippmann-Bragg-Bedingung* und bilden so im Fall des Volumenhologramms keine Bilder.

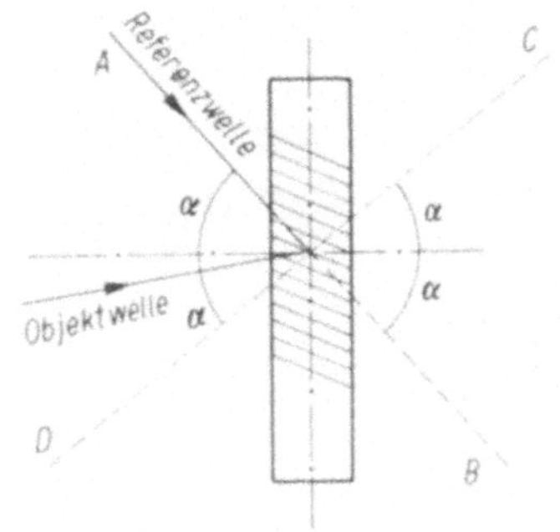

Abb. 63. Rekonstruktion eines aberrationsfreien Bildes unter Verwendung zwei- und dreidimensionaler Hologramme
Das Rekonstruktionsbündel muß unter den Richtungen *AB*, *BA*, *CD* oder *DC* auf das Hologramm fallen. Die beiden letzten Richtungen eignen sich nur für zweidimensionale Hologramme

d) Die Referenzlichtquelle möge sich in der Objektebene befinden, d. h., wir betrachten den Fall der *linsenlosen Fourier-Holografie*, für den $z_O = z_R$ ist. Aus Gl. (30) folgt dann $z_B = z_C$, d. h., beide Bilder liegen in der Ebene der Referenzlichtquelle.
Wenn das Hologramm zweidimensional ist, wird gleichzeitig ein zweites Bild des Objektes erzeugt, das einem negativen Wert von μ in Gl. (30) entspricht. Beide Bilder liegen in der Ebene der Rekonstruktionsquelle, die auch das Symmetriezentrum der Bilder ist (Abb. 64). Es handelt sich um virtuelle Bilder bei dem in

R

Rekonstruktions-
quelle

Abb. 64. Ein Fourier-Hologramm liefert bei der Rekonstruktion zwei Bilder, die in der Ebene der Rekonstruktionsquelle lokalisiert sind. Diese Quelle bildet gleichzeitig das Symmetriezentrum der Bilder

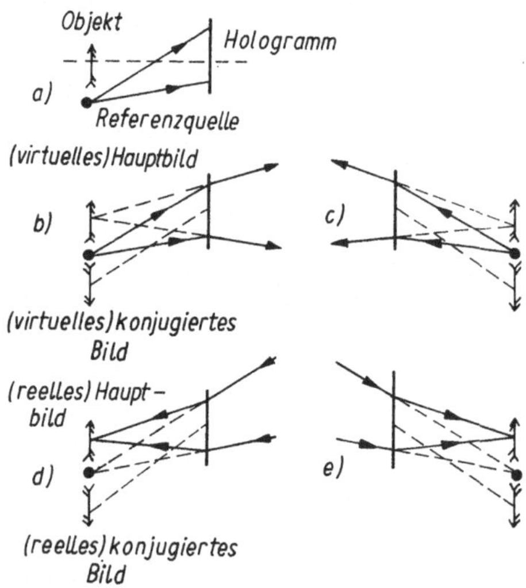

Abb. 65. Linsenlose Fourier-Holografie
a) Aufzeichnung des Hologramms; b) u. c) Rekonstruktion eines aberrationsfreien virtuellen Bildes; d) u. e) Rekonstruktion eines aberrationsfreien reellen Bildes.
Die Anordnungen c) und e) können nur für zweidimensionale Hologramme eingesetzt werden

Abb. 65b gezeigten direkten Strahlengang und um reelle Bilder mit umgekehrtem Strahlenverlauf (Abb. 65d).[1]
Die Vergrößerung dieser Bilder ist nach Gl. (31)

$$M_{lat} = \frac{\mu}{m}\,\frac{z_C}{z_O}. \tag{57}$$

[1] Einzelne Teile der Abbn. 65, 66, 67 und 70 wurden dem Übersichtsartikel von *Ramberg* [67] entnommen.

112

Wenn außerdem die Referenzwelle zur Bildrekonstruktion verwendet ($z_C/z_O = 1$) und das Hologramm weder vergrößert noch verkleinert wird ($m = 1$), dann ist

$$M_{lat} = M_{long} = \mu,$$

d. h., beide Bilder behalten ihre dreidimensionalen Eigenschaften und werden in dem Maße vergrößert, wie sich das Verhältnis der zur Erzeugung und Rekonstruktion des Hologramms verwendeten Wellenlängen verhält. Wir wollen jedoch darauf hinweisen, daß es nach der *Lippmann-Bragg-Bedingung* nicht möglich ist, die Wellenfronten in dem Licht zu rekonstruieren, dessen Wellenlänge mit der zur Herstellung des Hologramms verwendeten Wellenlänge nicht übereinstimmt (ausgenommen sind ganzzahlige Verhältnisse). Dadurch ist es schwierig, von Volumenhologrammen vergrößerte Bilder zu erhalten.

e) Wenn Hologrammaufnahme und Rekonstruktion mit ebenen Lichtwellenfronten durchgeführt werden (Abb. 66), also $|z_R| = |z_C| = \infty$ ist, dann folgt aus Gl. (30), daß

$$z_B = \frac{m^2}{\mu} z_O$$

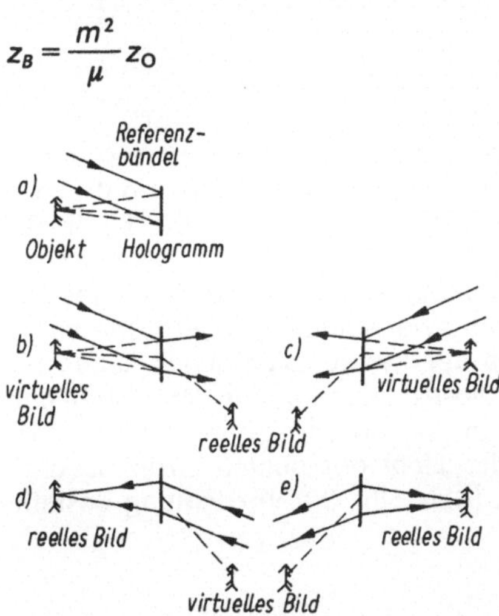

Abb. 66. Hologramm mit parallelem Referenzbündel
a) Aufzeichnung des Hologramms; b) u. c) Rekonstruktion eines aberrationsfreien virtuellen Bildes; d) u. e) Rekonstruktion eines aberrationsfreien reellen Bildes.
Die Anordnungen c) und d) können nur für zweidimensionale Hologramme eingesetzt werden

wird. Das bedeutet: Virtuelles $(+\mu)$ und reelles Bild $(-\mu)$ liegen symmetrisch zum Hologramm. Dabei folgt aus den Formeln (31) und (32)

$$M_{lat} = m \quad \text{und} \quad M_{long} = \frac{m^2}{\mu}.$$

Sollen die dreidimensionalen Bildeigenschaften bewahrt werden, müssen Längs- und Quervergrößerung gleich sein. Das kann erreicht werden, wenn $m = \mu$ ist, d.h., das Hologramm ist um denselben Faktor zu vergrößern, um den sich die Wellenlängen des Rekonstruktionslichtes im Vergleich zum Aufnahmelicht ändern.

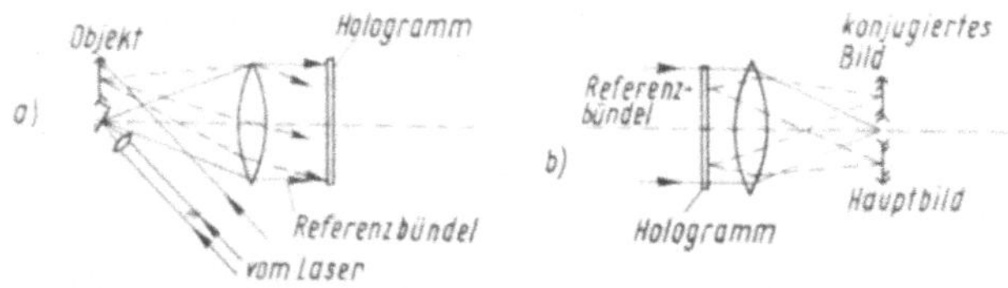

Abb. 67. Fraunhofer-Holografie
a) Aufnahme; b) Rekonstruktion

Aus den betrachteten Beispielen läßt sich eine zweckmäßige Anordnung der Elemente einer Apparatur zur Wellenfrontrekonstruktion ableiten. Einige Varianten sind in den Abbn. 65 bis 67 dargestellt.
Wie bereits erwähnt, entstehen bei der Rekonstruktion eines *linsenlosen Fourier-Hologramms* zwei spiegelsymmetrische virtuelle Bilder, die in der Ebene der Referenzlichtquelle liegen (s. Abb. 64). Die Betrachtung dieses Hologramms im Durchlicht kann bequem mit Hilfe der in [68] beschriebenen Vorrichtung durchgeführt werden, die das Licht der nullten Ordnung und eines der Bilder unterdrückt (Abb. 68). Die Vorrichtung besteht

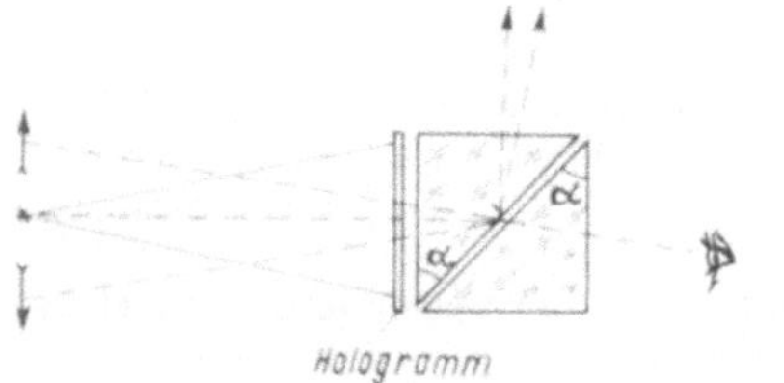

Abb. 68. Vorrichtung zur Unterdrückung eines der virtuellen Bilder und der nullten Ordnung

aus 2 Glasprismen, zwischen denen sich eine Luftschicht befindet. Die Brechzahl des Glases und die Geometrie der Prismen sind so bemessen, daß das auf die Prismenvorderfläche senkrecht einfallende Licht an der Hypothenusenfläche eine Totalreflexion erleidet (für beispielsweise $n \approx 1{,}51$ ist $\alpha > 41°30'$). Nur das von einem virtuellen Bild (dem oberen in Abb. 68) herrührende Licht kann den Luftspalt ungehindert passieren.

2.5.6.   Kopieren von Hologrammen

In den ersten Arbeiten über das Kopieren von Hologrammen wurde das Kontaktverfahren angewendet. Berücksichtigt man aber, daß die Struktur des holografischen Musters eine Ortsfrequenz von mehr als 1000 Linien/mm haben kann, dann versteht man, daß bereits ein Spalt von Mikrometerbreite zwischen Original und Fotoplatte für das Kontaktverfahren unzulässig groß ist. Es zeigt sich jedoch, daß bei Verwendung von Laserlicht zur Kontaktkopie keine vollständige Beseitigung des Spaltes zwischen Original und Kopie notwendig ist [69].

Man erhält eine genaue Kopie der vom Objekt gestreuten Wellen, wenn das Hologramm bei der Rekonstruktion mit der Referenzlichtquelle beleuchtet wird. Interferieren die Wellen mit dem Bündel nullter Ordnung, das ja eine genaue Kopie des Referenzbündels ist, so erzeugen sie unmittelbar hinter dem Hologramm ein Bild stehender Lichtwellen, identisch mit dem, das auf dem Hologramm aufgezeichnet ist. Diese Interferenzstruktur wird auf der Hologrammkopie registriert. Wenn man die Kopie mit dem Referenzbündel durchleuchtet, sieht man sowohl ein virtuelles als auch ein reelles Bild. Die entstehenden Bilder sind denen des Originalhologramms analog. Bei der Anfertigung einer solchen holografischen Kopie wird gleichzeitig auch die Interferenzstruktur aufgezeichnet, die durch das Referenzbündel und das zum reellen Bild laufende Bündel entsteht. Diese Struktur liefert bei der Rekonstruktion gleichfalls sowohl ein reelles als auch ein virtuelles Bild.

Folglich ist die Hologrammkopie ein Doppelhologramm. Es rekonstruiert zwei virtuelle und zwei reelle Bilder. Wenn beim Kopieren Original und Fotoplatte dicht beieinander stehen, dann fallen die beiden virtuellen Bilder zusammen, anderenfalls treten zwei virtuelle Bilder auf [70]. Anordnungen für andere Varianten des kontaktlosen Kopierens von Hologrammen sind in den Abbn. 69 und 70 dargestellt.

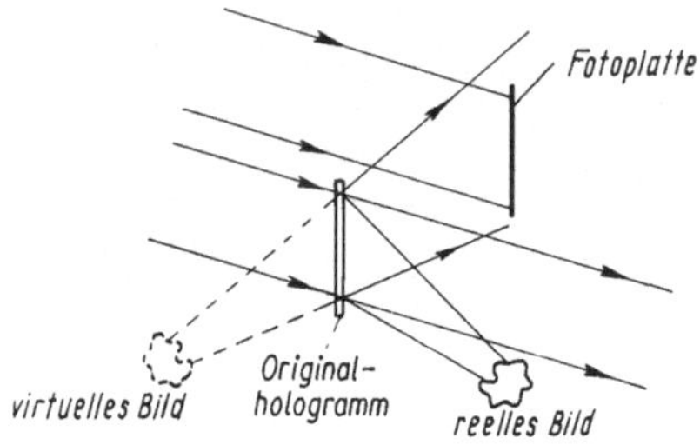

Abb. 69. Anordnung zum kontaktlosen Kopieren von Hologrammen

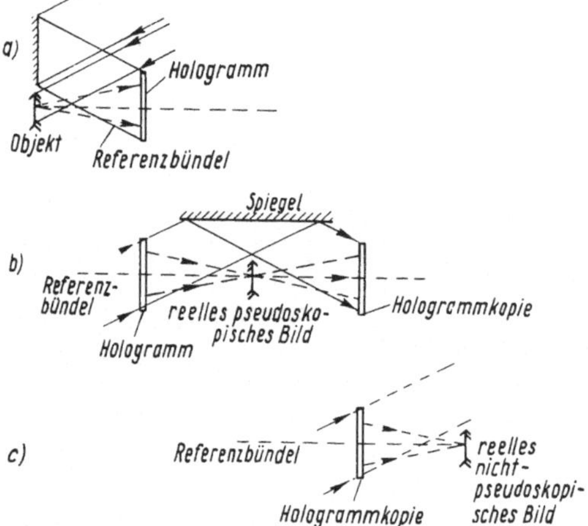

Abb. 70. Rekonstruktion eines nichtpseudoskopischen reellen Bildes durch Kopieren
a) Aufzeichnung des Originalhologramms; b) Aufzeichnung der Hologrammkopie; c) Rekonstruktion des nichtpseudoskopischen reellen Bildes

Ein prinzipiell anderer Weg zum Kopieren von Hologrammen wird in [71] und [18] beschrieben. Ausgenutzt wird hier die Oberflächenstruktur der entwickelten fotografischen Emulsion, die die Intensitätsverteilung in der Hologrammebene wiedergibt. Ein flüssiges Kunstharz wird auf der Oberfläche des *„Master"*-Hologramms verteilt und nach dem Aushärten von ihm getrennt.

2.6. Holografische Aufzeichnungsmaterialien

2.6.1. *Die Kontrastübertragungsfunktion*

Die Holografie stellt an die Fotoemulsion eine Reihe spezieller Anforderungen.

Zuerst wollen wir die Anforderungen an das Auflösungsvermögen betrachten. Die höchste Ortsfrequenz der Hologrammstruktur kann aus Formel (42) bestimmt werden. Es ist notwendig, daß die Fotoschicht Linien dieser Frequenz noch auflöst. Wie wir bereits sahen (s. Abb. 21b), ist die fotografische Emulsion ein nichtlinearer Empfänger, infolgedessen unterscheidet sich die Verteilung des Transmissionsgrades auf dem Hologramm von der Verteilung der Belichtung. Es gibt jedoch außer diesen nichtlinearen Verzerrungen auch Verzerrungen anderer Art, die von der Struktur der Fotoschicht abhängen. Es ist bekannt, daß die fotografische Emulsion aus kleinen Körnern von Silberhalogeniden besteht, die in eine durchsichtige Gelatinemasse eingebettet sind. Deshalb ist auch das entwickelte Bild körnig und besteht aus einzelnen schwarzen Punkten. Wenn die Einzelheiten des Bildes der Größe nach mit dem Korn der Emulsion vergleichbar werden, sind sie nicht mehr auflösbar. Außerdem wird das Licht bei der Belichtung der Emulsion an den Halogensilberkörnern gestreut. Das bewirkt gleichfalls eine Kontrastminderung im Bild. Wegen dieser aufgezählten Gründe überträgt also die fotografische Schicht die Bildstruktur um so schlechter, je höher die Ortsfrequenz ist. Zur Beschreibung dieser Eigenschaften dient die *Kontrastübertragungsfunktion*.

Als *Kontrastübertragungsfunktion* $C(f)$ des Fotomaterials bezeichnen wir die Funktion, die die Transformation des Kontrastes einer dem fotografischen Material aufgeprägten sinusförmigen Belichtungsverteilung in den Kontrast des fotografischen Bildes beschreibt:

$$
C(f) = \frac{\left[\dfrac{T_{max} - T_{min}}{T_{max} + T_{min}} \right]_{\text{Bild}}}{\left[\dfrac{H_{max} - H_{min}}{H_{max} + H_{min}} \right]_{\text{Objekt}}} . \tag{58}
$$

In der wissenschaftlichen Fotografie wird die Kontrastübertragungsfunktion etwas anders definiert. Man ersetzt die Transmissionen T_{max} und T_{min} mit Hilfe der charakteristischen Kurve (vgl.

Abb. 21) durch die wirksamen Belichtungen H_{max} und H_{min} (H_{min} $\hat{=} H_1$, $H_{max} = H_2$):

$$C_F(f) = \frac{\left[\dfrac{H_{max} - H_{min}}{H_{max} + H_{min}}\right]_{Bild}}{\left[\dfrac{H_{max} - H_{min}}{H_{max} + H_{min}}\right]_{Objekt}}. \tag{59}$$

Wäre die Emulsion ein linearer Empfänger (im Hinblick auf die Abhängigkeit der Kontrastübertragungsfunktion von der Belichtung), so wären beide Definitionen identisch. Die Definition (59) ist dann vorteilhaft, wenn die Fotoschicht als Bestandteil eines optischen Systems auftritt, dessen sämtliche Elemente ihre eigene Kontrastübertragungsfunktion besitzen. Dann kann man die Gesamtübertragungsfunktion durch Multiplikation der entsprechenden Kontrastübertragungsfunktionen aller Elemente einschließlich $C_F(f)$ finden.

Für die Holografie ist es günstig, die Kontrastübertragungsfunktion nach der Definition (58) zu benutzen, weil genau diese Größe die *Beugungseffektivität* des Hologramms bestimmt.

In Abb. 71 sind die Kontrastübertragungsfunktionen einiger für die Holografie verwendeter Fotoschichten abgebildet [93, 94]. Die Kontrastübertragungsfunktionen verschiedener Proben ein und desselben Fotomaterials können allerdings voneinander abweichen. Bei Betrachtung der Kurven erkennt man die eingeschränkte Aussagefähigkeit des weitverbreiteten Begriffes *Auflösungsvermögen* der Fotoschicht. Er kennzeichnet allgemein die Grenze der Ortsfrequenz, bei der die Unterscheidung der Bildstruktur gerade noch möglich ist. Visuell kann man die Struktur bei einem Kontrast von etwa 1 % oder weniger noch unterscheiden. Die Fotoschichten Mikrat-WR und FPGW haben etwa glei-

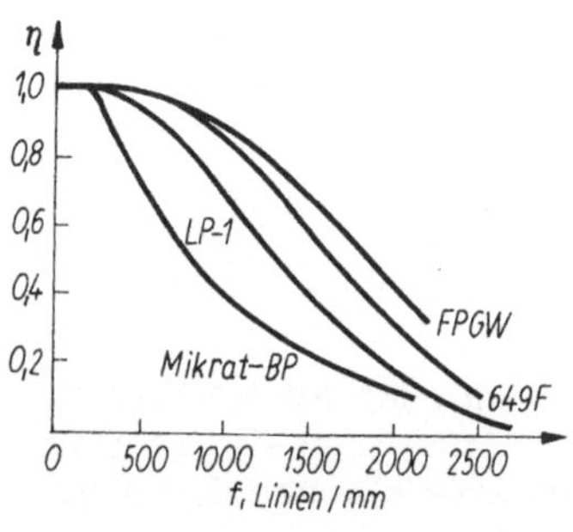

Abb. 71. Kontrastübertragungsfunktion einiger ausgewählter Fotoschichten
Es wird angenommen, daß die Beugungseffektivität η bei einer Ortsfrequenz von 240 Linien/mm den Wert 1 annimmt

ches Auflösungsvermögen, die Schicht FPGW (s. Abb. 71) überträgt den Kontrast (beginnend bei Frequenzen von 200–300 Linien/mm) aber bedeutend besser als die Emulsion WR.

Wenn man über die Brauchbarkeit einer Fotoschicht für die Holografie entscheiden will, sollte man also ihre Kontrastübertragungsfunktion bestimmen. Die Grenzortsfrequenz des Hologramms wählt man so, daß der Wert der Kontrastübertragungsfunktion nicht unter 5 bis 10 % sinkt, obgleich einige Autoren empfehlen, im Bereich höherer Kontraste (über 30–50 %) zu arbeiten.

Besonders hohe Anforderungen werden bei der Aufnahme von Volumenhologrammen an die Kontrastübertragungsfunktion gestellt. In den sich begegnenden Bündeln ist der Abstand zwischen benachbarten Bäuchen von der Größenordnung $\lambda/2$, d. h., es ist eine Auflösung von ungefähr 5000 Linien/mm bei hohem Kontrast erforderlich (Helium-Neon-Laser, $\lambda = 632,8$ nm, Brechzahl der Gelatine etwa 1,5). Ein solches Auflösungsvermögen haben die Schicht Kodak 649 F, 8E Agfa-Gevaert-Platten, Platten, die nach der Methode von *Kirilow* [74], *Protas* und *Denisjuk* [75] hergestellt werden, oder alle anderen Lippmann-Schichten.

Zweidimensionale Hologramme hoher Qualität kann man auf Fotomaterialien mit bedeutend geringerem Auflösungsvermögen aufnehmen. Es ist lediglich notwendig, die Ortsfrequenz des Hologramms auf die Möglichkeiten der Fotoschicht abzustimmen. Zur qualitativ hochwertigen Registrierung der Wellenfronten bei konstantem Objektsehwinkel muß die Hologrammfläche um so größer sein, je geringer das Auflösungsvermögen des Fotomaterials ist (vgl. Abb. 23). Erwähnenswert sind die erfolgreichen Versuche der Hologrammaufzeichnung auf niedrigauflösende, aber hochempfindliche Fotoschichten (P/N Polaroid [76] und Tri-X-Panfilm [77]).

In [76] wurde ein transparentes Objekt mit Diffusor holografiert. Die maximale Ortsfrequenz betrug 120 Linien/mm, die Belichtungszeit $\frac{1}{25}$ s (Helium-Neon-Laser 10 mW, Empfindlichkeit des Films ungefähr 45 GOST-Einheiten, was 20° DIN bzw. 45 ASA entspricht). Eine qualitativ ebenso hochwertige Wellenfrontrekonstruktion wurde von *Brooks* [77] erreicht. Er verwendete empfindlichere Filme (ungefähr 300 ASA bzw. rund 29° DIN). Der Laser hatte eine Leistung von nur 0,25 mW, die Aufnahme erfolgte ohne Diffusor (vgl. die Anordnung in Abb. 25). Deshalb mußte das Bündel um den Faktor 10^3 geschwächt werden, denn die Belichtungszeit war größer als 1/400 s. (Kleinere Belichtungs-

Tabelle 1. Charakteristische Daten ausgewählter holografischer Fotoschichten

Fotoemulsion	Wellenlänge λ_{max} in nm	Auflösungsvermögen f_{max} in Linien/mm	Grenzwinkel Θ in °	Empfindlichkeit in µJ/cm² $(S = 0,5)$, λ in nm
Kodak 649 F	700	5000	180	100 $(\lambda = 632,8)$
				700 $(\lambda = 694,3)$
Moskauer Techn. Fotow.:				
LOI-2-633	630	10000	180	500 $(\lambda = 632,8)$
PÄ-2-633-694	660	10000	180	500 $(\lambda = 632,8,$
FPGW-2	700	2800	125	5 $(\lambda = 632,8)$
FPGWD	700	2800	125	30 $(\lambda = 632,8)$
FPGT	700	5000	180	1000 $(\lambda = 632,8)$
Mikrat 900	640	2800	125	5–10 $(\lambda = 632,8)$
SO-243	750	500	19	0,2 $(\lambda = 632,8)$
Mikrat 300	640	300	11	–
Panchrom 18	730	250	9	0,03 $(\lambda = 632,8)$
Lastre WRL	640	2800	125	5–10 $(\lambda = 632,8)$
PL 3	700	2500	100	10 $(\lambda = 632,8)$
Agfa-Gevaert:				
14 C 70	700	1500	56	0,3 $(\lambda = 632,8)$
14 C 75	750	1500	62	0,3 $(\lambda = 694,3)$
10 E 56	560	2800	84	5 $(\lambda = 480,0)$
10 E 70	700	2800	125	5 $(\lambda = 632,8)$
10 E 75	750	2800	150	5 $(\lambda = 694,3)$
8 E 56	560	5000	180	20 $(\lambda = 480,0)$
8 E 70	700	5000	180	20 $(\lambda = 632,8)$
8 E 75	750	5000	180	20 $(\lambda = 694,3)$

Fotoemulsion	Wellenlänge λ_{max} in nm	Auflösungsvermögen f_{max} in Linien/mm	Grenzwinkel Θ in °	Empfindlichkeit in $\mu J/cm^2$ ($S = 0,5$), λ in nm
ORWO:				
LP 1	633	2500	100	−
LP 2	633	2800	125	−
LP 3	633	3000	125	−
LO 2	488	2800	125	−
Bulgar. AdW:				
HP 490	490	6000	180	150 ($\lambda = 480,0$)
HP 650	650	6000	180	80 ($\lambda = 632,8$)

(Der Grenzwinkel gibt den maximalen Winkel zwischen Referenz- und Objektbündel an.)

zeiten erlaubte der in dieser Arbeit verwendete Verschluß nicht.)
Die größte Ortsfrequenz betrug 70 Linien/mm. Der Wert der
Kontrastübertragungsfunktion für den verwendeten Film sank
für diese Ortsfrequenz auf 35 %.
In Tab. 1 sind die Daten verschiedener holografischer Emulsionen angegeben und in Tab. 2 die Rezepturen von Entwicklerlösungen.

Tabelle 2. Entwicklerrezepturen für holografische Fotomaterialien

Fotoschicht / Entwickler	Mikrat 900 und WRL	Kodak 649 F	Agfa-Gevaert
Substanzen	UP-2	D-19	Metinol-I
Hydrochinon, g	6	8	6
Metol, g	5	2	1,5
Sulfit (wasserfr.), g	40	90	25
Soda (wasserfr.), g	31	52,5	7,75
Kaliumbromid, g	4	5	4
Wasser	auf 1 l	auf 1 l	auf 1 l

Andrejewa und *Suchanow* [78] empfehlen zur Erzeugung ungebleichter Volumenhologramme mit maximaler Beugungseffektivität einen Pyrogallol-Ammonium-Entwickler der folgenden Zusammensetzung:

Lösung 1
Pyrogallol 1 g
Wasser 100 ml

Lösung 2
KBr 20 g
Ammoniaklösung (25 %) 30 ml
Wasser 240 ml

Die zur Verarbeitung benutzte Lösung setzt sich aus einem Teil der Lösung 1, 2 Teilen der Lösung 2 und 40 Teilen Wasser zusammen und wird unmittelbar vor der Entwicklung angesetzt.

2.6.2. Messung des Auflösungsvermögens von holografischen Schichten

Zur Bestimmung der Kontrastübertragungsfunktion und des Auflösungsvermögens der Schicht wird eine sinusförmige Intensitätsverteilung mit verschiedenen Ortsfrequenzen aufbelichtet. Danach werden die so entstandenen Bilder — sog. *Resolvogramme* — untersucht. Man bestimmt den Kontrast bei verschie-

denen Ortsfrequenzen bzw. die Grenzfrequenz, die dem minimalen, sich gerade noch vom Untergrund (Schleier) abhebenden Kontrast entspricht, und damit das Auflösungsvermögen.
In der *Projektionsresolvometrie* wird auf die zu untersuchende Fotoschicht das Bild eines speziellen Schwarzweißgitters projiziert. Das Projektionsverfahren ist nur für Ortsfrequenzen unterhalb 600 bis 1000 Linien/mm brauchbar. Der Grund: Die Kontrastübertragungsfunktion des Objektivs, die das Gitter projiziert, nimmt bei diesen Frequenzen praktisch den Wert Null an, das Objektiv kann in der Regel Bilder mit höheren Ortsfrequenzen nicht mehr übertragen.
Eine andere Schwierigkeit der Projektionsresolvometrie besteht darin, daß die Striche des Gitters keine sinusförmige, sondern eine stufenförmige Belichtungsverteilung erzeugen. Diese Schwierigkeit ist jedoch leicht zu überwinden, es gibt Verfahren zur Umrechnung des Bildkontrastes eines Rechteckrasters in den eines Sinusrasters [79]. Mit Hilfe dieser Verfahren werden Korrekturfaktoren in der Größenordnung von Eins in den gemessenen Kontrast eingefügt.

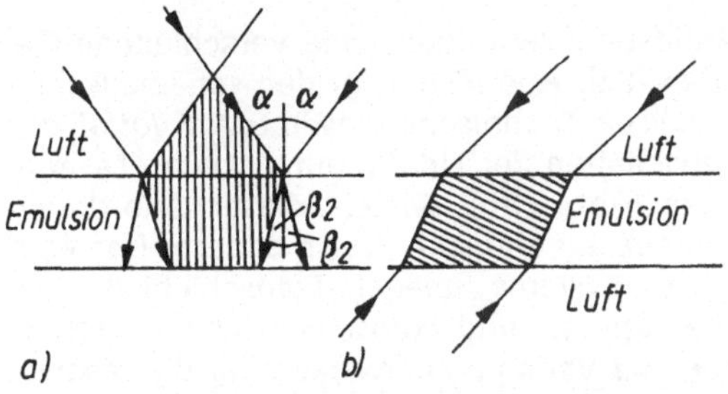

Abb. 72. Entstehung einer Interferenzstruktur in Luft und innerhalb der Emulsion bei symmetrischem (a) und entgegengesetztem Einfall (b) der kohärenten Bündel
Im Fall a) gilt $\sin\alpha/\sin\beta_2 = n_2/n_2$ und $\lambda_1/\lambda_2 = n_2/n_1$

Bedeutend mehr Möglichkeiten besitzt die *Laserinterferenzresolvometrie* [80, 81]. Die Grenzortsfrequenz des Interferenzverfahrens erreicht 5000 Linien/mm, die Striche weisen eine sinusförmige Belichtungsverteilung auf. Zur Erzeugung der Interferenzlinien werden zwei kohärente Lichtbündel symmetrisch auf die Fotoschicht gerichtet. Beide Bündel schließen mit der Normalen jeweils einen Winkel α ein (Abb. 72). Für die Ortsfrequenz des

Interferenzmusters in Luft erhalten wir unter dieser Voraussetzung nach Gl. (11)

$$f = \frac{2 \sin \alpha}{\lambda_{Luft}}.$$

Die Lichtbrechung an der Grenzschicht zwischen Luft und Emulsion bewirkt eine n-fache Abnahme des Sinus des Einfallswinkels (n ist die relative Brechzahl der Fotoschicht). Gleichzeitig verkürzt sich jedoch auch die Lichtwellenlänge λ um denselben Faktor, so daß die Ortsfrequenz innerhalb der Fotoschicht mit der in Luft übereinstimmt (Abb. 72a). Sind die Einfallswinkel der Bündel nicht identisch, verändert sich die Ortsfrequenz des Musters in der Fotoschicht gegenüber der in Luft, z. B. erhalten wir bei entgegengesetzt gerichteten Bündeln, die von unterschiedlichen Seiten auf eine planparallele Emulsion einfallen (Abb. 72b), mittels Gl. (9)

$$f = \frac{2}{\lambda_{Em}} = \frac{2n}{\lambda_{Luft}}.$$

Zur Messung des Auflösungsvermögens sind verschiedene Geräte entwickelt worden [82]. Abb. 73a zeigt den schematischen Aufbau des am Physikalisch-Technischen Institut „A. F. Joffe" der Akademie der Wissenschaften der UdSSR entwickelten Laserinterferenzresolvometers (Abb. 73b). Mittels dieser Anordnung läßt sich die Ortsfrequenz auf einfache Weise ändern. Das wird durch die Drehung des Systems Spiegel–Fotoschicht um die Kante erreicht, an der Spiegel und Fotoschicht aneinanderstoßen. Das Gerät wurde in 2 Varianten entwickelt: für die resolvometrische Untersuchung von 35-mm-Kinofilm und für die Untersuchung von Fotoplatten. Das Resolvometer wird als Zusatzgerät zum Laser LG-36 benutzt.

In [81] wurde gezeigt, daß ein Resolvogramm als Beugungsgitter angesehen und der Kontrast seiner Stuktur aus der Helligkeit seiner Beugungsordnungen beurteilt werden kann. Wenn man ein solches Gitter mit einem Laserstrahl durchleuchtet und das Helligkeitsverhältnis der ersten und der nullten Ordnung bei verschiedenen Ortsfrequenzen mißt, kann man die Kontrastübertragungsfunktion der Fotoemulsionsschicht gewinnen. Mit diesem Verfahren wurden die in Abb. 71 dargestellten Kontrastübertragungsfunktionen ermittelt.

Eine orientierende Untersuchung von Resolvogrammen kann

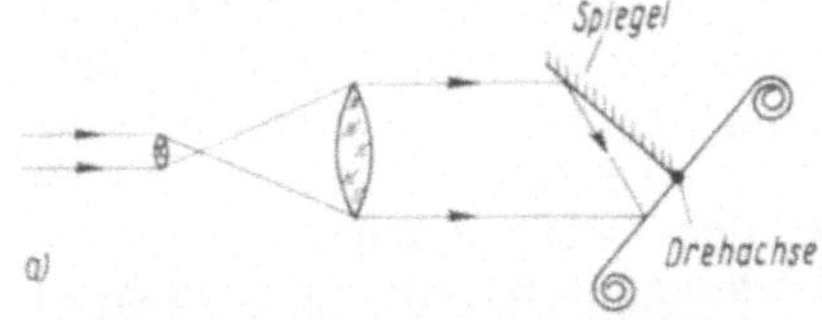

Abb. 73. Laser-Interferenz-Resolvometer, entwickelt am Physikalisch-Technischen Institut „A. F. Joffe" der Akademie der Wissenschaften der UdSSR
a) Schema; b) Fotografie der Anordnung

vorgenommen werden, indem man durch Gebiete mit verschiedenen Ortsfrequenzen eine helle Glühlampe betrachtet. Das Auftreten von Beugungsordnungen zeigt an, daß die betrachtete Frequenz von der Schicht aufgelöst worden ist; die Helligkeit der Beugungsordnungen ist ein Maß für den Kontrast der Interferenzstruktur.

2.6.3. Empfindlichkeit fotografischer Schichten

Von großer Bedeutung für die Holografie ist auch die *Empfindlichkeit* der Fotoschicht. Sie bestimmt die zur Hologrammaufnahme notwendige Belichtung. Die Empfindlichkeiten holografischer Fotomaterialien, die nur mit monochromatischem Licht belichtet werden, müssen in Energieeinheiten pro Flächeneinheit bestimmt werden (J/cm²). In dieser Einheit sind in Tab. 1 die Empfindlichkeiten einiger Fotoschichten angegeben. Zu beachten ist, daß einem größeren Wert, gemessen in J/cm², eine geringere Empfindlichkeit der Emulsion entspricht. Die in Tab. 1 angegebenen Werte entsprechen den jeweils für das Erreichen der optischen Dichte $D = 0,5$ erforderlichen Belichtungen. Es ist zu empfehlen, für jede neue Fotoemulsion eine Reihe von Probebelichtungen mit gleichzeitiger fotoelektrischer Intensitätsmessung in der Hologrammebene durchzuführen.

Zur Orientierung kann man sagen, daß die Kodak-649F-Platten beim Holografieren eines dreidimensionalen Objektes von ungefähr 1 dm² Fläche mit Hilfe eines 20-mW-Helium-Neon-Lasers (LG 36) eine Belichtungszeit von etwa 1 min erfordern. Die WRL-Platten und die Mikrat-900-Filme haben eine größere Empfindlichkeit und erfordern daher entsprechend geringere Belichtungszeiten. Der Film Panchrom-18 besitzt eine um etwa 2 Größenordnungen höhere Empfindlichkeit als Mikrat 900.

Sowohl die Empfindlichkeit der Emulsion als auch ihr Auflösungsvermögen ändern sich mit der Wellenlänge. Das Auflösungsvermögen sinkt im „blauen" Spektralbereich wegen der Streuung des Lichtes in der Emulsion gewöhnlich rasch ab. Der Verlauf der *Spektralempfindlichkeit* ist von der Art der Sensibilisierung abhängig.

Bei der Herstellung von Hologrammen mit Impulslasern muß das Versagen des *Reziprozitätsgesetzes* in der Fotografie beachtet werden (s. beispielsweise [83]). Eine Erfüllung dieses Gesetzes würde bedeuten, daß bei der Aufnahme mit unterschiedlichen Lichtintensitäten und Belichtungszeiten immer die gleiche Schwärzung hervorgerufen wird, solange nur das Produkt aus beiden gleichbleibt.

2.6.4. Phasen- und Reflexionshologramme

Bisher haben wir die Fotoplatte als ein Medium behandelt, das auf eine Belichtung mit einer Änderung der Lichtdurchlässigkeit reagiert. Dementsprechend wurde das Hologramm als Amplitudentransmissionsgitter betrachtet.

Man kann jedoch auch *Phasenhologramme* herstellen [7, 84]; das sind Gitter, die eine räumliche Modulation der Lichtwellenphasen bewirken. Ein rein sinusförmiges Phasengitter zeigt keine Lichtabsorption und bildet außerdem keine nullte Ordnung aus. Deshalb ist die Leuchtdichte eines von einem Phasenhologramm rekonstruierten Bildes auch bedeutend größer als die eines von einem Amplitudenhologramm rekonstruierten. Phasenhologramme erhält man gewöhnlich durch Bleichen der entwickelten Fotoplatte. Dabei wird die Emulsion durchsichtig, und nur das Oberflächenrelief und die Verteilung der Brechzahl enthalten noch die im Hologramm aufgezeichnete Information. Zum Bleichen wird die entwickelte und fixierte Platte in eine Lösung von Kaliumdichromat oder rotem Blutlaugensalz getaucht.

Ein spezielles Rezept für Kodak-649F-Platten wird in [85] angegeben. Die Bleichlösung besteht aus 10 Teilen der Lösung A, 1 Teil der Lösung B und 100 Teilen Wasser.

Lösung A	*Lösung B*
Wasser 500 ml	Natriumchlorid 45 g
Ammoniumdichromat 20 g	Wasser auf 1 l ergänzen
konzentr. Schwefelsäure 14 ml	
Wasser auf 1 l ergänzen	

Um ein Phasenhologramm mit ausgeprägtem Relief herzustellen, muß man die Belichtung gegenüber der zur Aufzeichnung von Amplitudenhologrammen um ein Mehrfaches vergrößern.

Vom Hersteller von Agfa-Gevaert-Fotomaterialien wird folgendes Bleichverfahren empfohlen:

1. 5 min entwickeln, nicht fixieren
2. 2 min unterbrechen in 1%iger Essigsäure
3. 5 min wässern
4. 2 min bleichen im Bleichbad, bestehend aus 5 g Kaliumbichromat, 5 ml konzentrierte Schwefelsäure in 1 l dest. Wasser
5. 5 min wässern
6. 1 min klären im Klärbad, bestehend aus 50 g Natriumsulfit wasserfrei, 1 g Natriumhydroxid in 1 l dest. Wasser
7. 5 min wässern
8. 10 min desensibilisieren und trocknen in
88 % Ethanol
10 % dest. Wasser
2 % Glycerin
120 mg/l Kaliumbromid
200 mg/l Phenosaphranin (kann auch entfallen)
9. Spülen in Ethanol

Die nach diesem Rezept hergestellten Phasenhologramme zeigen eine ausgezeichnete Beugungseffektivität, wenn die Schwärzung vor dem Bleichen sehr hoch war. Unter Umständen ist hier eine Vorbelichtung des Hologramms mit der Referenzwelle allein angebracht. Von Nachteil ist die leider etwas aufwendige Prozedur.

Einfacher ist das nächste Rezept zu handhaben. Im Anschluß an das Fixieren wird nach kurzem Abspülen gebleicht in einem Bleichbad, bestehend aus

20 g Kalialaun
25 g Natriumsulfat
20 g Kaliumbromid
40 g Kupfersulfat
50 g Kaliumbichromat
 5 ml konzentrierte Schwefelsäure
 1 l dest. Wasser

Das Bleichen dauert ungefähr 1 min. Am Ende des Bleichvorgangs stellt man jedoch eine leichte Braunfärbung des Hologramms fest. Diese kann durch Wässern (etwa 10 min) herausgewaschen werden; bei zu langem Wässern verschwindet die Hologramminformation. Phasenhologramme, die nach diesem Rezept hergestellt werden, sind qualitativ nicht so hochwertig wie diejenigen, die dem etwas aufwendigeren Bleichvorgang unterzogen werden. Insbesondere ist die Lichtstreuung im rekonstruierten Bild sehr stark, wenn die Schwärzung des Amplitudenhologramms sehr groß ist. Im Gegensatz zum ersten Rezept sollten die nach diesem Bleichbad behandelten Amplitudenhologramme nur eine leichte Schwärzung zeigen. Für Routineaufnahmen ist das zweite Rezept völlig ausreichend, seine Anwendung beschränkt sich jedoch auf Agfa-Gevaert-Fotomaterialien.

Bei ORWO-Platten hat sich ein anderes Bleichbad bewährt:

800 ml dest. Wasser
100 g Calciumsulfat
100 g Natriumchlorid
0,5 ml konzentrierte Schwefelsäure
(auf 1 l Wasser auffüllen)

Eine Variante der Phasenhologramme stellen die zuerst von *Denisjuk* in [8] vorgeschlagenen *Reflexionshologramme* (Abb. 74) dar. Man erhält sie, wenn man auf die Oberfläche eines gewöhnlichen Phasenhologramms oder eines Amplitudenhologramms mit merklichem Relief eine dünne Metallschicht aufdampft. Ein derartiges Hologramm entspricht einem Reflexionsbeugungsgitter und liefert bei der Rekonstruktion auch sehr helle Bilder. In [86] gelang die Herstellung eines mit ausgeprägtem Profil versehenen Phasenhologramms, das eine außerordentlich hohe Effek-

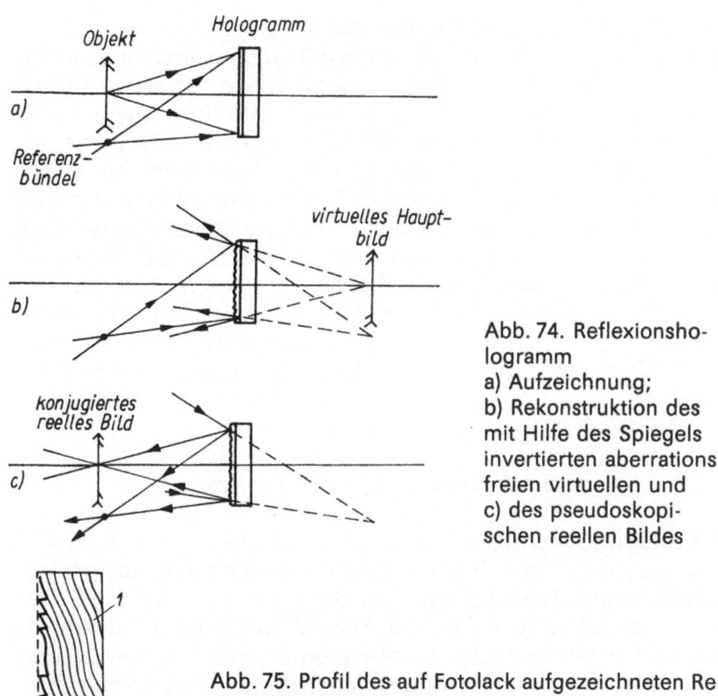

Abb. 74. Reflexionsho-
logramm
a) Aufzeichnung;
b) Rekonstruktion des
mit Hilfe des Spiegels
invertierten aberrations-
freien virtuellen und
c) des pseudoskopi-
schen reellen Bildes

Abb. 75. Profil des auf Fotolack aufgezeichneten Re-
flexionshologramms [86]
1 Wellenflächen der stehenden Lichtwellen;
2 aluminiumbeschichtete Oberfläche

tivität besaß (Abb. 75). Dieses Hologramm reflektiert bei einer Ortsfrequenz von etwa 1000 Linien/mm in eine der ersten Ordnungen mehr als 70 % des einfallenden Lichtes. Dieses Ergebnis wurde jedoch nicht mit einer gewöhnlichen Halogensilber-Fotoschicht, sondern mit einem speziellen thermoplastischen Material erzielt (s. hierzu Abschn. 2.6.6. bzw. [87]).

2.6.5. *Beugungseffektivität verschiedener Hologrammtypen*

Die *Beugungseffektivität* wird als das Verhältnis der in das rekonstruierte Bild gebeugten Intensität I_B zur Intensität der auf das Hologramm fallenden Rekonstruktionswelle I_0 definiert:

$$\eta = \frac{I_B}{I_0}.$$

(60)

Bei verschiedenen Hologrammtypen unterscheiden sich die theoretischen Werte der maximalen Beugungseffektivität erheblich [88]. Während die theoretische Grenze für zweidimensionale Amplitudenhologramme bei nur 6,25 % liegt, steigt sie bei Phasenhologrammen bis auf 39,9 %. Reflexionshologramme, wie sie in Abb. 75 gezeigt wurden, erreichen Beugungseffektivitäten bis zu 100 %. Im Fall der Volumenhologramme sind es auch die Phasenhologramme, die bedeutend höhere Maximalwerte zulassen. Bei entgegengesetzt gerichteten Referenz- und Objektwellen sind hier ebenfalls 100 % möglich. Demgegenüber nehmen sich die 7,2 % bei dicken Amplitudenhologrammen recht bescheiden aus. Die gegenwärtig experimentell erreichten Beugungseffektivitäten liegen nahe bei den theoretisch möglichen Werten.

2.6.6. *Andere Medien zur Hologrammaufzeichnung*

Die fotografischen *Silberhalogenidemulsionen* sind die am meisten verwendeten lichtempfindlichen Medien zur Hologrammaufzeichnung. Ursache dafür ist die hohe Empfindlichkeit der Emulsion, die Möglichkeit der Sensibilisierung auf die Wellenlängen der am weitesten verbreiteten und vollkommensten Laser, die lange Haltbarkeit und Einfachheit der hergestellten Hologramme sowie der verhältnismäßig niedrige Preis. Allerdings besitzen die Fotoemulsionen auch eine Reihe von Unzulänglichkeiten, unter denen die beiden folgenden von besonderer Bedeutung sind:

1. Zwischen dem Zeitpunkt des Endes der Belichtung und dem Zeitpunkt der Rekonstruktion des Bildes liegen im günstigsten Fall immerhin einige Minuten – die für die chemische Bearbeitung der Emulsion erforderliche Zeit.

2. Die fotografische Emulsion kann nicht mehrmals verwendet werden.

Fotografische Methoden der Hologrammaufzeichnung sind daher prinzipiell nicht geeignet, die Dynamik eines Vorgangs in *Echtzeit* zu registrieren.

Silberhalogenidemulsionen sind jedoch nicht die einzigen für die Hologrammaufzeichnung geeigneten lichtempfindlichen Medien. Gegenwärtig ist bereits eine Reihe anderer lichtempfindlicher Medien und Verfahren entwickelt worden, die für holografische Zwecke brauchbar sind. An erster Stelle seien die *fotochromen Materialien* erwähnt. Es gibt zwei Typen – Glas mit Silberhalogenidzusätzen [89] und Kunststoff- oder Flüssigkeitsfilme –, die organische Farbstoffe, am häufigsten Spiropyrane, enthalten [90]. Fotochrome Gläser mit Zusätzen von Silberchlorid und Silberbromid sind für blaue und ultraviolette Strahlung empfindlich. Eine Beimengung von Silberjodid erweitert die Empfindlichkeit bis in den grünen Spektralbereich ($\lambda = 550$ nm). Die Bestrahlung der belichteten Gläser mit gelbrotem Licht beschleunigt ihre Aufhellung. Die Gläser können wiederholt ohne jede Veränderung ihrer fotochromen Eigenschaften verwendet werden. Das Auflösungsvermögen der fotochromen Gläser ist durch ihre Struktur bestimmt. Die kleinen Silberhalogenidkristalle haben eine Größe von etwa 10 nm, sie sind ungefähr 100 nm voneinander entfernt. Fotochrome Gläser sind zur Hologrammaufzeichnung bereits erprobt worden. In [91] wurde zur Aufnahme des Hologramms eines Rasters mit Diffusor ein Argonlaser ($\lambda = 488$ nm) mit einer Leistung von einigen Watt verwendet. Das Bild erschien nach ungefähr 2 min. Eine Belichtungszeit von mehr als 5 min vergrößerte die Leuchtdichte des rekonstruierten Bildes nicht mehr, weil ein Gleichgewicht zwischen den sich neu bildenden und den sich wieder auflösenden Absorptionszentren auftrat. Es ist anzunehmen, daß die Trägheit, mit der sich das Glas verdunkelte, auf die zu geringe Strahlungsleistung und nicht auf eine große Relaxationszeit dieses Glases zurückzuführen ist. In [89] wurde das Dunkelwerden des fotochromen Glases innerhalb einer Zeit von etwa 10^{-3} s beobachtet. Die Belichtung erfolgte hierbei mit einer Impulsblitzlampe.

Von *Kirk* [91] wurde ein fotochromes Silberjodidglas der Dicke 6,35 mm verwendet. Die Qualität des rekonstruierten Bildes war sehr gut, aber die Beugungseffektivität des Hologramms (die Leuchtdichte des rekonstruierten Bildes) war sehr gering. Die in dieser Arbeit angegebenen Daten weisen darauf hin, daß die Empfindlichkeit fotochromer Gläser 4 bis 5 Größenordnungen niedriger liegt als die Empfindlichkeit hochauflösender Fotoplatten.

Von *Powell* u. a. [92] wurde ein fotochromes Glas einer ultravioletten Vorbelichtung unterworfen; für die Aufzeichnung des Hologramms wurde dann ein Helium-Neon-Laser verwendet, dessen rote Strahlung bleichend wirkt. Dieses Verfahren ist jedoch weniger günstig, weil es nur eine einmalige Aufzeichnung zuläßt. Für die Aufzeichnung jedes neuen Bildes muß man das Glas einer erneuten Vorbelichtung unterwerfen. Andererseits können bei diesem Verfahren langwellige Laser verwendet werden.

Das Ausbleichverfahren erlaubt auch die dynamische Untersuchung von Prozessen, wenn man die inkohärente ultraviolette Vorbelichtung des Hologramms, die Belichtung mit dem Objekt- und Referenzbündel und die Wellenfrontrekonstruktion mit dem Referenzbündel periodisch wiederholt (beispielsweise mit Blenden).

Zur Aufzeichnung von Hologrammen wurden auch organische fotochrome Materialien [93, 94], Rubinkristalle [95], Boralgläser, dotiert mit Fluorescein [96], und andere fotochrome Substanzen benutzt.

Mit leistungsfähigen Impulslasern kann man Hologramme auch auf dünnen Schichten von Materialien, die als passive Gütemodulatoren in Laserresonatoren verwendet werden, erzeugen. In [97, 98] wurde das Hologramm auf einer Krypto- bzw. Phthalocyaninschicht aufgezeichnet. Hologramme dieser Art existieren nur über die Dauer des erzeugenden Laserimpulses und werden durch das Referenzbündel rekonstruiert. Solche dynamischen Hologramme wurden auch in Natriumdampf aufgenommen. Als Strahlungsquelle diente ein Farbstofflaser, dessen Wellenlänge auf die Natriumabsorptionslinien abgestimmt war [99].

Ein weiteres Medium zur Herstellung von Hologrammen, das zunehmende Bedeutung gewinnt, ist das bereits erwähnte *thermoplastische Aufzeichnungsmaterial*. Das Prinzip der Hologrammspeicherung auf Thermoplasten entspricht dem der elektrofotografischen Aufzeichnung, in deren Ergebnis ein dem Bild entsprechend deformiertes Phasenrelief vorliegt. Der Aufzeichnungsträger besteht im klassischen Aufbau aus einer starren Unterlage (z. B. einer Glasplatte), auf der eine leitfähige Schicht aufgetragen ist. Darüber befindet sich der sog. Fotoleiter (z. B. Polyvinylcarbazol mit Trinitrofluorenon) und schließlich eine Thermoplastschicht. Die Aufzeichnung geschieht in drei Schritten. Zuerst wird das thermoplastische Aufzeichnungsmaterial durch eine Hochspannungskoronaentladung aufgeladen. Danach wird belichtet. Es entsteht ein latentes Ladungsbild im Fotoleiter. Im letzten Schritt, der Entwicklung, wird der Thermoplast durch einen kurzen elektrischen Stromfluß in der leitfähigen Schicht bis zur Erweichung erwärmt und deformiert sich entsprechend der Ladungsverteilung im Fotoleiter. Nach der Abkühlung ist diese Deformation fixiert. Es liegt ein *Phasenhologramm* vor. Durch eine weitere Erwärmung kann die Information wieder gelöscht und der Thermoplast für eine neue

Aufzeichnung verwendet werden. Der Aufzeichnungsprozeß ohne Aufladung läuft in einer Zeit $t < 1\,\mathrm{s}$ ab.

Hologrammaufnahmen mit thermoplastischem Material werden u.a. von *Urbach* und *Meier* [100] beschrieben. Die Autoren dieser Arbeit fanden eine große Empfindlichkeit der Empfängerschicht (ungefähr eine Größenordnung höher als die der Fotoplatte Kodak 649 F), eine hohe Auflösung und das praktisch vollständige Fehlen einer diskreten Kornstruktur. Während des gesamten Einschreib- und eventuell Löschprozesses bleibt der Aufzeichnungsträger in seiner ursprünglichen Positionierung. Das ist neben der Möglichkeit zur Echtzeitaufnahme ein wesentlicher Vorteil der thermoplastischen Medien. Das Auflösungsvermögen liegt bei etwa 1000 Linien/mm. Die von Auflösungsvermögen, Schichtdicken, Deformationsstruktur, Linearität und Signal-Rausch-Verhältnis abhängige Beugungseffektivität kann bei dünnschichtigen Hologrammen und Aufzeichnung von Sinusgittern 33 % betragen. Sofortbildkameras auf der Basis thermoplastischer Filme befinden sich seit geraumer Zeit bei zahlreichen Anwendungsfällen holografischer Methoden im praktischen Einsatz (siehe z. B. [101]).

Auch Alkalihalogenidkristalle lassen sich als Aufzeichnungsmaterial in der Holografie verwenden [102–105]. Bei der Bestrahlung solcher Kristalle mit Röntgenstrahlen oder ultravioletter Strahlung entstehen in ihnen Absorptionszentren (sog. F-Zentren). Langwellige Strahlung zerstört diese Zentren und bleicht den Kristall. Die Bleichgeschwindigkeit wächst mit steigender Temperatur. Deshalb erfolgt die Aufzeichnung von dreidimensionalen Interferenzbildern in diesen Kristallen bei einer Temperatur von etwa 80 °C; die Wellenfrontrekonstruktion dagegen nimmt man bei niedrigen Temperaturen um 0 °C vor, weil die Bleichgeschwindigkeit bei diesen Temperaturen sehr klein ist. Das Auflösungsvermögen dieser kristallinen Medien erstreckt sich bis in den Bereich der Molekülgröße. In einem Kristall geringer Abmessungen läßt sich eine sehr große Zahl von Hologrammen aufzeichnen. Um sie alle unabhängig voneinander rekonstruieren zu können, muß man bei der Aufnahme jedes Hologramms das Referenzbündel um einen kleinen Winkel drehen. Bei der Rekonstruktion wird dann der Kristall in der gleichen Weise gedreht.

Vielversprechende Aufzeichnungsmedien sind darüber hinaus ferromagnetische Filme [106, 107], Flüssigkristalle [108, 109], fotopolymere Materialien [110], Fotoresiste (Fotolacke) [86, 111, 112], Halbleiterschichten [52, 53, 113], Metallschichten [114], fer-

roelektrische Kristalle (z. B. Lithium-Niobat, dotiert mit Eisen)
[115] und dichromatische Gelatine [116–121]. Einen Überblick
über „ungewöhnliche" holografische Aufzeichnungsmedien gibt
Sintsov [122]. Den Leser, der sich etwas genauer und umfassen-
der zur Problematik der Aufzeichnungsmedien informieren
möchte, verweisen wir auf [123–125].

2.7. Literatur

[1] *Burch, J. M., Gates, J. W., Hall, R. J., Tanner, L. H.:* Nature **212**
(1966) 1347.

[2] *Gates, J. W.:* J. Sci. Instr. **1** (1968) 989.

[3] *Vanderwarker, R., Snow, K.:* Appl. Phys. Lett. **10** (1967) 35.

[4] *Stetson, K. A.:* Appl. Phys. Lett. **11** (1967) 225.

[5] *Ostrovski, Ju. I.:* Golografija. Nauka: Leningrad 1970.

[6] *Kiemle, H., Röss, D.:* Einführung in die Technik der Holografie.
Frankfurt/M.: Akad. Verlagsges. 1969.

[7] *Hsu, T. R., Moyer, R. G.:* Appl. Opt. **10** (1971) 669.

[8] *Gusev, O. B., Konstantinov, V. B.:* Zh. tekhn. fiz. **39** (1969) 354.

[9] *Vest, C. M., Sweeney, D. W.:* Appl. Opt. **9** (1970) 2321.

[10] *Neumann, D. B., Rose, H. W.:* Appl. Opt. **6** (1967) 1097.

[11] *Cathey jr., W. T.:* U.S. Patent No. 3415587, Dec., 1965.

[12] *Caulfield, H. J., Harris, J. L., Hemstreet jr., H. W., Cobb, J. G.:* Proc.
IEEE (London) **55** (1967) 1758.

[13] *Caulfield, J.:* Appl. Phys. Lett. **16** (1970) 234.

[14] *Palais, J. C.:* Appl. Opt. **9** (1970) 709.

[15] *Bolstad, J. O.:* Appl. Opt. **6** (1967) 170.

[16] *Butusov, M. M., Turkevich, Ju. G.:* Zh. nauchn. i prikl. fotogr. i kinematogr. **16** (1971) 303.

[17] *Abramson, N.:* Appl. Opt. **16** (1977) 2521–2531.

[18] *Nishida, N.:* Appl. Opt. **7** (1968) 1862.

[19] *Arlstov, V. V., u. a.:* DAN SSSR **177** (1967) 65.

[20] *Brown, R. M.:* Appl. Opt. **9** (1970) 1726.

[21] *Lin, L. H., Beauchamp, H. L.:* Rev. Sci. Instr. **41** (1970) 1438.

[22] Katalog tsvetnogo stekla (Katalog für Farbgläser), bearbeitet von
T. I. Weinberg. Moskau: Mashinostroenie 1967.

[23] *Hamasaki, J.:* Appl. Opt. **7** (1968) 1613.

[24] *Weber, H., Herziger, G.:* Laser. Grundlagen und Anwendungen.
Weinheim: Physikverlag 1972.

[25] *Naray, Zs.:* Laser und ihre Anwendungen. Leipzig: Akad. Verlagsges. 1976.

[26] *Arecchi, F. T., Schulz-Dubois, E. O.* (Ed.): Laser-Handbook, Vol. 1,2.
Amsterdam, New York, Oxford: North-Holland 1972.

[27] *Prochorov, A. M.* (Hrsg.): Spravočnik po lazeram (Laser-Hand-
buch). Moskva: Sovetskoe radio 1978.

[28] *Sander, H.:* Laser – allgemeinverständlich. 2. Aufl. Leipzig: VEB Fachbuchverlag 1973.

[29] *Abramson, N. H.,* in: *Robertson, E. R.,* and *Harvey, J. M.* (Ed.), Engineering Uses of Holography. Cambridge, Univ. Press 1970, p. 45–55.

[30] *Melroy, D. O.:* Appl. Opt. **6** (1967) 2005.

[31] *Born, M., Wolf, E.:* Principles of Optics. Oxford: Pergamon Press 1970.

[32] *Watts, J. K.:* Appl. Opt. **7** (1968) 1621.

[33] *Brooks, R. E., Heflinger, L. O., Wuerker, R. F.:* IEEE J. Quantum Electron. **O.E-2** (1966) 275.

[34] *Ashcheulov, Ju., Dymnikov, A. D., Ostrovski, Ju. I., Zaidel, A. N.:* Phys. Lett. **25A** (1967) 61.

[35] *Javan, A., Bennet, W., Herriot, D.:* Phys. Rev. Lett. **6** (1961) 106.

[36] *Nazarova, L. G.:* Opt. i spektr. **29** (1970) 757.

[37] *Young, M., Drewes, P.:* Opt. Commun. **2** (1970) 253.

[38] *Gerke, R. R., Denisjuk, Ju. N., Lokshin, V. I.:* Optikomekh. prom. **7** (1958) 22.

[39] *Janossy, M., Csillag, L., Kantor, K.:* Phys. Lett. **18** (1965) 124.

[40] *Dreiden, G. V., Ostrovski, Ju. I., Shedova, E. N.:* Opt. i spektr. **32** (1972) 367.

[41] *Staselko, D. I., Denisjuk, Ju. N., Smirnov, A. G.:* Opt. i spektr. **26** (1969) 413.

[42] –, –: Opt. i spektr. **28** (1970) 323.

[43] *Gerke, R., Denisjuk, Ju. N., Staselko, D. I.:* Optikomekh. prom. **7** (1971) 19.

[44] *Aleksoff, C. C.:* J. Opt. Soc. Amer. **61** (1971) 1426.

[45] *Brooks, R. E., Heflinger, L. O., Wuerker, R. F.:* Appl. Phys. Lett. **12** (1968) 302.

[46] *Komissarova, I. I., Ostrovskaja, G. V., Shapiro, L. L., Zaidel, A. N.:* Phys. Lett. **29A** (1969) 262.

[47] –, –, –: Zh. tekhn. fiz. **40** (1970) 1072.

[48] *Gates, J. W., Hall, R. J., Ross, I. N.:* J. Sci. Instr. **3** (1970) 89.

[49] *Dreiden, G. V., Ostrovski, Ju. I., Shedova, E. N., Zaidel, A. N.:* Opt. Commun. **4** (1971) 209.

[50] *Minami, M., Unno, Y., Mizobuchi, Y.:* Appl. Opt. **10** (1971) 1629.

[51] *Schmidt, W., Fercher, A. F.:* Opt. Commun. **3** (1971) 363.

[52] *Schäfer, F.* (Ed.): Dye Lasers. Berlin: Springer 1973.

[53] *Schmidt, W., Vogel, A., Pressler, D.:* Appl. Phys. **1** (1973) 103.

[54] *Ostrovski, Ju. I., Tanin, L. V.:* Zh. tekhn. fiz. **45** (1975) 1756.

[55] *Worthington jr., H. R.:* J. Opt. Soc. Amer. **56** (1966) 1397.

[56] *Leith, E. N., Upatnieks, J.:* J. Opt. Soc. Amer. **57** (1967) 975.

[57] *Lohmann, A. W.:* J. Opt. soc. Amer. **55** (1965) 1555.

[58] *Stroke, G. W., Restrick, R. C.:* Appl. Phys. Lett. **7** (1965) 229.

[59] *Froehly, C., Pasteur, J.:* J. Rev. Opt. **46** (1967) 241.

[60] *Rukman, G. I., Filenko, Ju. I.:* Pis'ma v zh. eksper. i teor. fiz. **8** (1968) 538.

[61] *Collier, R. J., Pennington, K.:* Appl. Opt. **6** (1967) 1091.

[62] *Collier, R. J., Burckhardt, C. B., Lin, L. H.:* Optical Holography. New York: Academic Press 1971.

[63] *Friesem, A. A., Fedorowicz, R. J.:* Appl. Opt. **6** (1967) 529.

[64] *Lin, L. H., LoBianco, C. V.:* Appl. Opt. **6** (1967) 1255.

[65] *Paques, H.:* Proc. IEEE **54** (1966) 1195.

[66] *Denisjuk, Ju. N., Sukhanov, V. I.:* Opt. i spektr. **25** (1968) 308.

[67] *Ramberg, E. G.:* RCA Rev. **27** (1966) 467.

[68] *Lin, L. H.:* Appl. Opt. **6** (1967) 2004.

[69] *Brumm, D. B.:* Appl. Opt. **5** (1966) 1946.

[70] *—:* Appl. Opt. **6** (1967) 588.

[71] *Beinarovich, L. N., Larionov, N. P., Lukin, A. V., Mustafin, K. S.:* Opt. i spektr. **30** (1971) 345.

[72] *Vagin, L. N., Vanin, V. A., Nazarova, L. G.:* The Propery of Holographic Plates. In: Trudy i vsesojuznoi konferentsii po golografii (Tagungsbeiträge der 1. Allunions-Konferenz über Holografie). Tbilissi 1972.

[73] *Konstantinov, V. B., Maurer, I. A.:* Investigation of the Frequency-Contrast Charakteristic of Photographic Materials. In: s. [72]

[74] *Kirillov, N. I., Vasileva, N. V., Zelikman, V. L.:* Zh. nauchn. i prikl. fotogr. i kinematogr. **15** (1970) 441.

[75] *Denisjuk, Ju. N., Protas, I. R.:* Opt. i spektr. **14** (1963) 721.

[76] *Stroke, G. W., Funkhouser, A., Leonard, C., Indebetouw, G., Zech, R. G.:* J. Opt. Soc. Amer. **57** (1967) 110.

[77] *Brooks, R. E.:* Appl. Opt. **6** (1967) 1418.

[78] *Andreeva, O. V., Sukhanov, V. I.:* Opt. i Spektr. **30** (1971) 786.

[79] *Coltmann, J.:* J. Opt. Soc. Amer. **44** (1954) 468.

[80] *Royer, H.:* Compt. Rend. **261** (1965) 5024.

[81] *Zaidel, A. N., Konstantinov, V. B., Ostrovski, Ju. I.:* Zh. nauchn. i prikl. fotogr. i kinematogr. **11** (1966) 381.

[82] *Ostrovski, Ju. I.:* Patent No. 199659, 1966-Byull. izobr. **15** (1967); Patent No. 212751, 1967-Byull. izobr. **9** (1968); Patent No. 207018, 1967-Byull. izobr. **1** (1986).

[83] *Staselko, D. I., Smirnov, A. G.:* Zh. nauchn. i prikl. fotogr. i kinematogr. **15** (1970) 66.

[84] *Cathoy jr., T.:* J. Opt. Soc. Amer. **55** (1965) 457.

[85] *Russo, V., Sottini, S.:* Appl. Opt. **7** (1968) 202.

[86] *Sheridan, N. K.:* Appl. Phys. Lett. **12** (1968) 316.

[87] *Telle, W., Freyer, R., Hinz, W.:* Bild und Ton **33** (1980) 298–302.

[88] *Kogelnik, H. W.:* Microwaves **6** (1967) 68.

[89] *Armistead, W., Stookey, S.:* Science **144** (1964) 150.

[90] *Savostyanova, M. V.:* Optikomekh. prom. **4** (1966) 9; **5** (1966) 31.

[91] *Kirk, J. P.:* Appl. Opt. **5** (1966) 1684.

[92] *Powell, R. L., Hemnye, J.:* J. Opt. Soc. Amer. **65** (1966) 23.

[93] *Mikaelian, A. L., Bobrinev, V. I., Aksenchikov, A. P., Shatun, V. V., Gulanian, E. Kh.:* DAN SSSR **181** (1968) 1105.

[94] *Lo, D. C., Manikowski, D. M., Handson, M. M.:* Appl. Opt. **10** (1071) 978.

[95] *Hill, K. O.:* Appl. Opt. **10** (1971) 1695.

[96] *Shankoff, T. A.:* Appl. Opt. **8** (1969) 2282.

[97] *Gerritsen, H. J.:* Appl. Phys. Lett. **10** (1967) 239.,

[98] *Stepanov, B. I., Ivakin, E. V., Rubanov, A. S.:* DAN SSSR **196** (1971) 567.

[99] *Ostrovski, Ju. I., Tanin, L. V.:* Pis'ma v Zh. tekhn. fiziki **1** (1975) 1030.

[100] *Urbach, J. C., Meier, R. W.:* Appl. Opt. **5** (1966) 666.

[101] *Schörner, J., Rottenkolber, H.:* SPIE Proceedings **398** (1983) 116–122.

[102] *Bosomworth, D. R., Gerritsen, H. J.:* Appl. Opt. **7** (1968) 95.

[103] *Lanzl, F., Röder, U., Waidelich, W.:* Appl. Phys. Lett. **18** (1971) 56.

[104] *Aristov, V. V., Lysenko, V. G., Timofeev, V. B., Shekhtman, V. Sh.:* DAN SSSR **183** (1968) 1039.

[105] *–, Shekhtman, V. Sh.:* Uspekhi fiz. nauk **104** (1971) 51.

[106] *Kliomov, L. M., Pomrantsev, N. M.:* Izv. AN SSSR, ser. fiz. **31** (1967) 386.

[107] *Mezrich, R. S.:* Appl. Opt. **9** (1970) 2275.

[108] *Kiemle, H., Wolff, U.:* Opt. Commun. **3** (1971) 26.

[109] *Sakusabe, T., Kobayashi, S.:* Jap. J. Appl. Phys. **10** (1971) 758.

[110] *Jenney, J. A.:* J. Opt. Soc. Amer. **60** (1971) 1116.

[111] *Gerritsen, H. J., Hannan, W. J., Ramberg, E. G.:* Appl. Opt. **7** (1968) 2301.

[112] *Beesley, M. J., Castledine, J. G.:* Appl. Opt. **9** (1970) 2720.

[113] *Woerdman, J. P.:* Opt. Commun. **2** (1970) 212.

[114] *Komar, A. P., Stabnikov, M. V., Turukhano, B. G.:* Opt. i spektr. **23** (1967) 827.

[115] *Chen, F. S., La Macchia, J. T., Fraser, D. B.:* Appl. Phys. Lett. **13** (1968) 223–225.

[116] *Shankoff, T. A.:* Appl. Opt. **7** (1968) 2101.

[117] *Lin, L. H.:* Appl. Opt. **8** (1969) 963.

[118] *Brandes, R. G., Francois, E. E., Shankoff, T. A.:* Appl. Opt. **8** (1969) 2346.

[119] *Curran, R. K., Shankoff, T. A.:* Appl. Opt. **9** (1970) 1651.

[120] *Meyerhofer, D.:* Appl. Opt. **10** (1971) 415.

[121] *Pennington, K. S., Harper, J. S., Laming, F. P.:* Appl. Phys. Lett. **18** (1971) 80.

[122] *Sintsov, V. N.:* Zh. nauchn. i prikl. fotogr. i kinematogr. **15** (1970) 298.

[123] *Smith, H. M.* (Ed.): Holographic Recording Materials. (Topics in Applied Physics, Vol. 20). Berlin, Heidelberg, New York: Springer 1977.

[124] *Caulfield, H. J.:* Handbook of Optical Holography. New York: Academic Press 1979.

[125] *Schreier, D.* (Ed.): Synthetische Holografie. Leipzig: Fachbuchverlag 1984.

3. Die wesentlichen Anwendungen der Holografie

3.1. Aufzeichnung und Rekonstruktion von dreidimensionalen Bildern

3.1.1. Kino und Fernsehen mittels Holografie

Das bei der Rekonstruktion der Wellenfront beobachtbare Bild überrascht durch seine Wirklichkeitstreue. Die Parallaxe, die Raumhaftigkeit des Bildes, die Möglichkeit, farbige Bilder zu erzeugen, die Tatsache, daß sich genau wie bei der Betrachtung des Objektes auch bei der Betrachtung des Bildes die von stark reflektierenden Objektteilen herrührenden Lichtreflexe mit dem Wechsel der Beobachtungsrichtung verändern – all das läßt den Gedanken an *holografisches Kino* und *Fernsehen* als sehr reizvoll erscheinen. Die heutige Technik unternimmt jedoch in dieser Richtung gerade die ersten Schritte.

Auf dem Wege zum holografischen Kino und Fernsehen stehen viele, aber offensichtlich überwindbare Hindernisse [1, 2]. Eine Hauptschwierigkeit liegt in der Erzeugung hinreichend großer Hologramme, durch die – wie durch ein Fenster – sehr viele Personen gleichzeitig die Bilder beobachten können. Diese Hologramme müssen „lebendig" wirken, d. h., sie müssen Bewegungen des Objektes wiedergeben können. Eine Möglichkeit zur Realisierung dieser Forderung besteht in der Aufzeichnung vieler Bilder auf dasselbe Hologramm bei jeweils veränderter Einfallsrichtung des Referenzbündels [3]. Wird nun das Hologramm bei der Rekonstruktion gedreht, dann entsteht eine zeitliche Bildfolge und somit der Eindruck der Bewegung. Daß ein derartiges System experimentell realisierbar ist, wurde bereits prinzipiell bestätigt. Es ist jedoch nicht möglich, auf einem Hologramm mehr als ein bis zwei Dutzend Bilder gleichzeitig zu speichern.

Aussichtsreicher hierfür scheint die Anwendung dreidimensionaler Aufzeichnungsmedien (beispielsweise Kristalle). Diese *Kristallhologramme* konnten jedoch bisher nicht in ausreichender Größe hergestellt werden.

Die Zukunft des holografischen Kinos wird offensichtlich davon abhängen, in welchem Maße es gelingt, Speichermedien für *dynamische Hologramme* zu entwickeln. Diese Medien müssen eine hohe Lichtempfindlichkeit, ein großes Auflösungsvermögen und eine geringe Trägheit besitzen. Auf ein derartiges Medium müßte sich ein Hologramm sehr oft (Größenordnung 10^9mal) aufzeichnen und wieder löschen lassen. Wenn man über ein solches Aufzeichnungsmedium verfügt, so kann man auf dieses mit Hilfe eines Riesenimpulslasers eine Folge holografischer Einzelbilder aufkopieren.

Auch die konventionelle stereoskopische Kinematografie kann mit Hilfe des holografischen Aufzeichnungs- und Rekonstruktionsverfahrens wesentlich verbessert werden. Zur Erhöhung der Qualität der Stereoprojektion trägt insbesondere der von *Gabor* vorgeschlagene *holografische Stereobildschirm* [2] bei. Die Wirkung eines solchen holografischen Bildschirms ist in Abb. 76 dargestellt. Im Zuschauerraum werden zwei abwechselnd aufeinanderfolgende Zonen erzeugt: *a* eine Zone, in der der Schirm durch den Projektor des „linken" Bildes beleuchtet erscheint, und *b* eine Zone, in der der Schirm durch den Projektor des „rechten" Bildes beleuchtet erscheint. Der Abstand zwischen den Zonen *a* und *b* entspricht der mittleren Entfernung zwischen den Pupillen der menschlichen Augen (rund 62 mm). Solch ein Bildschirm kann wie ein doppelt belichtetes Reflexionshologramm eines Rasters hergestellt werden (s. Abb. 76). Während der Erstbelichtung entsprechen die linken Zonen dem Objekt, und das Referenzbündel befindet sich an der Stelle des linken Projektors. Die zweite Belichtung entspricht den rechten Zonen und dem rechten Projektor.

Aussichtsreicher ist die wissenschaftliche Anwendung der holografischen Kinematografie. Im Physikalisch-Technischen Institut „A. F. Joffe" der Akademie der Wissenschaften der UdSSR ist eine Apparatur zur *Kurzzeitkineholografie* eines Plasmas entwickelt worden [5, 6]. Abb. 77 zeigt eine aus 5 holografischen Bildern bestehende Bewegungsfolge eines Laserfunkens [7], die mit dieser Anlage aufgezeichnet wurde. Die zur Kineholografie verwendete Apparatur enthält keine bewegten Teile. Ihre Wir-

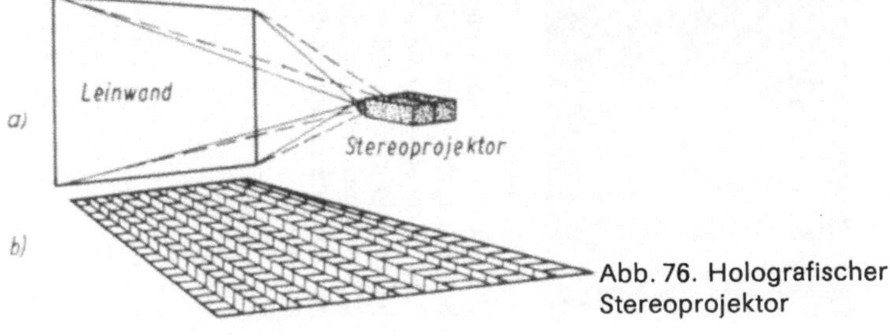

Abb. 76. Holografischer Stereoprojektor

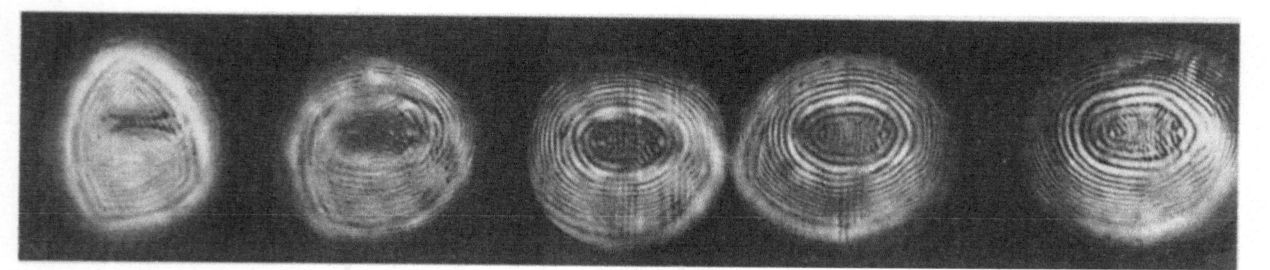

Abb. 77. Holografischer Film, bestehend aus 5 aufeinanderfolgenden Gabor-Hologrammen des laserinduzierten Funkens
Die Bilder entstanden nach 40, 80, 120, 160 und 200 ns. Der Film wurde mit Hilfe einer Apparatur aufgezeichnet, deren
Schema analog dem in Abb. 78 dargestellten ist. Im Unterschied zu Abb. 78 enthielt diese Anordnung jedoch keinen Strahlteiler, der jedes der verzögerten Bündel in Objekt- und Referenzbündel zerlegt.
Jedes Hologramm wird in der Apparatur auf einem gesonderten Filmabschnitt festgehalten. Denkbar sind auch Anordnungen zur Aufzeichnung von Hologrammen, in denen alle Bilder auf ein und demselben Abschnitt der Fotoschicht registriert
werden. Die Beugungseffektivität dieser mehrfach belichteten Hologramme ist jedoch gering

kung beruht allein auf der Anwendung von Lichtverzögerungsleitungen [8] (Abb. 78).

Der von einem Rubinlaser emittierte Lichtpuls (Dauer 20–30 ns) durchläuft mehrfach den 12 m langen Weg zwischen dem halbdurchlässigen Spiegel *A* und dem vollständig reflektierenden Spiegel *B*. Nach jedem Durchlauf entsteht ein Hologramm der Funkenzündung. (Wir bezeichnen damit jenes Plasma, das bei der Fokussierung des Bündels eines leistungsstarken Lasers entsteht.) Das zeitliche Intervall zwischen zwei Hologrammaufnahmen beträgt etwa 40 ns. Wenn man die Spiegel *A* und *B* einander nähert, kann man Kinehologramme mit einer höheren Bildfrequenz erhalten. Derartige Systeme könnten auch zur Kurzzeitregistrierung anderer schnell ablaufender Prozesse verwendet werden (Zerstörung von Festkörpern mittels fokussierter Laserstrahlung und elektrische Explosionen dünner Drähte).

Das Problem, dreidimensionales holografisches Fernsehen zu ermöglichen, wird eine Aufgabe der kommenden Jahre sein. Außer den offensichtlichen, aus der Dreidimensionalität der Bilder resultierenden Vorzügen seien noch die geringe Störanfälligkeit, die Zuverlässigkeit des holografischen Fernsehens, die Möglichkeit der Übertragung großer Kontraste und die Kodierung von Fernsehübertragungen erwähnt.

Die Technik steht jedoch noch vor einer Anzahl ungelöster Probleme. Zur Übertragung dreidimensionaler Bilder von hoher

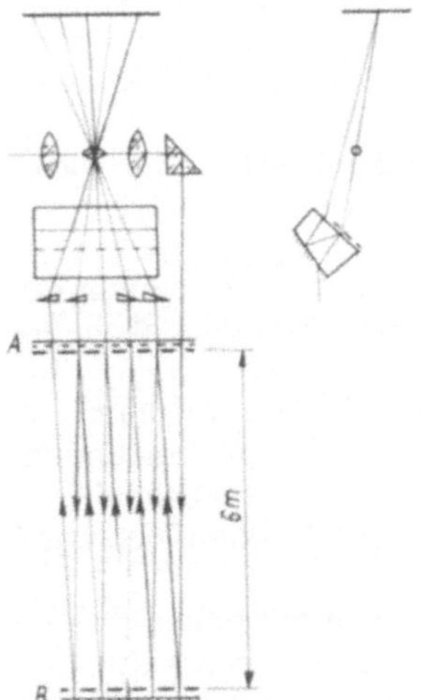

Abb. 78. Anordnung zur kineholografischen Aufzeichnung schnell ablaufender Prozesse unter Ausnutzung einer optischen Laufzeitverzögerungsstrecke

Bildqualität benötigt man eine im Vergleich zu gegenwärtigen Fernsehübertragungssystemen um einige tausendmal größere Kanalkapazität des Übertragungssystems [9]. Fortschritte in der Entwicklung des holografischen Fernsehens lassen sich einerseits durch eine Vergrößerung der Kapazität der Übertragungskanäle und andererseits durch Verminderung der zur Erzeugung eines Hologramms notwendigen Informationsmenge erwarten.

Als breitbandige Übertragungskanäle könnten möglicherweise Laserstrahlen oder Lichtleiter Anwendung finden. Um die Informationsmenge, die zur Erzeugung von Hologrammen notwendig ist, zu verringern, sind verschiedene sowohl in der Fernsehtechnik bereits übliche als auch andererseits spezielle holografische Verfahren denkbar.

Es ist z. B. vorgeschlagen worden [10], über den Fernsehkanal nicht das gesamte Hologramm zu übertragen, sondern dieses in Zeilen zu zerlegen. Am Ausgang des Übertragungskanals werden diese Zeilen zum Hologramm zusammengesetzt, das dann wieder aus den einzelnen horizontalen Zeilen besteht. Bei der Rekonstruktion eines solchen Hologramms bleibt allerdings die Parallaxe nur in horizontaler Richtung erhalten. Da aber gerade diese Parallaxe für das Empfinden der Raumhaftigkeit einer Szene besonders wichtig ist (unsere Augen bewegen sich beim Abtasten eines Bildes in horizontaler und nicht in vertikaler Richtung), entsteht kein wesentlicher Nachteil. Diese Methode erscheint auch für die holografische Kinematografie vorteilhaft. Die Projektion des in Zeilen zerlegten Hologramms kann durch kontinuierliche Bewegung mit konstanter Geschwindigkeit erfolgen [11].

Löst man das Hologramm nicht nur in Zeilen, sondern in viele kleine Quadrate auf [12], läßt sich die zu übertragende Mindestinformationsmenge um den Faktor 10^3 verringern. Selbstverständlich ist das Bild auf dem Schirm nun nicht mehr stereoskopisch, und von allen Vorteilen der Holografie bleibt lediglich die geringe Rauschanfälligkeit erhalten.

Sowohl für das holografische Fernsehen als auch für die holografische Kinematografie muß das Problem der Aufzeichnung dynamischer Hologramme, die sich trägheitslos und schnell bilden und unverzüglich zur Rekonstruktion bereitstehen, noch gelöst werden.

Ungeachtet dessen erweist sich bereits heute das holografische Fernsehen als wertvoll zur Lösung einiger wissenschaftlicher Probleme, nämlich zur äußerst zuverlässigen und wenig störan-

fälligen, wenn auch verhältnismäßig langsamen Informationsübertragung. Dabei besteht die Möglichkeit, die Information elektronisch zu kodieren, sie im Hinblick auf ihre Verarbeitung durch Datenverarbeitungsmaschinen zu filtern usw. Die ersten Versuche in dieser Richtung wurden bereits durchgeführt (s. beispielsweise Abb. 79 [13]).
Bedeutend bessere Ergebnisse wurden bei der Übertragung eines Hologramms über einen zwischenstädtischen Bildtelegrafenkanal [14] (Moskau—Leningrad) erreicht, der die Bildelemente um eine Größenordnung besser auflöst als z. B. der standardisierte Fernsehkanal. Von den übertragenen Hologrammen konnten die Bilder sowohl von Strichzeichnungen, Halbtonvorlagen als auch räumlichen Objekten rekonstruiert werden. Die übertragenen Hologramme besaßen nur zwei Schwärzungswerte (schwarz und weiß). Diese Tatsache störte aber, wie zu erwarten war, die richtige Übertragung der Objekttonwerte nicht.
Die Holografie leistet ihren Beitrag auch zur weiteren Entwicklung der konventionellen Fernsehtechnik. In den USA verwendet beispielsweise die RCA Corp. holografische Verfahren zur Entwicklung eines Videokassettensystems mit der Bezeichnung „Selectovision". „Selectovision" ist ein holografisches Zusatzgerät zu einem Fernseher, bestehend aus einem Videorecorder mit

Abb. 79. Rekonstruiertes Bild eines Hologramms, das über den Fernsehkanal übertragen wurde

auswechselbaren Kassetten für holografisch aufgezeichnete
Kino- und Fernsehfilme. Die Herstellung dieser Filme geschieht
nach folgendem Prinzip: Von jedem Einzelbild des Films wird ein
Phasenhologramm auf Fotolack hergestellt und das entstandene
Relief mittels galvanischer Techniken mit einer Metallfolie überzogen. Dieses *„metallische"* Hologramm dient als Matrize für
die Prägung von Abzügen auf durchsichtiger Kunststoffolie. Von
einer Matrize läßt sich eine große Anzahl solcher Kopien herstellen. Bei der Vorführung des Films bewegt sich das Band am Rekonstruktionsbündel vorbei. Das reelle Bild wird auf das Target
eines Vidicons projiziert und auf dem Fernsehschirm abgebildet.

3.1.2.   Dreidimensionale Fotografie

Perrin untersuchte in seinen klassischen Experimenten die Dich-
teverteilung sehr kleiner Kügelchen, die in einer Flüssigkeit der
Brownschen Bewegung unterworfen sind, in Abhängigkeit von
der Höhe. Er zählte dabei in den verschiedenen Suspensions-
schichten die Anzahl der im Gesichtsfeld eines Mikroskops befindlichen bewegten Kügelchen.
Dieser Versuch läßt sich mit Hilfe der Holografie sehr bequem
durchführen. Bei der Rekonstruktion kann die Suspension
schichtweise untersucht werden: es wird die Anzahl der auf jede
Schicht entfallenden unbeweglichen Teilchen gezählt.
So arbeitet beispielsweise ein holografisches Gerät zur Untersuchung sich bewegender Teilchen: Regen- oder Nebeltropfen,
Schneeflocken usw. Das Hologramm wird mit einem Laserim-
puls in einer Zeitspanne von etwa 20 ns aufgenommen. Die dreidimensionale Teilchenverteilung beobachtet man dann bei der
Rekonstruktion mit Hilfe eines kontinuierlichen Helium-Neon-Lasers. Analoge Einrichtungen werden zur Aufzeichnung der Teilchenspuren von kernphysikalischen Nebel- und Blasenkammern
verwendet [15, 16]. Die Vorteile dieser Methoden sind offensichtlich: die Schärfentiefe des abzubildenden Volumens wird
stark vergrößert und folglich auch der Anwendungsbereich der
Kammern; Teilchenspuren von einer ganz bestimmten Geometrie, für die sich der Experimentator interessiert, können ausgesucht, d. h. optisch gefiltert werden.
Die Hauptschwierigkeit bei der Aufzeichnung der räumlichen
Verteilung von Teilchen und deren Spuren besteht darin, daß
alle außerhalb der Einstellebene befindlichen Teilchen einen

144

Hintergrundschleier erzeugen, durch den der Kontrast im Bild merklich verschlechtert wird. Daher sind die Möglichkeiten der Methode bei der Aufzeichnung von hohen Teilchenkonzentrationen sehr eingeschränkt [17].

Hologramme können sehr große Winkel erfassen. Abb. 80 zeigt eine Hologrammaufnahmeanordnung für einen Winkel von 360°. Ein solches *Zylinderhologramm* kann auch mit gewöhnlicher Beleuchtung, d. h. ohne Rundumbeleuchtung, aufgenommen werden. Dabei wird mehrfach belichtet, wobei das Objekt jedesmal um einen kleinen Winkel weitergedreht wird. Jede Teilbelichtung wird auf einem schmalen senkrechten Streifen des Hologramms registriert [18].

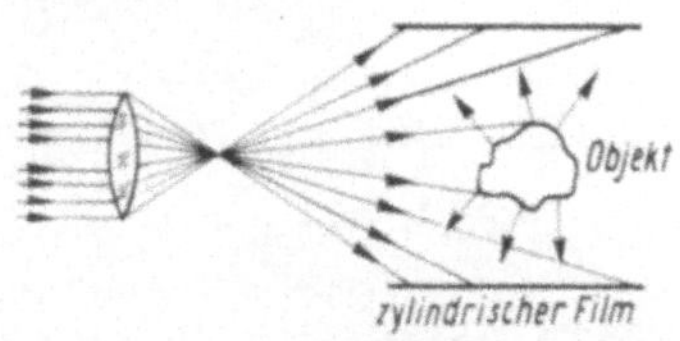

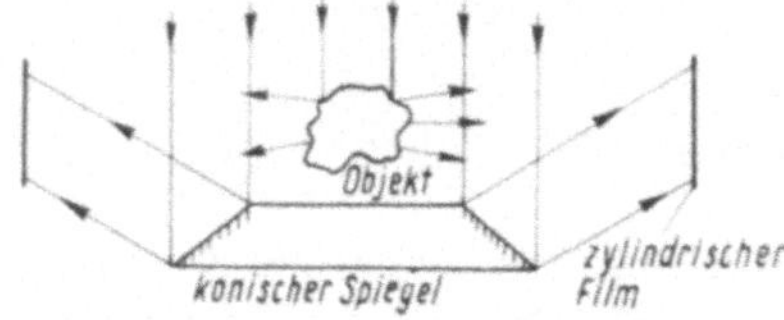

Abb. 80. Anordnung zur Aufzeichnung von 360°-(Zylinder-)Hologrammen

Holografische Bilder können auf Grund ihrer dreidimensionalen Eigenschaften in der Reklame, zu Demonstrationsvorlesungen, zur Anfertigung künstlerischer Rundumaufnahmen, zur Herstellung von Kopien von Kunstwerken, musealen Raritäten und holografischen Porträts Verwendung finden. Bei der Anfertigung holografischer Porträts lebender Personen ist es notwendig, die Belichtungszeiten so kurz zu wählen, daß die Struktur des Hologramms infolge möglicher Bewegungen der beleuchteten Fläche nicht verwischt wird. Das erfordert einen leistungsstarken Laser. Es sollte jedoch stets beachtet werden, daß die maximal erlaubte Energiedichte auf der Oberfläche der Netzhaut des menschlichen Auges nicht überschritten wird. (Bei einem Rubinlaser mit 30 ns Pulsdauer sollte sie einige hundertstel Joule pro Quadratzentimeter nicht überschreiten.) Eine Möglichkeit, um dieser Gefahr zu begegnen, besteht in der Verwendung von großen Streuscheiben [19–22] (Abb. 81).

Abb. 81. Fotografie eines holografisch rekonstruierten Bildes [21]

3.1.3. Nichtoptische Holografie

Das Problem der Sichtbarmachung von akustischen Feldern konnte mit Hilfe der Holografie erfolgreich gelöst werden. Anwendungsmöglichkeiten der *Ultraschallholografie* bestehen in der Defektoskopie (Werkstoffprüfung), der Aufnahme dreidimensionaler Bilder innerer Organe von Lebewesen, der Untersuchung des Reliefs des Meeresgrundes, der Schallortung, der Schallnavigation, der Suche nach Bodenschätzen, der Untersuchung der inneren Struktur der Erdkruste u. a. Ultraschallhologramme werden so aufgezeichnet, daß eine optische Rekonstruktion möglich ist. Folgende Methoden sind dafür verwendbar:

1. Abtastung des Schallfeldes
Das vom Schalldetektor (Mikrophon oder Piezoelement) abgegebene Signal moduliert einen Lichtstrom, der das optische Hologramm erzeugt. Es gibt verschiedene Ausführungen solcher Anordnungen. In Abb. 82 ist eine Variante dargestellt, bei der das Signal des abtastenden Detektors die Lichtstärke der auf ihm befestigten punktförmigen Lichtquelle moduliert [23]. In anderen

146

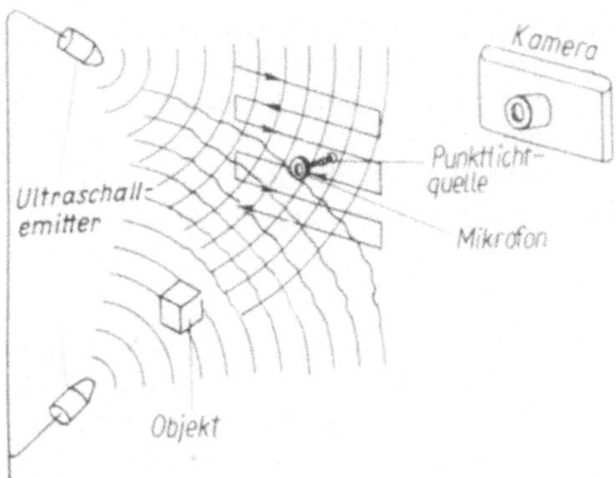

Abb. 82. Anordnung zur Aufzeichnung eines akustischen Hologramms mit skannendem Empfänger

Anordnungen wird das Detektorsignal auf eine Elektronenstrahl-bildröhre übertragen. Die Ablenkung des Elektronenstrahls wird von der Detektorbewegung synchron gesteuert. Das Hologramm wird vom Bildschirm der Bildröhre abfotografiert [24, 25]. Dabei wird die Fotografie i. allg. stark verkleinert, weil die Lichtwellenlänge sehr klein gegenüber der Schallwellenlänge ist.

Ein vergleichbares Hologramm erhält man auch, wenn der Raum

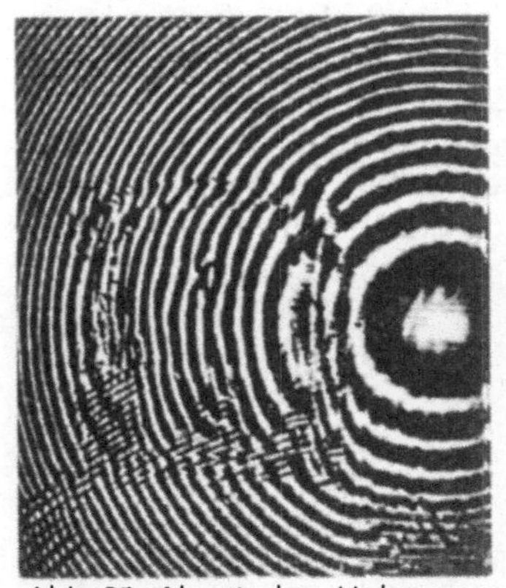

Abb. 83. Akustisches Hologramm, aufgezeichnet mit skannendem Empfänger, und das rekonstruierte Bild des Buchstabens R
Das Referenzsignal wird vom Emitter erzeugt [24]

durch eine Ultraschallquelle abgetastet wird und der Detektor stationär ist [24, 26].

In der *akustischen Holografie* sind sowohl Einstrahl- als auch Zweistrahlanordnungen möglich. Die Rolle des Referenzbündels kann ein von einem Schallgenerator herrührendes und dem Detektorsignal überlagertes elektrisches Signal spielen [25] (Abb. 83).

2. Fotografie

Ein Ultraschallfeld kann unmittelbar auf eine Fotoplatte aufgezeichnet werden. Dabei nützt man die Tatsache aus, daß Ultraschall die beim Entwickeln oder Fixieren in der Fotoschicht ablaufenden chemischen Prozesse beschleunigt. *Greguss* [27] brachte zunächst eine gleichmäßig vorbelichtete, aber nicht entwickelte Fotoplatte in ein Becken mit einer schwachen Hyposulfitlösung. Im Gefäß wurde dann ein Ultraschallfeld erzeugt. In den Schallwellenbäuchen vollzog sich eine schnelle Auflösung des Halogensilbers. Nach 20 bis 30 s Beschallung konnte die Platte dem Licht ausgesetzt werden. Das so erzeugte *Ultraschallhologramm* wurde optisch rekonstruiert.

Ebenso kann die Fotoplatte in einer schwachen Entwicklerlösung beschallt werden. Die Platte muß vorbelichtet sein. Die Entwicklung verläuft in den Bäuchen der Schallwellen etwas schneller als in den Knoten.

3. Die Verformung einer Flüssigkeitsoberfläche unter dem Einfluß des Schalldruckes (Abb. 84)

Dieses Verfahren hat den Vorteil, die optische Rekonstruktion gleichzeitig mit seiner Entstehung durchführen zu können. Man kann daher einen Prozeßablauf in Echtzeit beobachten [28].

Eine andere Variante beschrieben *Young* und *Wolf* [29]. Die Oberfläche der Flüssigkeit wurde mit einem thermoplastischen Film überzogen. Dieser wurde durch die Ultraschallwellen ver-

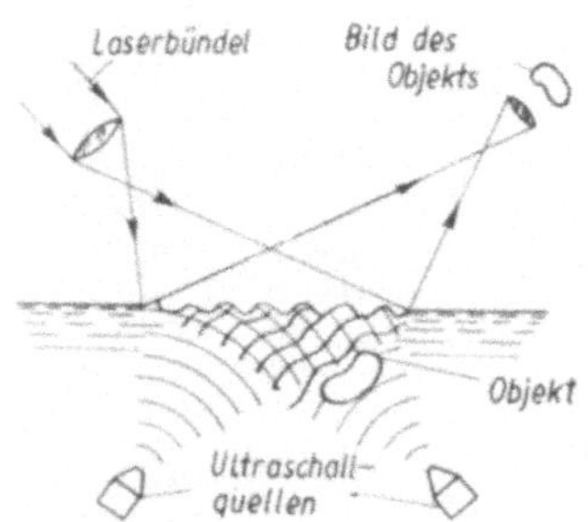

Abb. 84. Anordnung zur Herstellung von Ultraschallhologrammen bei Ausnutzung des Oberflächenreliefs der Flüssigkeit

formt, danach abgekühlt und als Phasenhologramm verwendet.

Zur Aufzeichnung von Ultraschallhologrammen wurden auch mosaikartige Anordnungen keramischer piezoelektrischer Detektoren verwendet. Die Signale der einzelnen Elemente gewinnt man durch sequentielle Abtastung mit einem Elektronenstrahl.

4. Laufende oder stehende Ultraschallwellen in Flüssigkeiten
Laufende oder stehende Ultraschallwellen in Flüssigkeiten können selbst zur Erzeugung von Volumenhologrammen verwendet werden. Bei zunehmender oder abnehmender Dichte der Flüssigkeit ändert sich deren Brechzahl. Die Schallwelle bildet somit in der Flüssigkeit ein Volumenhologramm. Eine optische Kopie der Ultraschallwelle erhält man in Echtzeit nach der Bragg-Reflexion des Laserbündels an solch einem Hologramm [30, 31] (Abb. 85).

Die wichtigsten Forschungsergebnisse auf dem Gebiet der akustischen Holografie erscheinen in den alljährlich veröffentlichten Ausgaben der *„Acoustical Holography"* [32].
Bereits in den 50er Jahren wurden die ersten erfolgreichen Experimente zur holografischen Aufzeichnung und optischen Rekonstruktion im Zentimeter- und Millimeterbereich des elektromagnetischen Spektrums durchgeführt. Derartige Versuche sind für die Funkortung von großer Bedeutung, da es mittels konventioneller Radartechnik in der Regel nicht möglich ist, die Form und Abmessungen eines Objektes aufzuzeichnen. Der Beobach-

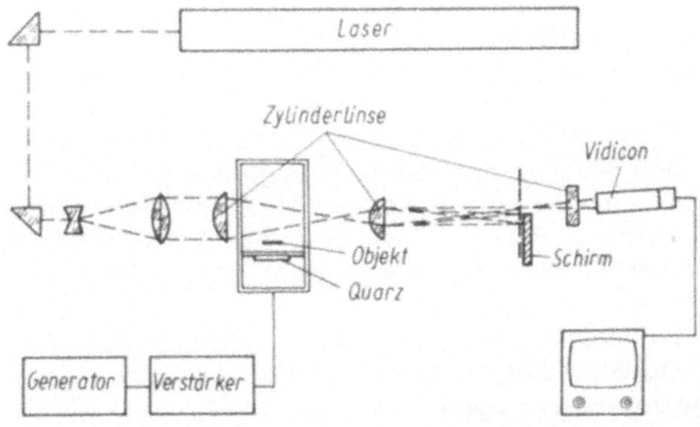

Abb. 85. Anordnung zur Rekonstruktion von Bildern, die durch Bragg-Reflexion des Lichtes an einem Ultraschallhologramm entstehen [31]

ter kann lediglich über die An- und Abwesenheit eines Objektes im Funkortungsfeld entscheiden. Die *Radioholografie* gestattet es hingegen, sowohl die Form als auch die Abmessungen der Objekte zu beobachten, was zu einer verbesserten Identifizierbarkeit beiträgt.

Es sind noch andere Anwendungen der Mikrowellenholografie vorgeschlagen worden, wie die Untersuchung der Oberfläche der Erde und anderer Planeten durch Satelliten oder die optische Modellierung und Untersuchung von Radioantennen.

Die Aufzeichnung von Mikrowellenhologrammen ist analog der Abtastmethode zur Aufzeichnung von Schallhologrammen. So wurde beispielsweise das Detektorsignal auf den Bildschirm eines Fernsehempfängers gegeben, dessen Zeilenablenkung mit der Bewegung des Detektors synchronisiert war [34]. Das Hologramm wurde vom Bildschirm abfotografiert und das Bild im Laserlicht rekonstruiert.

In einer anderen Arbeit [35] wurde ein Mikrowellenhologramm analog zur Anordnung in Abb. 82 registriert. Das Hologramm wurde auf einer Fläche von 2 m × 2 m aufgezeichnet, die Wellenlänge betrug 3 cm. Eine Kristalldiode tastete das Feld ab und steuerte die Lichtintensität, die eine mit ihr verbundene punktförmige Lichtquelle auf einem lichtempfindlichen Film erzeugte. Das Hologramm wurde um den Faktor 10^3 verkleinert (auf 2 mm × 2 mm). Von dieser Verkleinerung konnte ein Bild mit einem Helium-Neon-Laser ($\lambda = 632,8$ nm) rekonstruiert werden.

Flüssigkeitskristalle, die ihre Farbe bei der Erhitzung durch Mikrowellen ändern, wurden ebenfalls zur Herstellung von Mikrowellenhologrammen verwendet [36].

Ein originelles Verfahren zur Aufzeichnung von Mikrowellenhologrammen hat *Iizuka* [37] vorgeschlagen. Das Mikrowelleninterferenzfeld wurde auf einer absorbierenden Platte (Paraffin, gemischt mit Kohlenstoffpulver) aufgezeichnet. Lokales Erhitzen der Platte in den Bäuchen des Feldes erzeugte auf der Oberfläche ein Relief, von dem mittels holografischer Interferometrie eine Höhenlinienkarte angefertigt wurde (s. Abschn. 3.2.5.). Das gesuchte Mikrowellenhologramm entspricht genau dieser Höhenlinienkarte.

In diesem Zusammenhang wollen wir darauf hinweisen, daß mit der Entwicklung von holografischen Verfahren im Radiowellenbereich lange vor der *„holografischen Explosion"* in den Jahren 1964—1965 begonnen wurde. Die hauptsächlichen Aktivitäten richteten sich damals auf die Schaffung von Radarsystemen, die

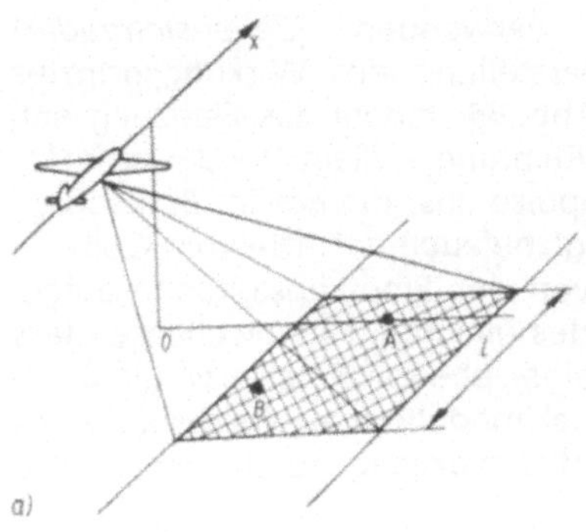

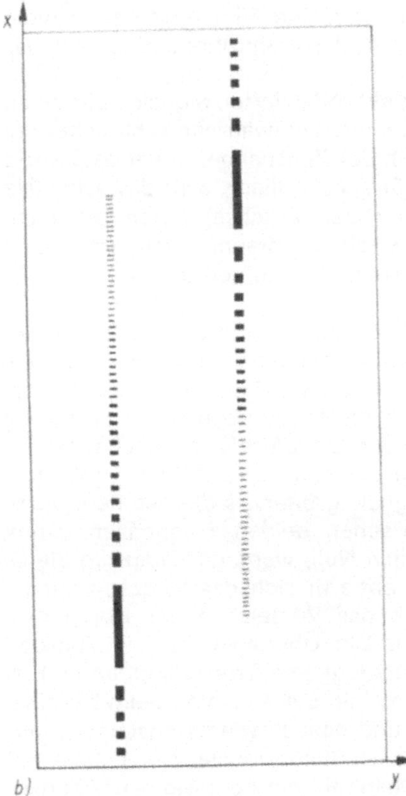

Abb. 86. Geometrische Bedingungen bei der Hologrammaufzeichnung mittels Seitensichtradar (Radar mit synthetischer Apertur) a) Aufzeichnungsprinzip; b) Hologramm zweier Punkte (der Film bewegt sich entlang der x-Achse [Azimut], der Katodenstrahl entlang der y-Achse [Entfernung])

eine *synthetische Apertur* verwenden *(Seitensichtradar)* [38—41]. Die schematische Darstellung des Wirkungsprinzips eines solchen Systems zeigt Abb. 86. Indem das Flugzeug entlang einer geraden Strecke in Richtung x fliegt, sendet es kontinuierlich kurze Mikrowellenimpulse aus, die das im Bild schraffiert gezeichnete Gebiet ständig „beleuchten". Die vom Gelände reflektierten Signale werden von der Empfangsantenne aufgenommen und mit dem Signal des gleichen Mikrowellensenders überlagert, das nun die Rolle einer ebenen Referenzwelle übernimmt. Das resultierende Signal moduliert die Intensität eines Katodenstrahls, bei dem der Abtastvorgang durch die Impulse des Senders ausgelöst wird.

Signale von den am weitesten entfernten Geländepunkten werden später empfangen und am Ende eines jeden Strahlweges aufgezeichnet. Der Beginn des Abtastvorgangs stimmt mit den nächstgelegenen Punkten überein. Ein Film registriert ständig das Bild auf dem Schirm der Katodenstrahlröhre und erzeugt das Hologramm (s. Abb. 87 b).

Da die von jedem Geländepunkt reflektierten Signale über einen längeren Zeitraum empfangen werden (während zahlreicher Impulse) und da das Flugzeug in der Zeitspanne, in der es Signale speichert, eine beachtliche Strecke L fliegt, wird das azimutale Auflösungsvermögen (entlang der x-Achse) durch die Richtungscharakteristik der künstlichen Antenne bestimmt, deren Länge und folglich auch Winkelauflösung von der Strecke L abhängen.

Betrachten wir zuerst den einfachen Fall, bei dem nur ein punktförmiges Objekt A im Gelände vorhanden ist (Abb. 86 a), das eine sphärische Welle streut. Da sich sowohl Sende- als auch Empfangsantenne bewegen, wird die Frequenz des vom Flugzeug empfangenen Signals durch den *Dopplereffekt* verschoben. Solange das Flugzeug die Linie OA nicht erreicht hat, ist die Frequenz des empfangenen Signals größer als die des Referenzsignals. Der Unterschied zwischen beiden Frequenzen nimmt ständig ab und wird schließlich Null, wenn das Flugzeug die Linie OA überfliegt. Danach entfernt sich das Flugzeug zunehmend von A, wodurch sich das Vorzeichen der Dopplerfrequenzverschiebung umkehrt. Die Überlagerung von Signalen unterschiedlicher Frequenz erzeugt eine Schwebung, deren Frequenz bei Annäherung an die Linie OA abnimmt, beim Überfliegen den Wert Null erreicht und danach wieder ansteigt. Im Ergebnis dessen entsteht eine eindimensionale Zonenplatte auf dem Hologramm, deren Mittelpunkt mit dem Moment überein-

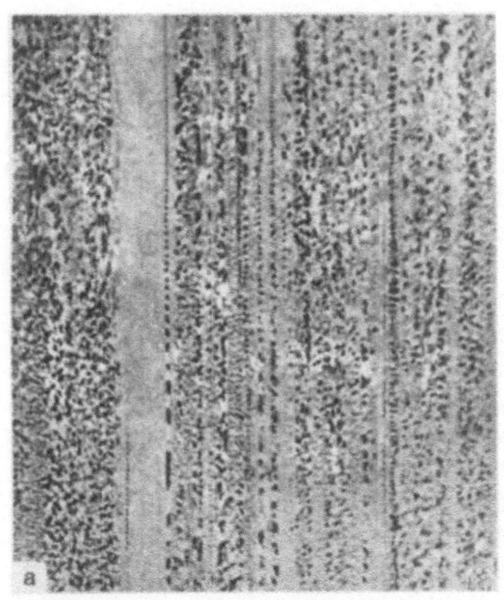

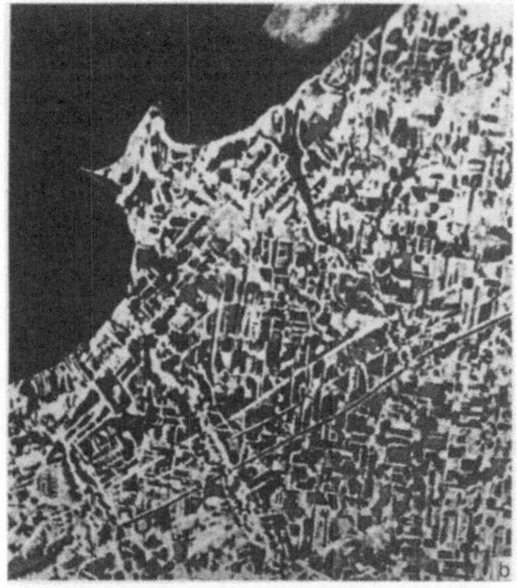

Abb. 87. a) Hologramm eines Gebietes, das mit Hilfe des Seitensichtradars aufgezeichnet wurde;
b) rekonstruiertes Bild (die Küste des Eriesees im Süden von Detroit, USA [40])

stimmt, in dem das Flugzeug die Linie *OA* überfliegt (Abb. 86 b). Für den Punkt *B*, der näher am Kurs des Flugzeuges liegt, gibt es eine andere eindimensionale Zonenplatte, die ebenfalls näher am Beginn des Katodenstrahlweges liegt und ein entsprechend verschobenes Zentrum aufweist (Abb. 86 b). Das Hologramm eines komplizierten Geländeabschnitts entsteht durch kohärente Überlagerung einer Vielzahl solcher eindimensionaler Zonenplatten. Eine Beziehung zwischen den Geländepunkten und dem Hologramm besteht nur entlang der *y*-Achse.

Ein auf diese Weise erzeugtes Hologramm ist identisch mit einem optischen Hologramm, bei dem die gleiche Szene mittels einer Zylinderlinse, deren Achse in *x*-Richtung liegt, auf die Hologrammfläche abgebildet wird. Die Rekonstruktion des im Hologramm gespeicherten Geländebildes muß natürlich auch mittels einer Zylinderlinse erfolgen. In Abb. 87 b ist ein Geländeabschnitt dargestellt, der nach diesem Verfahren von einem Hologramm rekonstruiert wurde, das schematisch in Abb. 87 a festgehalten ist.

Die hauptsächlichen Einsatzgebiete des *Seitensichtradars* liegen in der Geologie, Mineralogie, Kartografie und geophysikalischen Erkundung mit Hilfe von künstlichen Satelliten.

Problematisch für die Entwicklung holografischer Untersuchungsmethoden im kurzwelligen Strahlungsbereich (Röntgen-, γ- und Korpuskularstrahlen) ist die Herstellung kohärenter Strahlungsquellen entsprechend kurzer Wellenlängen. Seit *Gabor* in seinen frühen Veröffentlichungen die linsenlose Mikroskopie beschrieben hat, richtet sich das Interesse zahlreicher Forscher auf den Einsatz leistungsstarker Quellen kohärenter Röntgenstrahlung zur Aufzeichnung hochauflösender Hologramme biologischer Mikrostrukturen bis hin zum atomaren oder molekularen Auflösungsniveau. Mehrere Röntgenquellen, die eine für diesen Zweck hinreichende Kohärenz und Intensität aufweisen, befinden sich derzeit im Entwicklungsstadium: (1) Synchrotronquellen mit verbesserten Monochromatoren [42], (2) UV-Laser mit Frequenzvervielfachern [43], (3) gepulste Plasmaquellen [44] und Röntgenlaser [45]. *Solem* und *Chapline* [46] untersuchen in ihrem Artikel, wie diese Strahlungsquellen zur Herstellung von Mikrohologrammen biologischer Proben eingesetzt werden können.

3.2. Holografische Interferometrie

3.2.1. Allgemeine Prinzipien

Wenn wir ein Hologramm an derselben Stelle aufstellen, an der es belichtet wurde, und das Objekt entfernen, dann wird, wie wir bereits wissen, dieselbe Lichtwelle rekonstruiert, die während der Aufnahme vom Objekt gestreut wurde. Wird das Objekt nicht entfernt, dann kann man zwei Wellen beobachten: die unmittelbar vom Objekt ausgehende und die vom Hologramm rekonstruierte. Diese beiden Wellen sind kohärent und können interferieren. Nimmt man am Objekt eine Veränderung vor, beispielsweise eine Verformung, so wird diese auch beim Betrachten des Bildes bemerkbar. Das Bild des Objektes ist von Interferenzstreifen gleichen Gangunterschiedes überzogen. Es gelingt so, zwei zu verschiedener Zeit existierende Lichtwellen zum Interferieren zu bringen. Vor der Erfindung der Holografie war das unmöglich. In der gewöhnlichen, nichtholografischen Interferometrie muß das Untersuchungsobjekt unbedingt eine plangeschliffene Oberfläche haben, damit ohne Schwierigkeiten ein Vergleichsbündel mit Wellenfronten der gleichen Form geschaffen werden kann.

Im Interferometer 'nach *Twyman-Green* (einer Modifikation des bekannten *Michelson-Interferometers*) stellt man in eines der interferierenden Bündel die zu untersuchende Linse oder das zu untersuchende Prisma und in das andere Bündel die Vergleichslinse oder das Vergleichsprisma. Mit Hilfe des Interferenzbildes beurteilt man Abweichungen der zu untersuchenden Bauteile von deren vorgegebenen Dimensionen.

Die *holografische Interferometrie* erlaubt die Untersuchung von Objekten mit unregelmäßiger Form und diffus reflektierender Oberfläche. Abweichungen von der regelmäßigen Oberflächenstruktur machen sich im Interferenzbild nur durch die bereits erwähnte grobkörnige Intensitätsverteilung *(Speckle)* bemerkbar. Wenn die *Mikrostruktur* der Oberfläche zwischen den zu vergleichenden Objektzuständen unverändert bleibt, sind die beiden gestreuten Wellenfelder in gleichem Maße verzerrt, da die Vergleichswelle vom Untersuchungsobjekt selbst erzeugt wird. Die Struktur des Interferenzbildes wird in diesem Fall nur von den am Objekt vorgenommen geometrischen Veränderungen beeinflußt. Ändert sich jedoch die *Mikrostruktur* der Oberfläche zwischen beiden Objektzuständen merklich (z. B. durch ätzende Chemikalien oder Farbanstriche), dann ändert sich die Wegdifferenz zwischen benachbarten Punkten infolge dieses unkontrollierten Einwirkens vollkommen zufällig. Das Interferenzmuster erhält eine willkürliche Struktur mit so hohen Ortsfrequenzen der Interferenzstreifen, daß praktisch keine Interferenz mehr beobachtet werden kann. Diese Tatsache ist letztlich auch die Ursache, warum es in der holografischen Interferometrie prinzipiell nicht möglich ist, zwei unterschiedliche Objekte miteinander zu vergleichen.

Im Zusammenhang mit neuesten Forschungsergebnissen soll diese Feststellung jedoch etwas relativiert werden.
Um einen Vergleich zwischen unterschiedlichen Objekten anstellen zu können, müssen deren Interferogramme separat ausgewertet und die entsprechenden Daten gegenübergestellt werden. Gerade hierin liegt aber ein Schlüsselproblem der zerstörungsfreien Werkstoffprüfung begründet — die direkte Anzeige von Abweichungen in den Oberflächendeformationen zweier nominell identischer Objekte infolge gleicher Belastung. Beispielsweise kann es sich bei dem einen Objekt um ein fehlerfreies Muster und bei dem anderen um ein aktuelles Erzeugnis handeln, das nach Fehlern untersucht wird. *Neumann* [47] stellte um 1980 ein neues Verfahren vor — genannt *Vergleichende Holografie* —, in dessen Ergebnis ein Interferenzmuster entsteht, das den gesuchten Unterschied anzeigt. Das Verfahren ist auf dreidimensionale, diffus reflektierende Objekte anwendbar und besitzt interferometrische Empfindlichkeit, d. h., die Streifen, die den Unterschied zwischen Oberflächendeformationen anzeigen, haben einen metrologischen Teilwert in der Ordnung der Lichtwellenlänge. Praktisch wird wie folgt verfahren:
Auf einer Fotoplatte, genannt Platte A, wird ein Hologramm des im Ausgangszustand befindlichen Musterobjektes gespeichert. Danach speichert eine zweite Platte B das Musterobjekt im belasteten Zustand. In beiden Fällen werden ebene Referenzwellen verwendet. Ein weiteres Hologramm C wird durch die beiden Zustände des Testobjektes mittels einer Doppelbelichtung erzeugt. Wesentlich für das Verfahren ist, daß das Testobjekt während der ersten Belichtung in seinem Ausgangszustand mit der konjugierten Welle (reelles Bild) beleuchtet wird, die unter Verwendung von Hologramm A durch Umkehr der Ausbreitungsrichtung der Referenzwelle rekonstruiert wird.
Während der Zweitbelichtung befindet sich das Testobjekt unter Last und wird mit der konjugierten Welle beleuchtet, die unter Verwendung von Hologramm B rekonstruiert wird. Im Prozeß der Rekonstruktion eines virtuellen Bildes mittels Hologramm C erscheint ein mit Interferenzstreifen überzogenes Bild des Testobjektes. Diese Streifen liefern eine direkte Anzeige des Unterschiedes der Oberflächendeformationen zwischen Muster und Testobjekt infolge gleicher Belastung. *Gyimesi* und *Füzessy* [48, 49] verbesserten die Technik des Verfahrens, indem sie durch die Verwendung zweier unterschiedlicher Referenzwellen bei der Aufnahme des Musterobjektes die Möglichkeit schufen, beide Zu-

stände auf einer Platte unabhängig zu speichern und zur Beleuchtung des Testobjektes zu rekonstruieren. Obwohl das Verfahren wesentlich aufwendiger ist als die „konventionellen" Techniken der holografischen Interferometrie und besondere Anforderungen an die Oberflächenstruktur der Vergleichsobjekte stellt, bedeutet es einen erheblichen technischen Fortschritt für die holografische zerstörungsfreie Werkstoffprüfung.
Andere Autoren (z. B. [50]) empfehlen bei der Herstellung von holografischen Interferogrammen unterschiedlicher, diffus reflektierender Körper, das Objekt so zu positionieren, daß es das Licht wie ein Spiegel reflektiert, und bei streifendem Lichteinfall zu beobachten (Abb. 88).

An verschiedenen Beispielen aus der Meßtechnik läßt sich die Tatsache belegen, daß ein bestimmter Effekt eine Meßmethode begünstigt, während er die Aussagefähigkeit einer anderen Meßmethode beeinträchtigt. So sind aus der Literatur mehrere Verfahren bekannt geworden, bei denen die Abnahme des Kontrastes der Interferenzstreifen infolge von Veränderungen der Mikrostruktur zur Untersuchung von Korrosionsprozessen [51], Ablagerungen oder Vermischungen trüber Aufschwemmun-

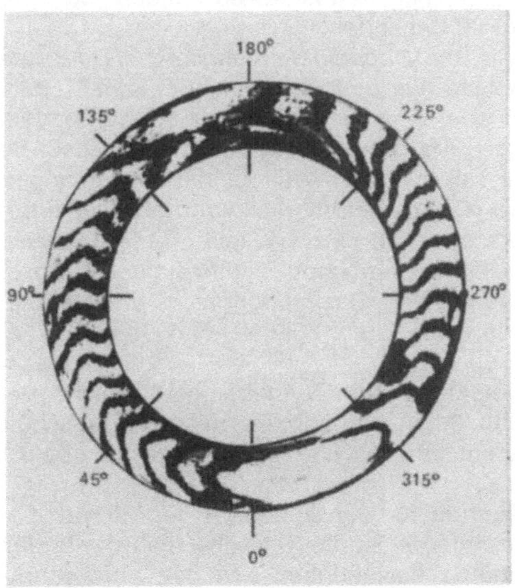

Abb. 88. Interferenzstreifen, die beim interferometrischen Vergleich der Innenwände zweier ähnlicher Zylinder entstanden [50]. Bei der Beobachtung und Beleuchtung der Innenwände wurde streifender Lichteinfall eingesetzt

gen [52] eingesetzt wird. 1985 veröffentlichten *Osincev* u.a. eine Arbeit [243], in der diese Eigenschaft zur Messung der Verteilung des Kontaktdrucks und zur Untersuchung von Erosionserscheinungen infolge von Kavitation ausgenutzt wird. Auf die gleiche Weise lassen sich noch weitere Erscheinungen untersuchen, z. B. die Anpassung und der Verschleiß aneinander reibender Oberflächen.

Das vor unserem kleinen Exkurs in die Problematik der Mikrostruktur beschriebene Verfahren wird als *Echtzeittechnik* bezeichnet. Bei zahlreichen Meßproblemen erweist sich diese Technik als sehr vorteilhaft, da ein Hologramm des im Ausgangszustand (z. B. unbelastet) befindlichen Objektes verwendet werden kann, um ganze Interferogrammserien von verschiedenen Objektzuständen zu erzeugen oder um die Dynamik eines Prozesses in Echtzeit zu untersuchen. Das Verfahren erfordert jedoch nach der Entwicklung eine interferometrisch genaue Repositionierung des Hologramms in die Lage, die es während der Aufzeichnung innehatte. Deshalb erweist es sich oftmals als günstig, die Fotoplatte am Aufzeichnungsort zu entwickeln. Die hierfür erforderlichen speziellen Apparaturen haben wir im Abschn. 2.1.5. (s. Abb. 41) behandelt.

Wesentlich einfacher ist die *Doppelbelichtungstechnik.* Auf ein und derselben Fotoplatte werden nacheinander zwei Hologramme eines sich in zwei verschiedenen Zuständen befindenden Objektes registriert. Man muß nur darauf achten, daß die Fotoplatte im Zeitintervall zwischen den beiden Belichtungen nicht verschoben wird. Dieses Zeitintervall kann sehr klein gemacht werden. *Brooks* u. a. [53, 54] verwenden beispielsweise einen Doppelimpulslaser, dessen Impulse um einige Mikrosekunden zeitlich verschoben sind. Das *holografische Interferometer* registriert die Phasenänderungen, die sich am Objekt in dieser Zeit vollzogen haben.

Eine weitere Aufnahmetechnik – die *Zeitmittelungstechnik* – behandeln wir im Abschn. 3.2.4., wo wir uns mit holografischen Untersuchungsmethoden an schwingenden Objekten befassen.

Von besonderer Bedeutung für den zunehmenden Einsatz der *holografischen Interferometrie* ist die Tatsache, daß die in der *klassischen Interferometrie* bestehenden strengen Anforderungen an die Qualität der Optik nicht existieren. Beide interferierende Wellenfelder werden in gleichem Maße durch die Unvollkommenheit der optischen Bauelemente verzerrt. Das Meßergebnis wird jedoch nicht beeinflußt, da nur relative Abweichungen im Interferogramm Berücksichtigung finden. Erstmals ist nun die interferometrische Untersuchung ausgedehnter Objekte möglich, ohne großen Aufwand bei der Herstellung hochwertiger Spiegel und Lichtbündelteiler treiben zu müssen. Heute stellt die holografische Interferometrie die am weitesten verbreitete Anwendung der Holografie dar.

Von holografischer Interferometrie sprechen wir dann, wenn beim interferometrischen Vergleich zweier Wellen wenigstens eine Welle holografisch rekonstruiert wird. Diese Methode wurde unabhängig und fast gleichzeitig von verschiedenen Autoren im Jahre 1965 vorgeschlagen [53–58]. Den Leser, der an einer übersichtlichen und zusammenfassenden Darstellung der Entstehung und Entwicklung, Grundlagen, Aufnahmetechniken und Auswertemethoden der holografischen Interferometrie interessiert ist, verweisen wir auf die Veröffentlichungen von *Briers* [59], *Brown, Grant* und *Stroke* [60], *Schreiber, Wenke* und *Erler* [61], *Kohler* [62], *Robertson* und *King* [63] sowie die Monographien von *Erf* [64], *Ostrovski, Butusov* und *Ostrovskaja* [65], *Vest* [66], *Schumann* und *Dubas* [67], *Abramson* [68], *Wernicke* und *Osten* [69], *Jones* und *Wykes* [70] sowie *Schumann, Zürcher* und *Cuché* [71].

3.2.2. Messung von Verschiebungen mittels holografischer Interferometrie

Die Messung von Verschiebungen diffus reflektierender Körper gehörte zu den ersten Anwendungen der holografischen Interferometrie [72]. In der Praxis zeigt es sich, daß die Beobachtung und Auswertung der Interferenzstreifen durchaus keine einfache Aufgabe ist [73]. Die Ursache hierfür ist im Entstehungsprozeß der Streifen zu sehen. Folgen wir Abb. 89, dann bilden sich die

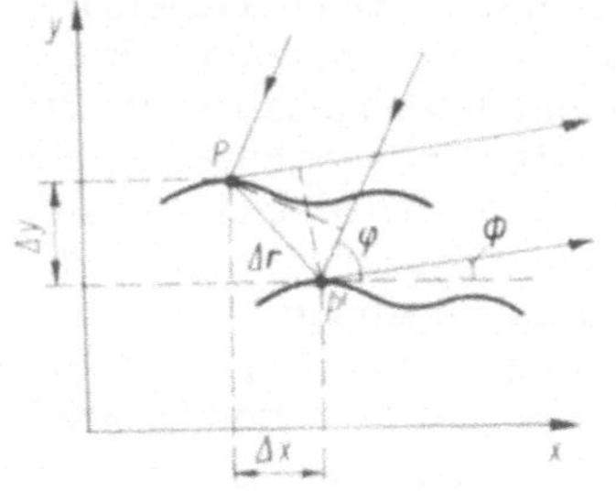

Abb. 89. Zur Berechnung der Gangunterschiede bei paralleler Verschiebung der Fläche
P und P' sind aufeinanderfolgende Positionen des gleichen Punktes; man bezeichnet sie als homologe Punkte. (Statt φ lies ψ)

Streifen im Ergebnis der Überlagerung von Lichtwellen, die von
den „korrespondierenden" Punkten des im Ausgangs- und Meß-
zustand befindlichen Objektes (P und P') ausgehen. Der die
Streifenstruktur bestimmende Wegunterschied dieser Wellen
hängt nicht nur von der Verschiebung des jeweiligen Punktes,
sondern auch von der Geometrie des Interferometers (Beobach-
tungs- und Beleuchtungsrichtung) ab. Wird das Objekt z. B. einer
Parallelverschiebung unterzogen und mit ebenen Wellen beleuchtet (Abb. 89), erhalten wir für den Wegunterschied Δ der
Lichtwellen bei allen Objektpunkten

$$\Delta = \Delta x (\cos \varphi + \cos \psi) - \Delta y (\sin \varphi + \sin \psi). \tag{60}$$

Im rekonstruierten Bild beobachten wir ein System paralleler
Streifen, die im Unendlichen *lokalisiert* sind. Bei einer reinen
Drehung um eine Achse in der Oberfläche des Objektes sind die
Streifen nahe der Objektoberfläche *lokalisiert.*
Abb. 90 zeigt zwei Interferogrammrekonstruktionen des doppelt
belichteten Hologramms einer elastischen Platte, die durch eine
in der oberen rechten Ecke und senkrecht zur Abbildungsebene
angreifende Kraft deformiert wurde. Die untere Plattenkante war
in einem Schraubstock eingespannt. Beide Interferogramme
(Abb. 90a und 90b) wurden aus unterschiedlichen Gebieten des
Hologramms rekonstruiert, d. h., sie entsprechen verschiedenen
Beobachtungsrichtungen. Es zeigt sich, daß die Verteilung der
Interferenzstreifen in beiden Fällen etwas voneinander ab-
weicht. Diese Besonderheit der holografischen Interferometrie
wirkt sich vor allem bei großen Aperturen auf die Beobachtung
und Fotografie der Streifen sehr hinderlich aus. Eine Verkleinerung der Apertur vergrößert den Kontrast der Streifen, erzeugt
aber auch eine gröbere Specklestruktur im rekonstruierten Interferogramm.
Zur Auswertung holografischer Interferogramme im Hinblick auf
die Bestimmung von Verschiebungen und deren abgeleitete mechanische Größen, wie Dehnungen und Spannungen, wird in
der Fachliteratur eine Reihe von Methoden angegeben. Im Zusammenhang mit einer auf das Wesentliche orientierten Beschreibung und zeitlichen Einordnung der bedeutendsten Publikationen gibt *Briers* in [59] eine Systematisierung der
Auswertemethoden nach dem zugrunde liegenden Meßprinzip.
Danach unterscheidet man vor allem zwischen vier Hauptaus-
wertemethoden, denen das breite Spektrum existierender Meß-
vorschriften zuzuordnen ist:

Abb. 90. Holografische Interferogramme einer gedehnten elastischen Platte, die aus unterschiedlichen Gebieten des Hologramms rekonstruiert wurden

1. die *Lokalisationsmethode* [74]
(Fringe-Localisation- bzw. FL-Methode),
2. die *dynamische Methode* [75]
(Fringe-Counting- bzw. FC-Methode),
3. die *statische Methode* [76]
(Zero-Order-Fringe- bzw. ZF-Methode),
4. die *Hologrammstreifenmethode* [77]
(Hologramm-Fringe- bzw. HF-Methode).

Die zur Ermittlung des Verschiebungsvektors d eines Meßpunktes P erforderlichen Daten werden entweder aus der Kontrastverteilung im Interferenzbild *(FL-Methode)*, aus der *Ordnungszahl N* der Interferenzstreifen *(ZF-Methode)* bzw. ihrer Ordnungszahldifferenz ΔN bei Variation der Beobachtungsrichtung *(FC-Methode)* über dem Meßpunkt oder aber aus einem System von Interferenzen entnommen, das vom reellen Bildpunkt P aus über dem Hologramm zu beobachten ist *(HF-Methode)*. Breiteste Anwendung haben vor allem die statische und die dynamische Methode gefunden, bei denen die Verbindung zwischen der *Phasendifferenz* δ der interferierenden Wellen und der *Verschiebung* d nach dem Modell von *Sollid* [78] durch die sog. *Grundgleichung der Hologramminterferometrie* hergestellt wird:

$$\delta(P) = \frac{2\pi}{\lambda} \left[e_B(P) + e_Q(P) \right] d(P). \tag{61}$$

Als vermittelnde Größe tritt hier neben der Wellenzahl $2\pi/\lambda$ der *Sensitivitätsvektor S* des Interferometers auf, der in Richtung der Winkelhalbierenden aus Beobachtungsrichtung $e_B(P)$ und Beleuchtungsrichtung $e_Q(P)$ weist (s. Abb. 91):

$$S(P) = e_B(P) + e_Q(P). \tag{62}$$

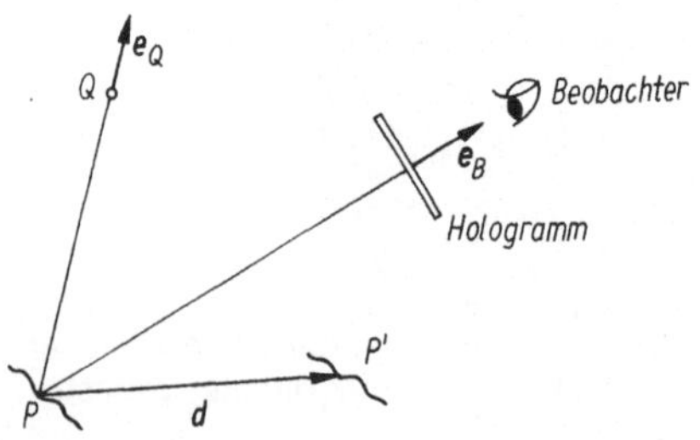

Abb. 91. Zur Lage der Einheitsvektoren in Beobachtungs- $(e_B(P))$ und Beleuchtungsrichtung $(e_Q(P))$

Da bei der Zweistrahlinterferenz die Intensität durch die Cosinusfunktion moduliert wird [s. Gl. (2a)], läßt sich eine einfache Beziehung zwischen der *Phasendifferenz* δ und der Interferenzstreifenordnung N herstellen. Ordnet man einem unveränderten Punkt P_0 auf dem Objekt die Interferenzstreifenordnung $N = 0$ (heller Streifen) zu und zählt bis zu dem untersuchten Objektpunkt P bei unveränderter Beobachtungsstellung N helle Streifen, so ist die Phasendifferenz

$$\delta = N \cdot 2\pi. \tag{63}$$

Mit Gl. (61) folgt

$$N\lambda = \boldsymbol{Sd}. \tag{64}$$

Ein *Interferenzstreifen* kann also folgendermaßen interpretiert werden:
Auf einer Interferenzlinie ist die Projektion des Verschiebungsvektors auf die Winkelhalbierende aus Beobachtungs- und Beleuchtungsrichtung konstant.
Damit klärt sich auch die für $\boldsymbol{S}$ vergebene Bezeichnung als *Sensitivitätsvektor*. Mit Gl. (64) messen wir stets das Skalarprodukt von $\boldsymbol{S}$ und $\boldsymbol{d}$, d. h. die Komponente d_S in Richtung von $\boldsymbol{S}$:

$$d_S = \frac{N\lambda}{|\boldsymbol{S}|}. \tag{65}$$

$\boldsymbol{S}$ gibt also die Richtung an, in der mit größter Empfindlichkeit gemessen wird.
Da i. allg. die Richtung der Verschiebung nicht bekannt ist und somit d_S nur eine spezielle Projektion des wahren Verschiebungsvektors ist, interessiert man sich oftmals für die 3 Komponenten des Verschiebungsvektors in einem kartesischen Koordinatensystem. Zur Lösung dieses Problems werden 3 unabhängige Gleichungen benötigt. Zwei weitere Gleichungen lassen sich auf verschiedene Weise beschaffen. Der einfachste Zugang besteht in der Wahl einer zweiten und dritten Beobachtungsrichtung, in denen die Interferenzen über dem Punkt P beobachtet werden. Mit den so gewonnenen 3 Interferenzordnungszahlen erhält man ein lineares Gleichungssystem, das hinsichtlich der 3 Komponenten von $\boldsymbol{d}$ gelöst werden kann.
Nicht unerwähnt bleiben soll an dieser Stelle das *Holodiagramm* nach *Abramson* [81–87]. Mit der Entwicklung dieses Hilfsmittels

verfolgte *Abramson* den Zweck, dem Anwender der Hologramminterferometrie einen einfachen Zugang zum Verständnis der Wechselbeziehung zwischen der Position des Objektes, der Verschiebung und den Interferenzstreifen zu schaffen. Im Abschn. 2.4. haben wir das Holodiagramm unter der Bedingung begrenzter zeitlicher Kohärenz der Laserstrahlung bereits als Hilfsmittel zur effektiven Positionierung des Objektes im Interferometer kennengelernt (s. Abb. 46). *Abramsons* Methode gestattet es darüber hinaus, die Geometrie einer holografischen Anordnung aus allgemeiner Sicht zu betrachten (Abb. 92), die Orientierung und Lokalisation der Interferenzstreifen bei gegebener Verschiebung zu ermitteln und umgekehrt die Verschiebung aus dem Interferenzmuster zu bestimmen.

Die holografische Interferometrie weist alle Vorteile eines optischen Feldmeßverfahrens auf. Oftmals genügt schon ein Blick auf das Interferogramm, um aus der Struktur und Verteilung der Interferenzstreifen auf jene Bereiche des Objektes zu schließen,

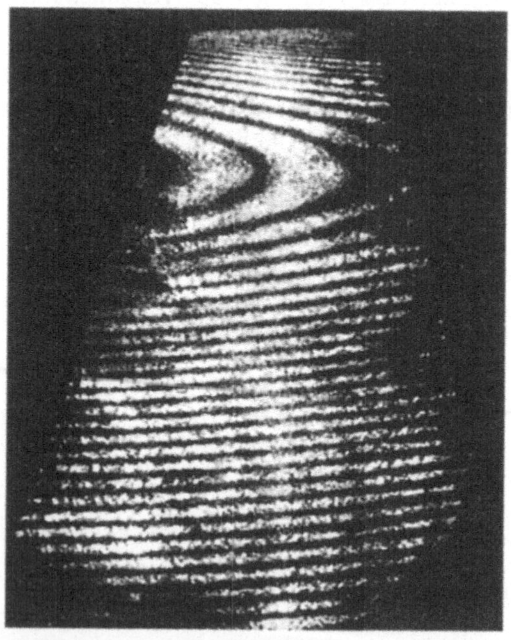

Abb. 92. Doppelbelichtungsinterferogramm eines 195 cm langen Balkens ([29], 2. Kap.). Die optimale Lage des Balkens im Interferometer wurde mit Hilfe des Holodiagramms bestimmt (s. Abb. 46)

die den größten Beanspruchungen ausgesetzt sind oder wo Materialfehler vorliegen (s. Abschn. 3.2.6.). Soll die Reaktion des Untersuchungsobjektes auf eine gegebene Belastung (man unterscheidet hier zwischen direkter mechanischer Belastung, Druck- und Vakuumbelastung, thermischer Beanspruchung, Schwingungserregung und Impulsbelastung) jedoch quantitativ erfaßt werden und eventuell aus den direkt gemessenen Verschiebungswerten auf abgeleitete mechanische Größen (z. B. Dehnungen, Spannungen, Materialkoeffizienten) geschlossen werden, dann müssen große Datenmengen, höchsten Genauigkeitsansprüchen genügend, aus dem Interferogramm entnommen und in vertretbaren Zeiträumen verarbeitet werden. Neben der hohen Komplexität der Information wird die Erfassung der Phasenlage bzw. der Interferenzordnungen durch den stark verrauschten Charakter des Signals erschwert. Lassen wir systematische Fehler der Meßapparatur und qualitätsmindernde Effekte bei der Hologrammherstellung außer acht, so sind insbesondere

- das Specklerauschen auf Grund der Eigeninterferenz von diffus gestreutem kohärentem Licht an einer rauhen Oberfläche,
- parasitäre Interferenzen durch Beugung an Staubteilchen,
- überlagerte Intensitätsprofile infolge der gaußförmigen Intensitätsverteilung im Laserbündel und der unterschiedlichen Reflexionseigenschaften der Oberfläche sowie
- Kontrastschwankungen im Bild, hervorgerufen durch Schwingungen der Meßapparatur und Lokalisationserscheinungen der Interferenzen,

verantwortlich für die Verfälschung des eigentlichen Nutzsignals. Eine auf rein visuellem Wege vorgenommene Streifenzählung bzw. Interferogrammauswertung ist daher nur dann vertretbar, wenn an die Genauigkeit und Effektivität des Meßprozesses keine hohen Anforderungen geknüpft sind.
In den vergangenen 10 Jahren wurden in der internationalen Fachliteratur mehrere Verfahren zur automatischen und hochgenauen Auswertung von holografischen Interferogrammen vorgestellt. Gegenwärtig richtet sich das hauptsächliche Interesse auf den Einsatz von digitalen Techniken, deren Voraussetzung durch die Bereitstellung leistungsfähiger Microcomputer gegeben ist. Zwei Herangehensweisen haben sich hier als besonders tragfähig herausgestellt. Zum einen handelt es sich um die sog. *Phasen-Shift-Interferometrie* [88–90], die von der Verwendung zweier separater Referenzbündel ausgeht und durch die unab-

hängige Speicherung und Rekonstruktion beider Objektzustände die Möglichkeit eröffnet, mittels eines aktiven Elements (z. B. eines Spiegels, der über ein Piezoelement verschoben wird, oder eines elektrooptischen Kristalls) im Strahlengang eines Referenzbündels die Phase zwischen den interferierenden Wellenfronten während der Rekonstruktion gezielt zu schieben. Mindestens 3 Rekonstruktionen werden benötigt, bei denen die zusätzliche Phasendifferenz z. B. 0°, 120° und −120° beträgt, um aus den entsprechend gemessenen Intensitäten I_1, I_2 und I_3 in jedem Bildpunkt die gesuchte Phaseninformation direkt zu ermitteln:

$$\tan \delta = \sqrt{3}\ \frac{I_3 - I_2}{2I_1 - I_2 - I_3}. \tag{66}$$

Aus Gl. (66) wird ersichtlich, daß der berechnete Wert nicht von örtlichen Schwankungen der Grundintensität und des Kontrastes im Bild beeinflußt wird. In [89] wird angegeben, daß die Genauigkeit der mit diesem Verfahren ermittelten Verschiebungsvektoren bei $\lambda/100$ liegt.

Die zweite Herangehensweise nutzt verstärkt Techniken der *digitalen Bildverarbeitung* zur

— Verbesserung (Vorverarbeitung) der Bildinformation
  (Shadingkorrektur, Akkumulation, Glättung, Kontrastspreizung, Filterung, geometrische Korrektur, ...)
— Verdichtung der Bildinformation
  (Segmentierung, Skelettierung, ...)
— qualitativen Auswertung des Interferogramms
  (Mustererkennung, Klassifikation, ...) und
— quantitativen Auswertung des Interferogramms
  (Markierung der Skelettlinien, Interpolation, ...).

Der Einsatz eines digitalen Bildverarbeitungssystems (*Robotron A* 6472), dessen Kernstück durch einen Displayprozessor, 4 bis 8 Bildspeicher der Kapazität 512×512 Bildpunkte und eine Rastergraphik gebildet wird, zur Lösung von Aufgabenstellungen der quantitativen und qualitativen Interferogrammauswertung wird in [94] demonstriert. Nach der Vorverarbeitung und Skelettierung des Interferenzmusters liegt ein Bild vor, das nur noch Linien enthält, die den Orten ganzer und halber Interferenzordnungen entsprechen. Dieses neue Bild, in dem die Information des Interferogramms in verdichteter Form gespeichert ist, kann

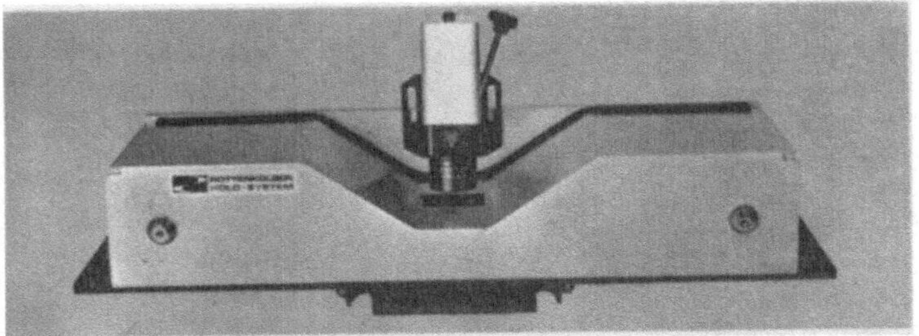

Abb. 93. Holografische Sofortbildeinrichtung HSB 1008 der Firma Rottenkolber Holo-System GmbH

nun in Abhängigkeit von der spezifischen Aufgabenstellung wei-
terverarbeitet werden.

Ein repräsentatives Beispiel für den Einsatz holografischer Verfahren in der zerstörungsfreien Werkstoffprüfung ist die *holografische Reifentestung*. Die entsprechende Gerätetechnik, in
der eine Hologrammkamera mit thermoplastischem Film zum
Einsatz kommt (Abb. 93), wird u. a. von der Firma *Rottenkolber
Holo-System* GmbH produziert (Abb. 94). Anhand charakteristi-

Abb. 94. Holografische Reifentestanlage HRT-220 (Rottenkolber Holo-System GmbH)

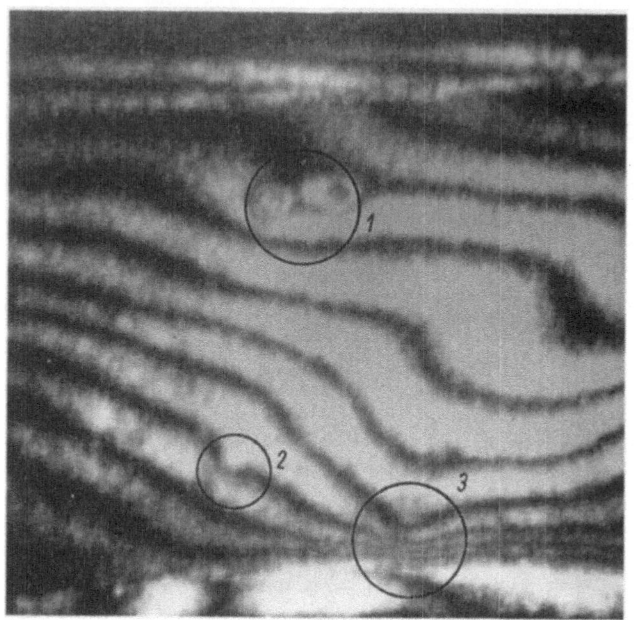

Abb. 95. Interferogramm einer fehlerhaften Reifensektion
Die Fehler im Inneren des Reifens (von oben nach unten: *1* — Ablösung
des Gewebes, *2* — Schnitt in Lauffläche; *3* — Ermüdung der Schulter) äu-
ßern sich in lokalen Ringstrukturen, engen Linienmustern und inhomo-
genen Streifenverläufen. Das automatische Suchverfahren findet diese
charakteristischen Muster und markiert sie sichtbar (s. Abb. 96)

scher Merkmale im Interferogramm (kleine Ringstrukturen, lokale enge Linienmuster, inhomogene Streifenverläufe usw.) lassen sich unter der Oberfläche liegende Fehlstellen (Gewebefeh-
ler, Separationen usw.) sehr empfindlich nachweisen.
Das in Abb. 95 gezeigte Interferogramm enthält einige signifi-
kante Streifenmuster, die bei fehlerhaften Reifen beobachtet
werden. Bei der automatischen Suche nach diesen Mustern wird
von der Tatsache ausgegangen, daß an den entsprechenden
Stellen im Skelett starke Krümmungen oder hohe Liniendichten
auftreten. Ein spezielles Suchverfahren ermittelt alle Gebiete, in
denen bestimmte Schwellwerte überschritten werden, und markiert diese sichtbar (Abb. 96). Außerdem wird ein Meßprotokoll
erstellt, das neben den konkreten Reifendaten den Fehlertyp und
seine Lage beschreibt. Die Verarbeitungszeit für ein Interfero-

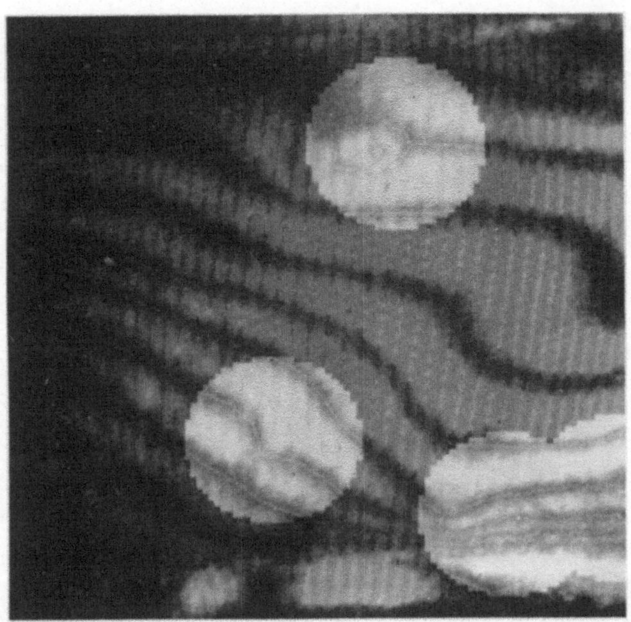

Abb. 96. Die im Interferogramm gefundenen charakteristischen Muster werden mit kreisförmigen Flächen markiert. (Im Original sind diese Flächen rot gefärbt.) Das Bild zeigt die Überlagerung des Interferenzmusters mit dem automatisch gefundenen Skelett

gramm liegt in Abhängigkeit von der Fehlerzahl zwischen 30 und 60 s.

Genauen Aufschluß über das Verhalten des Testobjektes unter dem Einfluß einer Last liefert die quantitative Analyse des Interferogramms. An anderer Stelle haben wir jedoch bereits hervorgehoben, daß zur Ermittlung des Verschiebungsfeldes große Datenmengen erfaßt und verarbeitet werden müssen. Hier besteht eine echte Herausforderung für die Bildverarbeitung. Das am Zentralinstitut für Kybernetik und Informationsprozesse der Akademie der Wissenschaften der DDR entwickelte Verfahren [94] ermöglicht es unter Verwendung der genannten Bildverarbeitungstechnik, die Verschiebungskomponente d_S [s. Gl. (65)] von mehr als 1 000 Meßpunkten in etwa 5 min aus dem Interferogramm zu berechnen und graphisch darzustellen. Der Ausgangspunkt ist wiederum das Skelett der Interferenzstreifen. Dieses neue Bild wird nun im Hinblick auf das Verschiebungs-

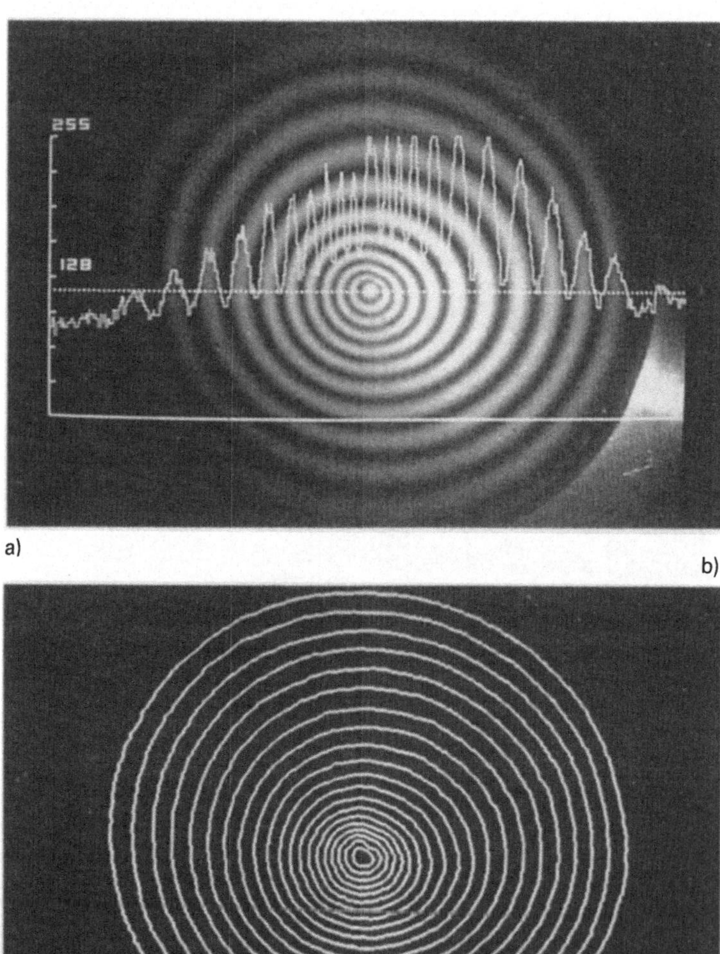

Abb. 97. Interferogramm mit Zeilenschnitt entlang der gepunkteten Linie (a) und Interferenzstreifen-Skelett (b) einer zentral belasteten und am Rand eingespannten Kreisplatte. Der zum Rand hin abfallende Kontrast der Interferenzstreifen in a) hängt ursächlich mit der gaußförmigen Intensitätsverteilung im Laserbündel zusammen

feld interaktiv ausgewertet. Neben der Festlegung metrischer Komponenten besteht die Interaktion vor allem in der Markierung der Skelettlinien mit den ihnen entsprechenden Interferenzordnungszahlen. In den Abbn. 97 und 98 sind verschiedene Stufen der Verarbeitung des Interferogramms einer im Mittelpunkt belasteten Kreisplatte festgehalten. Insbesondere mit Hilfe der *„Pseudo-3d-Darstellung"* (Abb. 98) lassen sich sehr schnell und übersichtlich die Gebiete mit den größten Verformungen identifizieren. In Verbindung mit dem Holo-Analyzer HT80 der Firma Rottenkolber Holo-System (Abb. 99) entsteht so ein komplettes System zur Aufnahme und Auswertung von Interferogrammen.

In den 20 Jahren, die seit dem Erscheinen der ersten Veröffentlichungen von *Powell* und *Stetson* [57] vergangen sind, hat die Hologramminterferometrie ihre Anwendbarkeit zur Lösung der verschiedensten festkörper- und strömungsmechanischen Probleme in überzeugender Weise demonstriert. Eine enorme Anzahl von Publikationen in internationalen Fachzeitschriften (am Ende des 3. Kapitels geben wir für den interessierten Leser eine Aufstellung der wichtigsten Zeitschriften) unterstreicht diese Einschätzung nachdrücklich. Neben diesen wichtigen Quellen für Anwendungslösungen bilden die zahlreichen Berichte internatio-

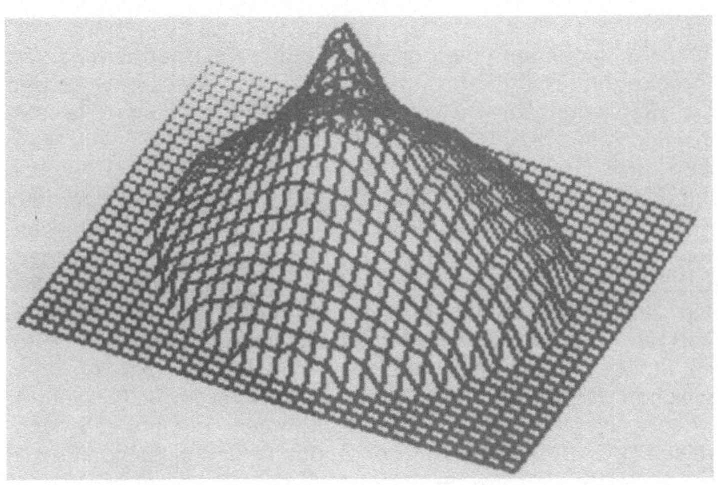

Abb. 98. Graphische Darstellung der Verschiebungen in Richtung des Sensitivitätsvektors von etwa 1000 Meßpunkten der zentral belasteten Kreisplatte

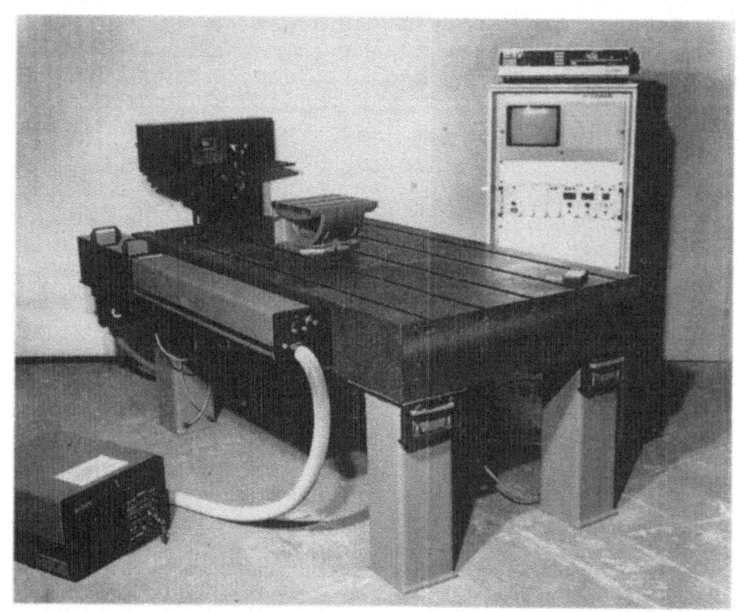

Abb. 99. HOLO-Analyzer HT-80 (Rottenkolber Holo-System GmbH)

naler Fachtagungen einen großen Fundus zur Übermittlung von Anregungen und Erfahrungen. Besondere Beachtung fanden u. a. die Tagungsbände von Glasgow 1968 [95] und 1975 [96], Besançon 1970 [97], Versilia 1977 [98], Jerusalem 1977 [99], München 1978 [100], Strasbourg 1977 [101] und mehrere jüngere SPIE-Publikationen [102—108]. Das Anwendungsspektrum des Meßverfahrens reicht vom Studium des Kristall- und Pflanzenwachstums [109, 110] über die Vermessung der Oberflächengestalt von Flüssigkeiten [111] bis hin zur Untersuchung großer Werkzeugmaschinen im Betriebszustand [112]. Auf den Problemkreis der holografischen Reifentestung sind wir bereits an früherer Stelle eingegangen. Infolge minimaler Druckänderungen zwischen den Belichtungen lassen sich Fehler im Reifeninneren anhand der Oberflächendeformationen sehr empfindlich nachweisen [113] (Abb. 100). Mit der Doppelbelichtungstechnik wurden weiterhin thermische Verformungen von Antennenreflektoren in einer Weltraumsimulationsanlage [114] (Abb. 101), Deformationen des Schädels bei Belastung eines Zahnes [114] (Abb. 102), Spannungsverteilungen in Turbinenschaufeln

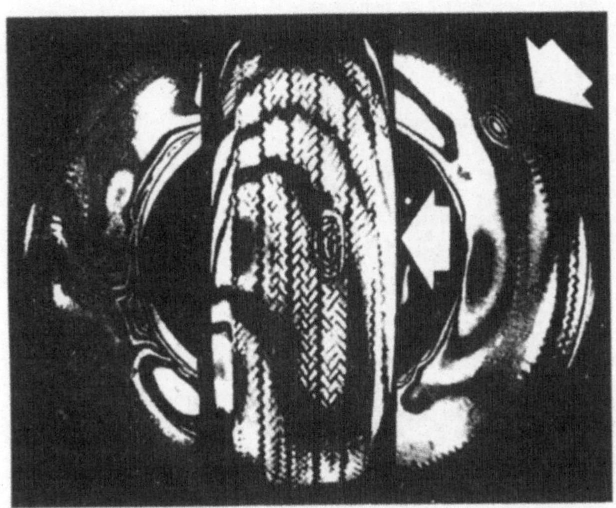

Abb. 100. Interferenzstreifen bei der holografischen Reifentestung
Die Gebiete hoher Interferenzstreifendichte — ausgewiesen durch
Pfeile — kennzeichnen Schwachstellen. Das Objekt wurde gleichzeitig
aus 3 Richtungen mit Hilfe zweier unter 45° angeordneter Spiegel holografisch aufgezeichnet.

[115—117], Deformationen von Flugzeugkörpern infolge thermischer Beanspruchung [114] (Abb. 105) untersucht.
Eng verwandt mit den bisher betrachteten Verfahren zur Ver-
schiebungsanalyse sind hologramminterferometrische Methoden, die auf Doppelbrechungsänderungen in transparenten Festkörpern bei unterschiedlichen Beanspruchungen beruhen.
Genannt sei hier die *holografische Spannungsoptik* [69,
118—120], die es gestattet, neben den Interferenzliniensystemen
der klassischen Spannungsoptik, den Isochromaten und Isokli-
nen, Isopachen (Linien gleicher Hauptspannungssumme) durch
eine vereinfachte Versuchstechnik aufzunehmen (Abb. 103, 104).
Damit lassen sich ebene Spannungszustände vollständig bestimmen.

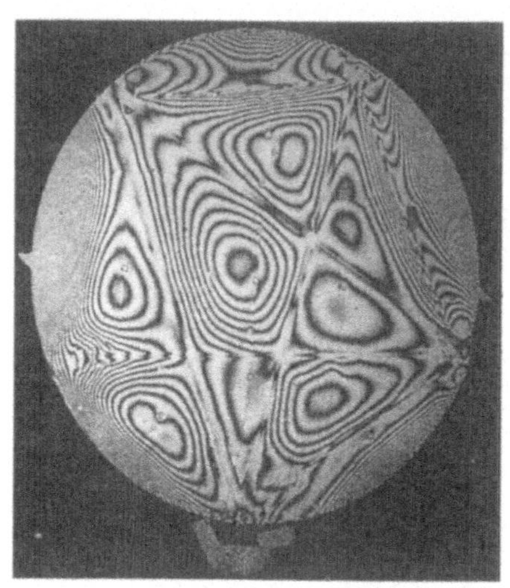

Abb. 101. Thermische Verformungen eines Antennenreflektors in einer Weltraumsimulationsanlage [114]

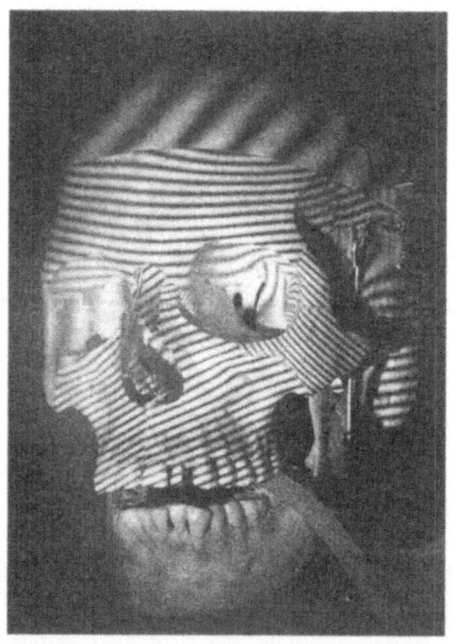

Abb. 102. Deformationen des Schädels bei Belastung eines Zahnes [114]

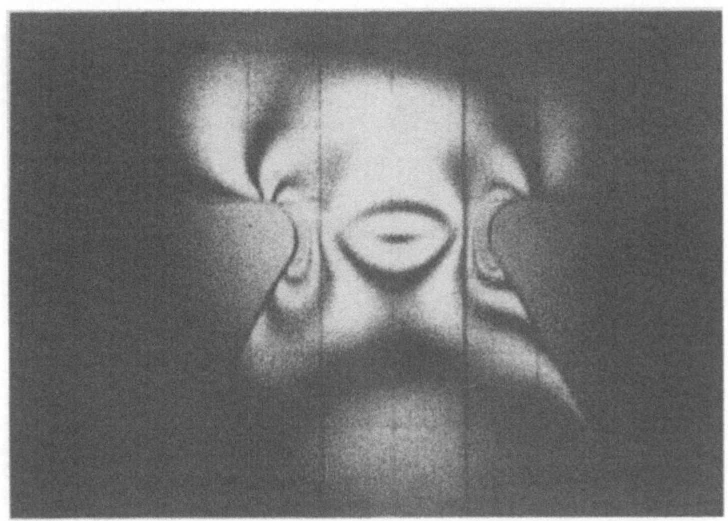

Abb. 103. Isochromatenbild eines spannungsoptischen Modells bei Anwendung der Doppelbelichtungstechnik im holografischen Polariskop

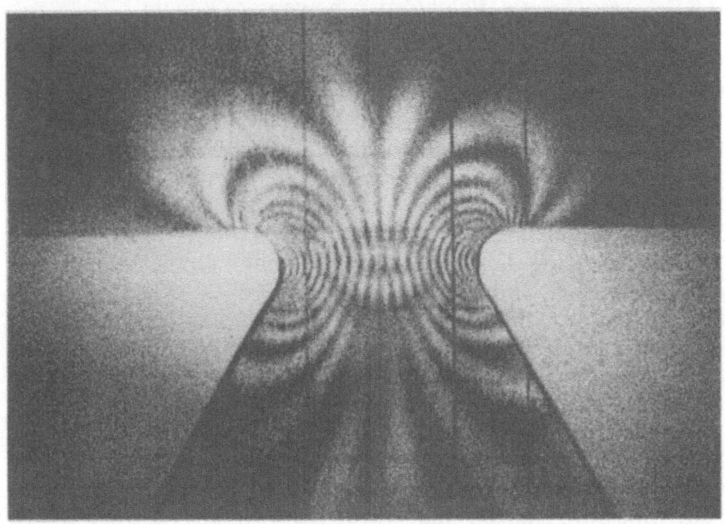

Abb. 104. Isopachenbild eines spannungsoptischen Modells bei Anwendung der Doppelbelichtungstechnik im holografischen Polariskop

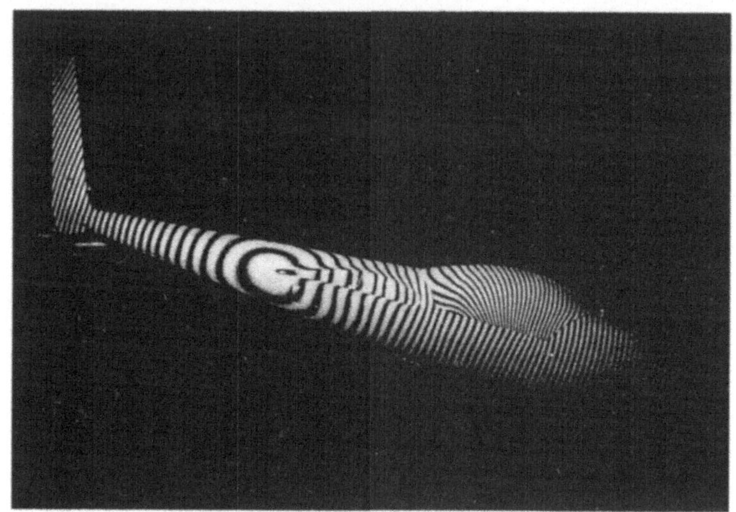

Abb. 105. Deformation eines Flugzeugkörpers infolge thermischer Beanspruchungen [114]

3.2.3. Holografie gleichförmig bewegter Objekte

Wir haben bereits darauf hingewiesen, daß eine Bewegung des Objektes während der Belichtung möglichst zu vermeiden ist. Unter Beachtung gewisser Voraussetzungen kann jedoch ein Hologramm des bewegten Objektes erzeugt und darüber hinaus zur Analyse dieser Bewegung verwendet werden.
Betrachten wir den sehr einfachen Fall, der in Abb. 106a schematisch dargestellt ist. Das Objekt ist eine diffus reflektierende Platte, die während der Belichtung in Richtung des Hologramms mit konstanter Winkelgeschwindigkeit um einen kleinen Winkel α_0 gedreht wird. Nehmen wir weiterhin an, daß die Platte von der Hologrammseite aus durch ein paralleles Lichtbündel beleuchtet wird. In diesem Fall werden jene Punkte, die auf der Drehachse liegen und ortsfest bleiben, ein stationäres Interferenzmuster auf der Fotoplatte bilden und folglich während der Rekonstruktion am hellsten erscheinen. Alle Punkte, die sich der Hologrammplatte um die Strecke $\alpha_0 x = \lambda/2$ nähern, tragen nicht zum Interferenzmuster bei. Tatsächlich ändert sich für diese Punkte während der Belichtungszeit die Phasendifferenz ($\varphi_1 - \varphi_2$) zwischen Objekt- und Referenzwelle um 2π. Da der zeitli-

176

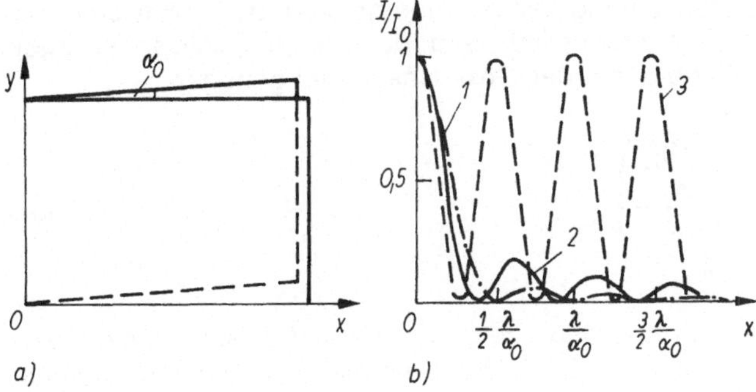

Abb. 106. Drehung der Platte (a) und Intensitätsverteilungen im rekonstruierten Bild (b) für verschiedene Bewegungsarten der Platte und Aufzeichnungstechniken der Interferogramme
1 Drehung mit konstanter Geschwindigkeit (einfache, kontinuierliche Belichtung); *2* harmonische Schwingung mit der Amplitude $\alpha_0/2$; *3* Doppelbelichtungstechnik (Belichtung zu Beginn und am Ende) oder holografische Stroboskopie

che Mittelwert der Kosinusfunktion verschwindet, wenn sich das Argument gleichmäßig um 2π ändert, erhalten wir in Übereinstimmung mit Gl. (2a) $A^2 = A_1^2 + A_2^2$, d. h., die Überlagerung von Referenz- und Objektwellen führt nur zur Addition der Intensitäten und damit nicht zur Entstehung eines Hologramms. Diese Eigenschaft weisen alle Punkte auf, für die $\alpha_0 x$ ein ganzzahliges Vielfaches von $\lambda/2$ ist. Äquidistante dunkle Streifen, zwischen denen helle Streifen mit rasch abnehmender Intensität auftreten, überdecken das rekonstruierte Bild der Platte.
Die Ursache der periodisch auftretenden Streifen schwindender Intensität wollen wir uns im weiteren klarmachen. Dazu unterteilen wir die Belichtungszeit für alle Punkte, die sich dem Hologramm um eine Strecke $\alpha_0 x \neq N\lambda/2$ nähern, gedanklich in zwei Teile. Im ersten Abschnitt, in dem sich der Punkt dem Hologramm um $N\lambda/2$ nähert, wird kein Beitrag zur Entstehung des Interferenzmusters geleistet. Der zweite Abschnitt ist durch eine Verschiebung gekennzeichnet, die kleiner als $\lambda/2$ ist. In dieser Zeit trägt das von dem Punkt gestreute Licht also zur Entstehung des Hologramms bei.[1] Der Kontrast wird jedoch um so geringer sein, je kleiner der Anteil des zweiten Belichtungsabschnitts an

---

[1] Der zeitliche Mittelwert von $\cos(\varphi_1 - \varphi_2)$ verschwindet nicht, wenn die gleichmäßigen Veränderungen im Argument kleiner als 2π sind.

der Gesamtbelichtungszeit ist. Eine genaue mathematische Analyse dieses Phänomens [60] zeigt, daß die Intensitätsänderungen über der Platte folgender Gesetzmäßigkeit genügen:

$$I = I_0 \left(\frac{\sin \dfrac{2\pi\alpha_0 x}{\lambda}}{\dfrac{2\pi\alpha_0 x}{\lambda}} \right)^2 . \qquad (67)$$

Die Kurve *1* in Abb. 106b zeigt den Verlauf dieser Funktion. Danach ist es also möglich, Hologramme von sich bewegenden Objekten zu erzeugen [121–123]. In Abb. 107 sind die mittels *Doppelbelichtungs-* (a) und *Echtzeittechnik* (einfache kontinuierliche Belichtung) (b) erzeugten Interferogramme einer sich infolge von Wärmezufuhr ausdehnenden Platte (60 cm × 60 cm) dargestellt [123]. Die Bilder zeigen, daß durch Anwendung der zweiten Methode eine genaue Feststellung der nullten Interferenzordnung möglich wird, wodurch sich die Wärmespannungen wesentlich leichter berechnen lassen.

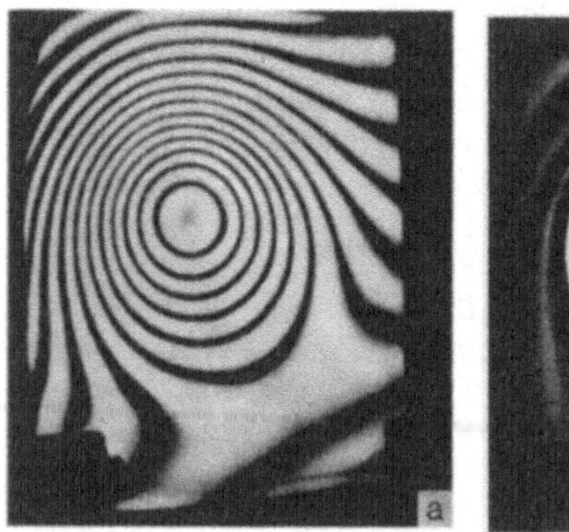

Abb. 107. Holografisches Interferogramm eines thermisch beanspruchten Objektes
a) Interferogramm nach der Doppelbelichtungstechnik; b) Interferogramm bei einmaliger und kontinuierlicher Belichtung

3.2.4. Holografische Untersuchung von schwingenden Objekten

Nun nehmen wir an, daß unsere Platte (Abb. 106a) während der Belichtung harmonische Schwingungen mit einer Amplitude von $\alpha_0/2$ durchführt. Die Belichtungszeit wählen wir wesentlich länger als die Dauer einer Schwingungsperiode. Wie im vorangegangenen Fall wird das Interferenzmuster auf der Fotoplatte (Hologramm) durch den zeitlichen Mittelwert von $\cos(\varphi_1 - \varphi_2)$ während der Belichtungszeit bestimmt. Im Gegensatz zur gleichförmigen Bewegung bewegen sich die Objektpunkte hier entlang verschiedener Teilstrecken ihres Weges mit unterschiedlicher Geschwindigkeit — je näher sie sich an einem der beiden Umkehrpunkte der Schwingung befinden (Amplitude), um so langsamer bewegen sie sich. Diese Positionen sind es, die den größten Beitrag zur Entstehung des Hologramms liefern. Jede Schwingungsperiode kann demnach in 3 Abschnitte unterteilt werden (Abb. 108): *1* die Verweildauer in der Umgebung der Umkehrpunkte (wir können annehmen, daß dieses Intervall einer Zeit entspricht, in der sich die Wegdifferenz Δ um weniger als $\lambda/4$ ändert); *2* dieselbe Verweildauer im entgegengesetzten Umkehrpunkt; *3* die Dauer der schnellen Bewegung.

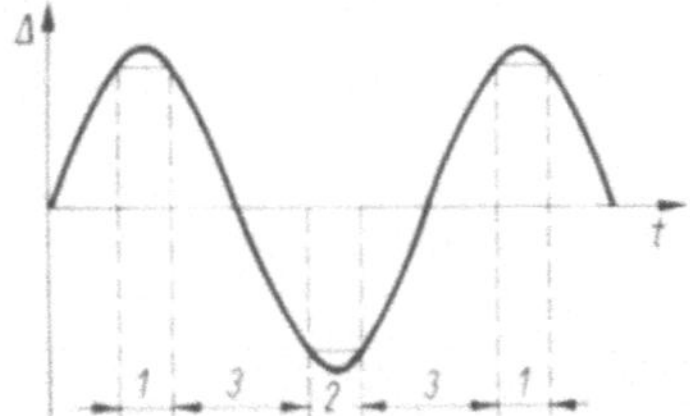

Abb. 108. „Nützliche" *(1, 2)* und „schädliche" *(3)* Anteile an der Belichtungszeit bei der kontinuierlichen Belichtung eines schwingenden Objektes
Δ Wegdifferenz zwischen den vom Objekt reflektierten Wellen und der Referenzwelle

Während der Intervalle 1 und 2 wird die Fotoplatte abwechselnd durch die zwei Amplitudenpositionen des Objektes belichtet, und wir erhalten ein Hologramm ähnlich dem bei der Doppelbelichtungstechnik. Der 3. Belichtungsabschnitt trägt nicht zum Interferenzmuster des Hologramms bei, sondern reduziert lediglich seinen Kontrast. Mit wachsendem Anteil der *„nützlichen"*

12*   179

Belichtung (wir bezeichnen damit jene Zeit, während der das
Objekt in seiner Amplitude verweilt) an der Schwingungsperiode
nimmt also der Kontrast zu. Es ist klar, daß sich dieser Anteil umgekehrt proportional zur Schwingungsamplitude verhält
(Abb. 109).

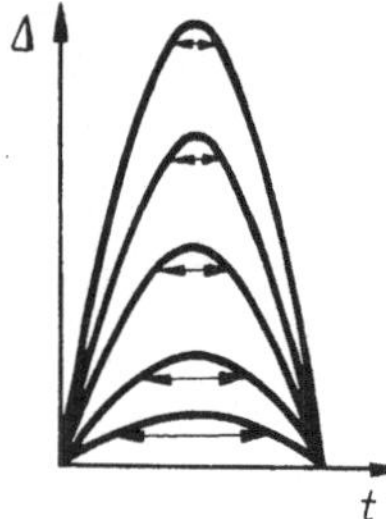

Abb. 109. Abnahme der „nützlichen" Belichtung bei steigender Amplitude

Die Intensität der hellen Streifen nimmt daher auch mit wachsender Schwingungsamplitude ab, jedoch nicht so schnell wie bei
der Drehung der Platte mit konstanter Geschwindigkeit. Anhand
von mathematischen Überlegungen ist man auch hier in der
Lage, die Veränderung der Intensität über der Platte genau zu
beschreiben [60]:

$$I = I_0 J_0^2 \left(\frac{2\pi\alpha_0 x}{\lambda} \right).$$
(68)

J_0 ist die *Besselfunktion* nullter Ordnung. Den Verlauf dieser
Funktion zeigt die zweite Kurve in Abb. 106b.
Das rekonstruierte Bild eines schwingenden Objektes ist also
von markanten Interferenzstreifen überzogen. Den hellsten
Streifen beobachtet man dort, wo das Objekt in Ruhe war. Jeder
folgende Streifen schwindender Intensität verbindet alle Punkte
des Objektes, die mit gleicher Amplitude schwingen
(Abb. 110).
Die soeben behandelte Methode ist unter der Bezeichnung *Zeitmittelungstechnik* bekannt und wurde von *Powell* und *Stetson*
im Jahre 1965 [57] vorgeschlagen. Sie ist sehr einfach zu handhaben, läßt sich jedoch zur Untersuchung von schwingenden Objekten in Echtzeit nicht einsetzen. Hierfür müssen modifizierte
Verfahren wie die *Echtzeitmittelungstechnik* eingesetzt werden
[60]. Letztere bewährt sich besonders dann, wenn die Resonanzfrequenzen des Testobjektes zu ermitteln sind. Weiterhin ist die

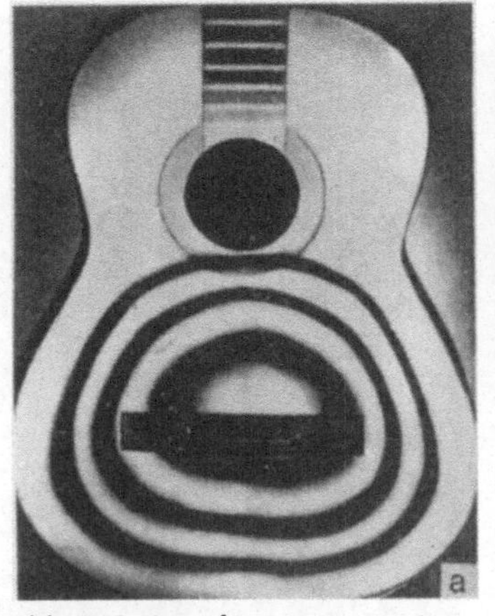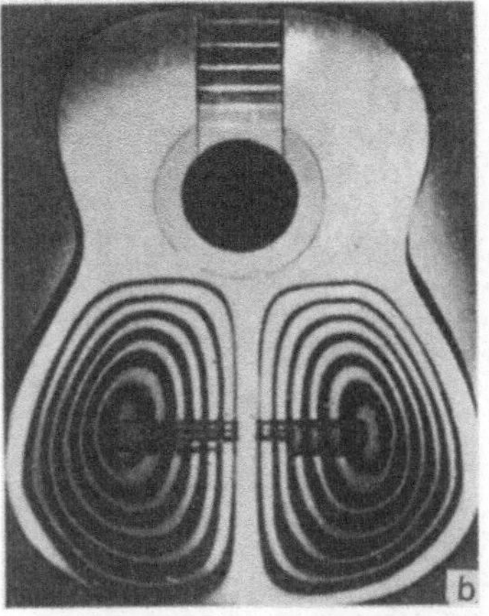

Abb. 110. Interferogramme einer schwingenden Gitarre nach der Zeitmittelungstechnik [124]
a) 185 Hz; b) 285 Hz

Anwendung der Zeitmittelungstechnik auf die Untersuchung
kleiner Amplituden beschränkt, da auf Grund der rapiden Hellig-
keitsabnahme gewöhnlich nur 10 bis 15 Streifen beobachtet werden können.
Zum Studium größerer Amplituden schlagen mehrere Autoren
[124–128] den Einsatz von Verfahren der *holografischen Stroboskopie* vor. Ein mit stroboskopischer Beleuchtung aufgezeichne-
tes Hologramm wird nur dann belichtet, wenn das Objekt seine
maximale Schwingungsamplitude einnimmt. Im Ergebnis erhält
man Interferogramme mit kontrastreichen Interferenzstreifen für
alle Amplitudenwerte (Abb. 111). Da das Hologramm ausschließ-
lich in den Amplitudenpositionen belichtet wird, ergibt sich eine
vollständige Übereinstimmung mit der Doppelbelichtungstechnik. Für den in Abb. 106a gezeigten Fall verhält sich die Intensität
im Bild gemäß

$$I = I_0\cos^2\left(\frac{2\pi\alpha_0 x}{\lambda}\right). \tag{69}$$

Die dritte gestrichelte Kurve in Abb. 106b zeigt den Verlauf dieser Funktion. Wegen der endlichen Dauer der stroboskopischen
Impulse sinkt die Helligkeit der Streifen mit zunehmender Amplitude geringfügig. Für detaillierte Informationen zur Theorie der

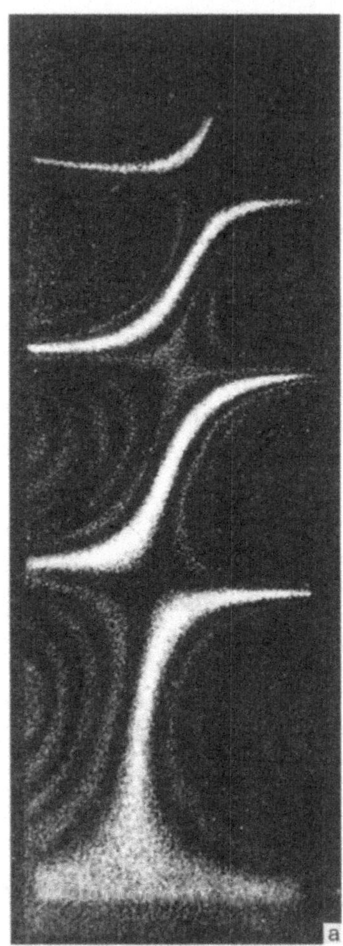

Abb. 111. Interferogramme eines 15 cm hohen Turbinenblattes, das mit
einer Frequenz von 3800 Hz schwingt
a) Zeitmittelungstechnik; b) holografische Stroboskopie

holografischen Stroboskopie verweisen wir auf [129]. Mit der
Stroboskopie ergibt sich auch die Möglichkeit, Interferenzstreifen gleicher Amplitude in Echtzeit zu beobachten [125, 126]. Zu
diesem Zweck wird das Hologramm des stationären Objektes an
Ort und Stelle entwickelt und durch dieses Hologramm hindurch
das schwingende Objekt bei stroboskopischer Beleuchtung be-

obachtet (ein Blitz pro Schwingungsperiode). Einen schematischen Aufbau zur holografischen Schwingungsmessung zeigt Abb. 112.

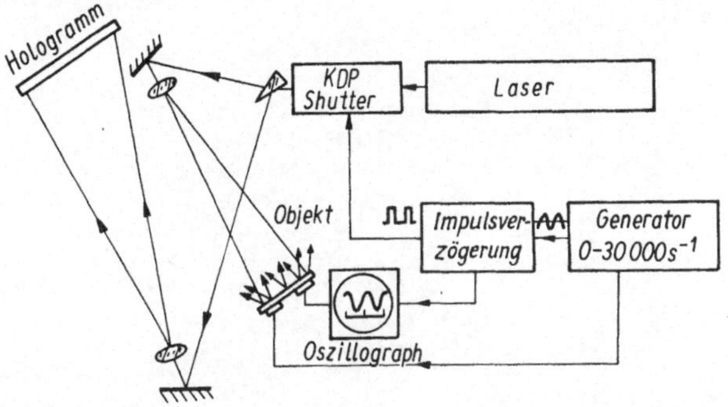

Abb. 112. Blockdiagramm einer Anordnung zur holografischen Untersuchung von Schwingungen [129]

Das Anwendungsspektrum holografischer Methoden zur Schwingungsdiagnose ist breit gefächert. Große Beachtung haben u. a. die von *Felske* und *Happe* am Forschungszentrum der *Volkswagen AG* durchgeführten Untersuchungen an Personenkraftwagen gefunden [130—134]. Zu diesem Zweck wurde eigens eine *Doppelimpulskamera* entwickelt, um auch bei komplizierten Schwingungsprozessen kontrastreiche Interferenzstreifen zu erhalten (Abb. 113) [130]. Diese Kamera ermöglicht es in Verbindung mit einer speziellen Triggervorrichtung [131], 2 Laserblitze zeitlich exakt in einen Schwingungsvorgang einzutakten. Dadurch konnte beispielsweise die für das Geräuschverhalten des Fahrzeuges günstigste Aufhängung des Motorblocks anhand der Interferenzstreifenverteilung im rekonstruierten Bild ermittelt werden (Abb. 114) [130]. Weitere Untersuchungen beschäftigten sich mit der Schwingungsverteilung auf Kotflügel und Tür infolge der Motoranregung (Abb. 115) sowie auf „quietschenden" Scheibenbremsen (Abb. 116) [132—134]. Beim Nachweis von Geräuschzentren an komplizierten Konstruktionen sieht sich der Meßtechniker i. allg. vor zahlreiche Probleme gestellt. Die Lösung dieser Aufgabe ist jedoch im Interesse geräuscharmer Kraftfahrzeuge unvermeidlich. Durch den Einsatz der Impulsholografie konnten *Felske* und *Hoppe* Klopfzentren auf verschie-

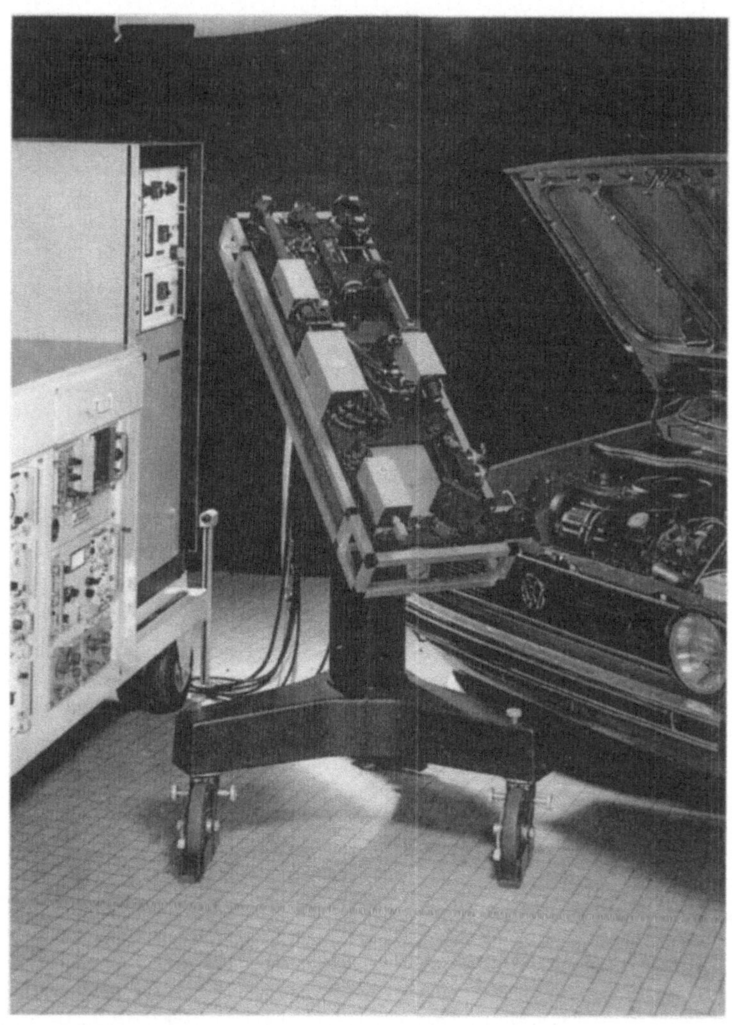

Abb. 113. Doppelpuls-Hologrammkamera PHK 1 von VOLKSWAGEN mit Energieversorgung und Triggervorrichtung

denen Gehäuseteilen deutlich lokalisieren (Abb. 117) [131]. Andere Autoren beschreiben ihre Ergebnisse beim Studium des Schwingungsverhaltens von Turbinenschaufeln [135—137], Schalen [138—142], Rotoren [143] und Plattentellern [144].

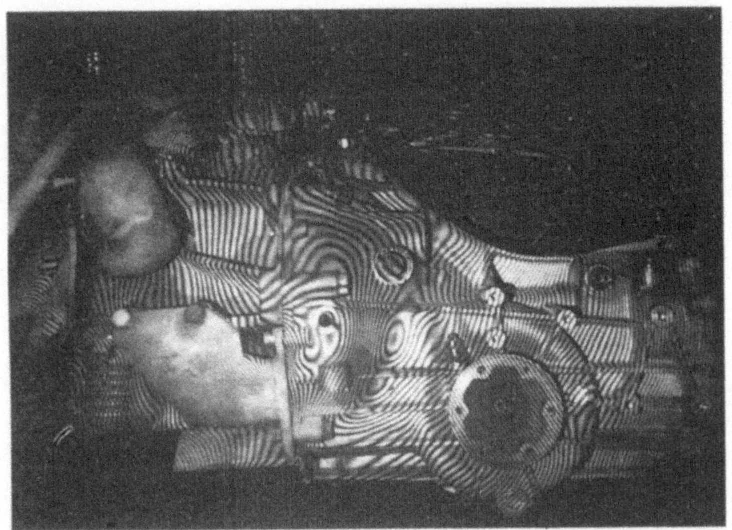

Abb. 114. Schwingungsverteilung auf einem Getriebegehäuse bei 6200 U/min
Die rechte Seite zeigt nahezu parallel verlaufende Streifen. Hier ist die Steifigkeit von ausreichender Qualität

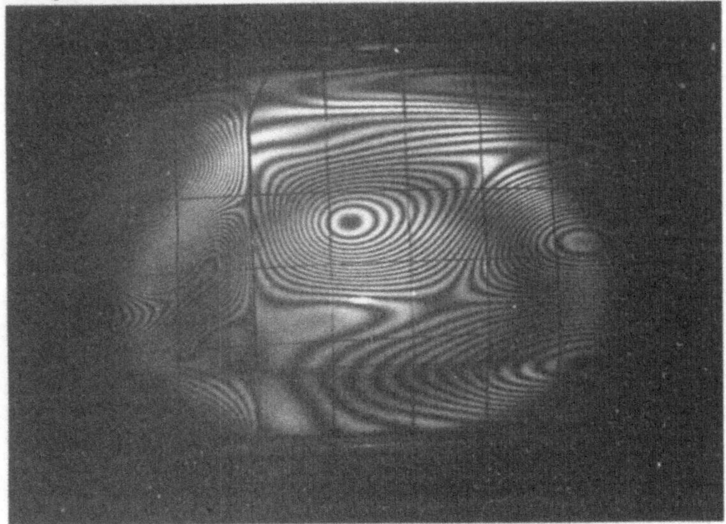

Abb. 115. Das Interferogramm zeigt die Schwingungsverteilung auf Kotflügel und Tür infolge Motoranregung bei 67 U/s (4020 U/min)

Abb. 116. Schwingungsanregung der nichtrotierenden Bremsscheibe durch einen Shaker; der überspielte Signalverlauf entspricht dem Frequenzspektrum im Schallfeld der „quietschenden" Bremse

Abb. 117. Klopfzentrum auf einem Zylinder-Kurbelgehäuse, das mit einem Sinussignal von 8 KHz angeregt wurde (Doppelbelichtungshologramm, aufgenommen mit einem Pulslaser)

3.2.5. Untersuchung der Oberflächengestalt kompliziert geformter Körper

Mit der Untersuchung der *Topographie* von kompliziert geformten Objekten hat sich die holografische Interferometrie ein weiteres Anwendungsgebiet erschlossen. Die Grundidee des Verfahrens haben *Haines* und *Hildebrand* 1967 [145] in einer ihrer ersten Arbeiten zum Problemkreis der holografischen Interferometrie formuliert. Bevor wir auf einzelne Varianten genauer eingehen, soll das Prinzip anhand von Abb. 118 kurz vorgestellt werden. Die Punkte *A* und *B* verkörpern entweder zwei benachbarte kohärente Lichtquellen oder zwei verschiedene Positionen einer Lichtquelle, die nacheinander in den zwei Phasen der Doppelbelichtung eingenommen werden. Im ersten Fall können wir uns bei der Erörterung des Prinzips auf die im Abschn. 1.2.1. gewonnenen Erkenntnisse beziehen. Auf Grund der Interferenz des von beiden Quellen ausgehenden Lichtes entsteht im umgebenden Raum ein System von Intensitätsmaxima (die bekannten Bäuche) und -minima (Knoten), die die Gestalt von *Rotationshyperboloiden* haben (s. Abb. 3). Ein in dieses System gebrachtes Objekt wird von Streifen überzogen, die Schnitte dieses Objektes mit dem Hyperboloidenfeld darstellen. Eine Aufzeichnung des Hologramms ist hier nicht erforderlich, da die Konturstreifen unmittelbar beobachtet und fotografiert werden können.

In der holografischen Modifikation dieser Methode wird die Hologrammplatte zweimal belichtet, während die Lichtquelle von *A* nach *B* verlagert wird. Da die Koordinaten des rekonstruierten Bildes nicht von der Position der Lichtquelle abhängen (s. Abschn. 1.3.1.), stimmen beide Rekonstruktionen geometrisch völlig überein. Nur in den Phasen der sich ausbreitenden Licht-

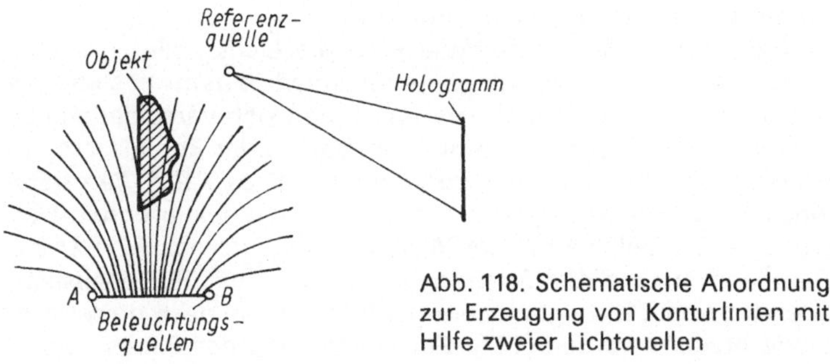

Abb. 118. Schematische Anordnung zur Erzeugung von Konturlinien mit Hilfe zweier Lichtquellen

wellen bestehen Unterschiede. Es ist leicht einzusehen, daß die Streifenlage bei beiden Varianten identisch ist.

Sind die Lichtquellen A und B in hinreichender Entfernung von der zu vermessenden Oberfläche entfernt (im günstigsten Fall können sie mit Hilfe von Kollimatoren ins Unendliche versetzt werden), dann sind die Schnittflächen annähernd gleich weit entfernte Ebenen mit dem Abstand $\Delta h = \lambda/(2 \sin \alpha/2)$, wobei α der Winkelabstand zwischen den Lichtquellen ist.

Die über dem Objekt beobachteten Streifen bilden die Umrisse des Reliefs nach *(Höhenschichtlinien)*, wenn die Schnittflächen senkrecht zur Beobachtungsrichtung ausgerichtet sind. Probleme können sich beim Auftreten von Schattenzonen auf dem Objekt ergeben. Hier erweist sich oftmals eine Beleuchtung des Objektes von mehreren Seiten als günstig. Dazu wird das Lichtbündel mittels eines Teilerspiegels in zwei Komponenten zerlegt, die das Objekt aus entgegengesetzten Richtungen beleuchten. Eine andere Variante zur Lösung dieses Problems sieht die Beleuchtung des Objektes unter einem gegenüber der Beobachtungsrichtung spitzen Winkel vor, wodurch die Homogenität der Beleuchtung verbessert und die Schattenbildung verringert wird. Die auf diesem Wege entstehenden Streifenmuster sind keine Linien gleicher Höhendifferenz, sondern können als Grundlage für die Berechnung der Umrisse dienen.

Eine weitere, ebenfalls von *Haines* und *Hildebrand* vorgeschlagene Methode [146] beruht auf dem interferentiellen Vergleich der vom Objekt gestreuten Welle mit der gleichen, jedoch im Maßstab leicht veränderten Welle. Zu diesem Zweck wird das Hologramm durch eine Lichtquelle, die zwei Wellenlängen ($\lambda_1 = \lambda$, $\lambda_2 = \lambda + \Delta\lambda$) emittiert, doppelt oder einfach belichtet. Es läßt sich zeigen, daß die Interferenz der beiden rekonstruierten Wellenfelder Streifen gleichen Niveaus, also Höhenschichtlinien der zu untersuchenden Oberfläche, hervorruft. Dem Abstand zweier Streifen entspricht eine Höhendifferenz $\Delta h = \lambda^2/2\Delta\lambda$. Beim praktischen Einsatz dieser Methode wird die Lichtquelle so ausgewählt, daß der Wellenlängenunterschied einem bestimmten Streifenabstand entspricht. Hierfür eignen sich verschiedene Linienpaare des Argon-, Krypton-, Farbstoff- oder Rubinlasers. Im letzten Fall erhält man bei Verwendung eines *Fabry-Perot*-Etalons als Ausgangsspiegel (d — Abstand der reflektierenden Platten) eine Doppellinie mit der Wellenlängendifferenz $\Delta\lambda = \lambda^2/2d$. Demnach stimmt der Streifenabstand mit dem Plattenabstand überein. Abb. 119 zeigt Höhenschichtlinien, die nach dieser Methode erzeugt wurden [147]. Zur Herstellung des Bildes konnte

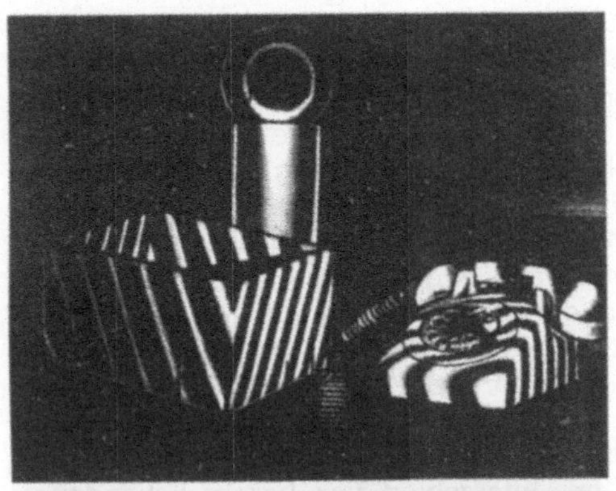

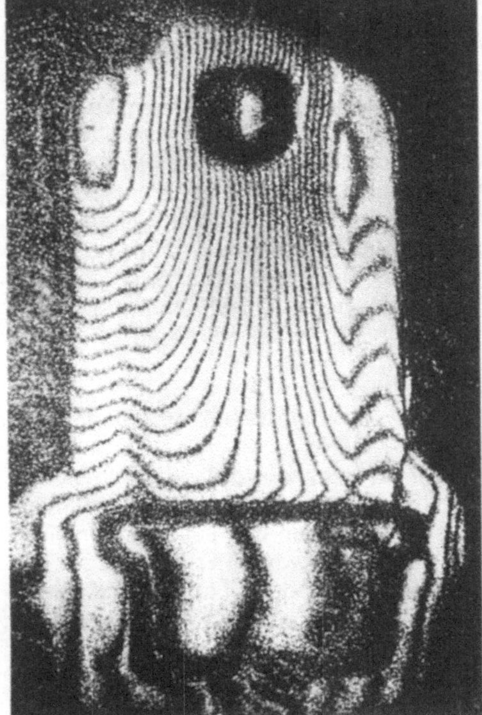

Abb. 119. Holografisch erzeugte Konturlinien gleicher Höhe nach der Zwei-Wellenlängenmethode
Abb. 120. Nach der Immersionsmethode erzeugte Höhenschichtlinien auf einem Prüfling

die von einem Rubin-Impulslaser generierte Doppellinie
($\Delta\lambda = 1{,}25$ nm, $\Delta h = 23$ mm) verwendet werden.

Wir wollen darauf hinweisen, daß die *Zweiwellenlängenmethode* im Prinzip mit der holografischen Methode zur Bestimmung der zeitlichen Kohärenz der Strahlung übereinstimmt (s. 2. Kapitel, Abb. 53 [41]). Während einerseits die bekannte Wellenlängendifferenz einer Doppellinie zur Vermessung der Kontur des Objektes eingesetzt wird, ist das bekannte Relief eines Objektes (z. B. eine Ebene, die schräg zum Bündel gestellt ist) andererseits ein Indiz für die spektrale Struktur der emittierten Linie und damit der zeitlichen Kohärenz.

Die in [146] vorgeschlagene *Immersionsmethode* beruht ebenfalls auf einer Doppelbelichtung des Hologramms mit verschiedenen Wellenlängen. Im Unterschied zum bereits behandelten Verfahren wird die Wellenlängenänderung zwischen den Belichtungen durch eine Veränderung der Brechzahl im umgebenden Medium (Immersionsmittel, z. B. Gas oder Flüssigkeit) erreicht. Praktisch stellt man das Objekt in einen Glasbehälter mit planparallelen Seitenwänden und verändert entweder den Gasdruck oder die Zusammensetzung der Immersionsflüssigkeit vor der zweiten Belichtung. Dem Abstand zweier Streifen entspricht in diesem Fall eine Höhendifferenz $\Delta h = \lambda/\Delta n$. Abb. 120 zeigt das mit Höhenschichtlinien überzogene Bild eines Prüflings zur Herstellung von Turbinenschaufeln [148]. Der Prüfling befand sich in einem mit einer Wasser-Ethylenglycol-Mischung gefüllten Becken ($\Delta h = 2$ mm).

3.2.6. Holografische zerstörungsfreie Werkstoffprüfung

Im Abschn. 3.2.1. haben wir festgehalten, daß die im Interferogramm beobachteten Streifen eine Folge der Oberflächenverschiebungen des Testobjektes zwischen den Belichtungen sind. Oftmals gelingt es jedoch mit einer gewissen Erfahrung, aus der Struktur der Streifen auf Fehler unter der Oberfläche zu schließen. Dieser günstige Umstand folgt aus der Tatsache, daß die Oberflächenverschiebungen in der Umgebung von Fehlstellen in charakteristischer Weise beeinflußt werden. Ein repräsentatives Beispiel hierfür haben wir bereits im Zusammenhang mit der holografischen Reifentestung kennengelernt (s. Abb. 100). Zahlreiche Ergebnisse der holografischen zerstörungsfreien Werkstoffprüfung (in der Fachliteratur als *Holographic Nondestructive Evaluation [HNDE]* bezeichnet) gehen auf dieses Phänomen zu-

rück. Zu den markanten Fehlstellen müssen Zonen verminderter
Festigkeit in Behältern von pneumatischen oder hydraulischen
Vorrichtungen (Membranen, Heizkessel, Rohre usw.), Fehlver-
bindungen in mehrschichtigen Konstruktionen (Laminate) oder
wabenförmigen Verstärkungen, Risse und Ermüdungszonen in
stark beanspruchten Teilen (Turbinenschaufeln, Flugzeugflügel,
Hochdruckbehälter usw.) gerechnet werden. Eine Darstellung
der wichtigsten Aktivitäten auf diesem interessanten Betäti-
gungsfeld der holografischen Interferometrie gibt *Vest* in [149].
Abb. 121 zeigt die Auswirkungen eines strahlenförmigen Risses
in der Nähe eines Loches auf die Struktur des Streifenmu-
sters [150]. Viele spezielle Typen von Fehlstellen lassen sich
i. allg. anhand von charakteristischen Interferenzmustern nachweisen. Während bei Rissen deutliche Versetzungen in den Interferenzstreifen beobachtet werden, lassen sich Fehlstellen unter der Oberfläche oftmals durch lokale Ringsysteme erkennen.
Die in Abb. 122 auftretenden periodischen Ringstrukturen sind
beispielsweise ein Indiz für Wickelfehler in einem glasfaserverstärkten Kunststoffrohr [114].
Alle bisherigen Erfahrungen haben gezeigt, daß die Wahl der
richtigen Belastungsmethode von entscheidender Bedeutung für
die erfolgreiche Lösung eines konkreten Problems ist. Hierbei
unterscheidet man zwischen direkter mechanischer Beanspru-

Abb. 121. Auswirkung eines strahlenförmigen Risses in der Nähe eines
Loches auf die Struktur des Interferogramms [150]
Man beachte die Versetzungen in den Interferenzstreifen zu beiden Sei-
ten des Risses

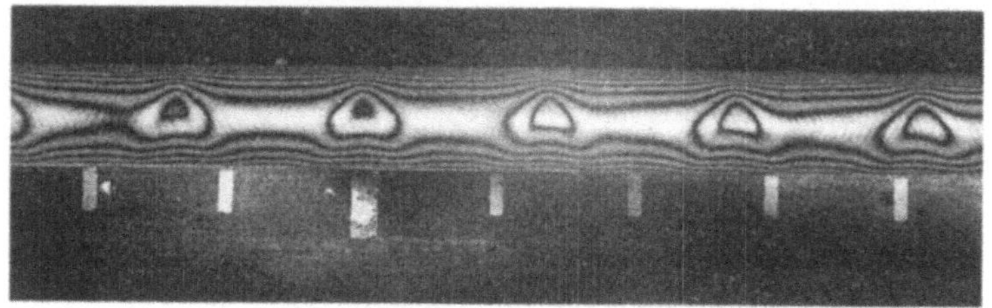

Abb. 122. Interferenzmuster bei periodischen Wickelfehlern in einem glasfaserverstärkten Kunststoffrohr [114]

chung (Punkt- oder Streckenlasten, Biegung, Dehnung usw.), Druck- oder Vakuumbeanspruchung, thermische Beanspruchung, Schwingungsanregung oder Impulsbelastung. Neben der Wahl der richtigen Belastungsart ist weiterhin die Gestaltung des Interferometers (Richtung des Sensitivitätsvektors) im Interesse eines empfindlichen Fehlernachweises als ein wesentlicher Teil der Meßaufgabe anzusehen.

3.2.7. *Holografische Untersuchung von Phasenobjekten*

Unter *Phasenobjekten* verstehen wir solche Körper, bei denen die Beeinflussung der Amplitude des Lichtes gegenüber der Beeinflussung der Phase vernachlässigt werden kann (transparente Objekte). Die holografische Interferometrie eröffnet eine Vielfalt neuer Möglichkeiten zur Untersuchung von pulsierenden oder stationären Phaseninhomogenitäten z. B. in Gasströmungen, Flammen, Druckwellen (Abb. 123) oder im Plasma [5–7, 155–156]. Zu den wichtigsten Anwendungen gehört der interferometrische Nachweis von Phaseninhomogenitäten im Inneren von Behältern, deren Wandungen eine geringe optische Güte aufweisen (Abb. 124). Mit Methoden der klassischen Interferometrie lassen sich derartige Experimente nicht durchführen, da hier die Notwendigkeit besteht, das zu untersuchende Meßgefäß mit planparallelen Fenstern hoher Güte (Mindestgenauigkeit $\lambda/2$) zu umgeben. Von Vorteil ist weiterhin, daß die mit einer Streuscheibe aufgezeichneten Hologramme des Phasenobjektes einen großen Raumwinkel überstreichen. Damit ergibt sich im Rekonstruktionsprozeß die Möglichkeit, räumliche und unsymmetrische Verteilungen von Phaseninhomogenitäten (z. B. Veränderungen der Brechzahl) zu studieren [153]. Wie wir bereits an anderer Stelle hervorgehoben haben, stellt die holografi-

192

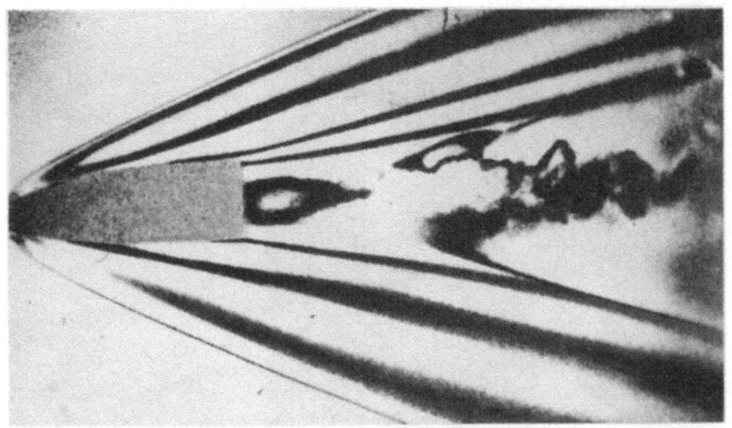

Abb. 123. Holografisches Interferogramm einer Druckwelle, die von einem fliegenden Geschoß erzeugt wird [53, 54]

sche Interferometrie an die Qualität der verwendeten optischen Bauelemente keine hohen Ansprüche. Diese Eigenschaft ist besonders wichtig für die Gasdynamik und Plasmaforschung, wo teilweise große Gebiete zu beleuchten sind (Abb. 125, 126]. Durch ein Hologramm werden wir in die Lage versetzt, Phaseninhomogenitäten mit verschiedenen Methoden untersuchen zu können. Dazu gehören sowohl interferentielle als auch Schatten- und Schlierenmethoden. Mehrere Verfahren wurden vorgeschlagen, um die Empfindlichkeit der holografischen Interferometrie gegenüber von Phaseninhomogenitäten zu erhöhen. Einige interessante Lösungen sollen im weiteren beschrieben werden:

1. Die Verwendung von Wellenlängen, die nahe der Resonanzlinie des zu untersuchenden Gases liegen [155]
In der Umgebung der Absorptionslinie (λ_0) besteht zwischen der Lichtbrechung ($n - 1$) des Gases und der Wellenlänge ein Zusammenhang gemäß $(n - 1) \approx 1/(\lambda - \lambda_0)$. Danach wächst die Brechzahl bei Annäherung an die Absorptionslinie sehr schnell an. Auf diese Weise kann die Empfindlichkeit um einige Größenordnungen gesteigert werden. *Dreiden* u. a. [167] haben diese Methode bei der Untersuchung der Verteilung von Kaliumdampf im Plasma eingesetzt (Abb. 127). Die Wirkung der hierbei verwendeten Lichtquelle beruhte auf *stimulierter Raman-Streuung* in einer Nitrobenzenzelle, die von einem Rubinlaser gepumpt

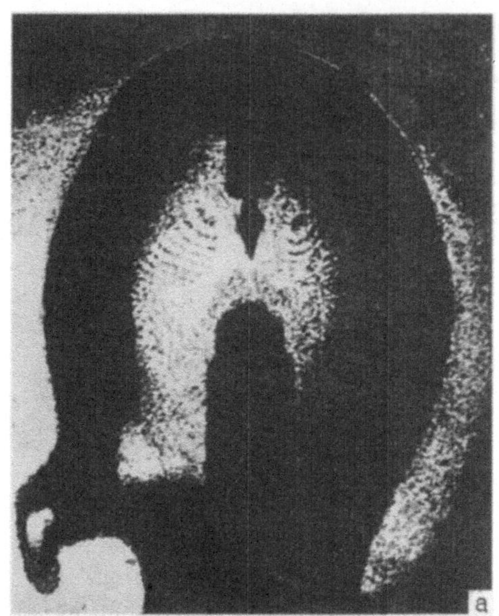

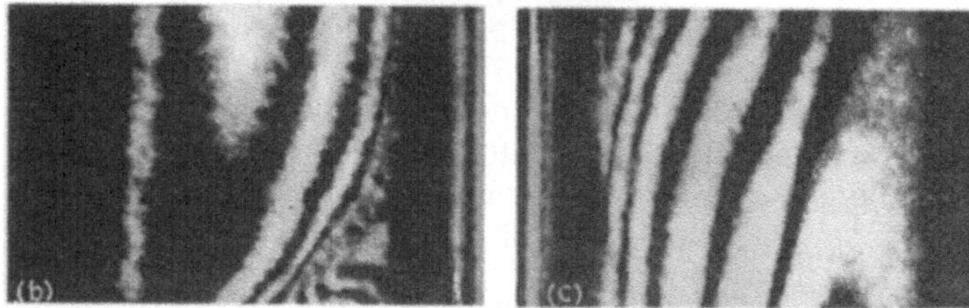

Abb. 124. Holografisches Interferogramm einer Hochdruck-Krypton-Lampe [155] (a) und einer Blitzlampe des Typs IFP-1200 (b, c) [165]

wurde, dessen Wellenlänge ($\lambda = 765{,}8\,\mathrm{nm}$) nahe der Resonanzlinie von Kalium ($\lambda = 766{,}5\,\mathrm{nm}$) liegt. Neben ihrer hohen Empfindlichkeit besitzt diese Methode auch selektive Eigenschaften, d. h., das Interferenzmuster wird nur von der Verteilung einer Komponente des Gemisches beeinflußt.

2. Die Verwendung von Vielstrahlanordnungen
Weigel u. a. [168] stellten die durchsichtige, optisch inhomogene Probe zwischen zwei planparallele, halbdurchlässige Spiegel. Nach 1, 3, 5, ... Durchläufen wurde das Resultat am Ausgang des Systems aufgezeichnet. Da die Kohärenzlänge des Lasers

194

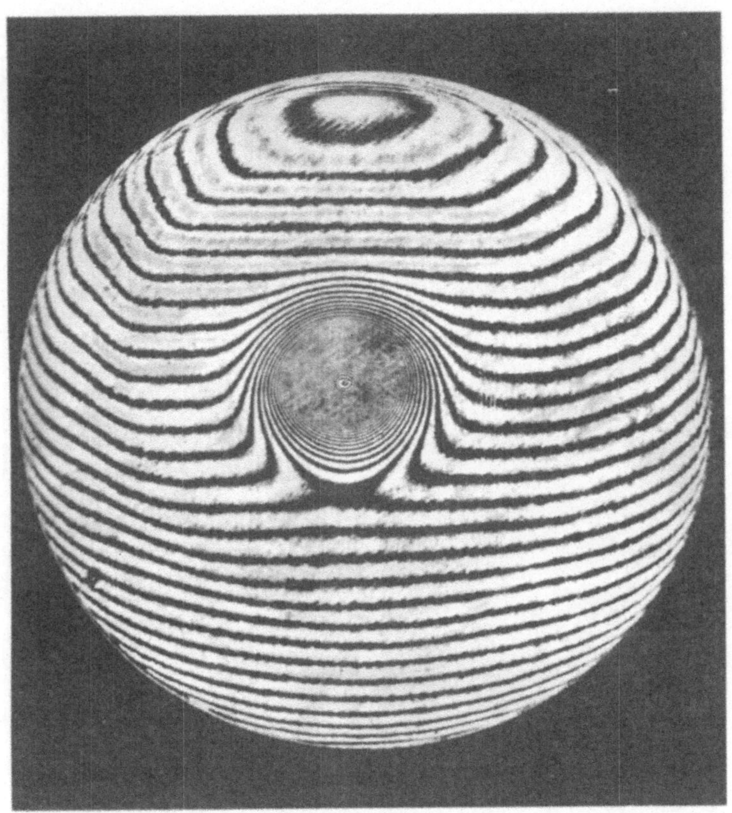

Abb. 125. Holografisches Interferogramm des Theta-Pinch-Plasmas (Durchmesser 10 cm) [166]

kleiner als die doppelte Entfernung zwischen den Spiegeln war, interferierte jedoch nur eines der Bündel mit dem Referenzbündel. *Tsuruta* und *Itoh* [169] verwendeten eine ähnliche Methode zur Prüfung der Spiegel eines *Fabry-Perot*-Interferometers. Die Spiegel wurden unter einem kleinen Winkel zueinander angeordnet, um jene Bündel zu trennen, die eine unterschiedliche Anzahl von Reflexionen durchlaufen haben. (Durch die Verkippung treten diese Bündel am Ausgang des Spiegelsystems unter verschiedenen Winkeln auf.)

3. Rekonstruktion höherer Beugungsordnungen
Die infolge von Inhomogenitäten auftretenden Phasenverschie-

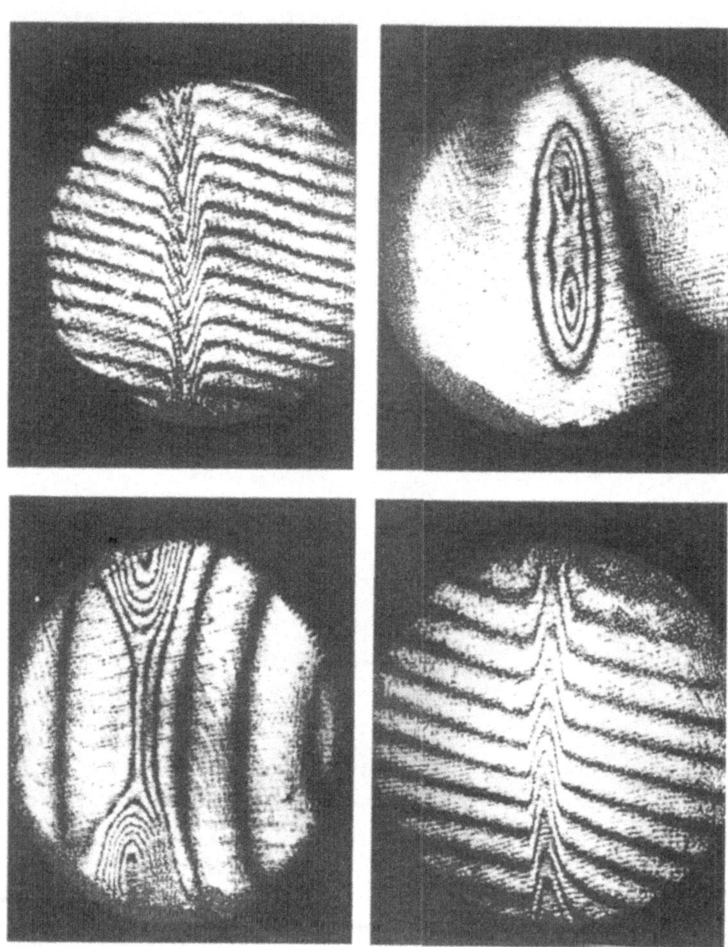

Abb. 126. Holografische Interferogramme einer neutralen Strom-
schicht [167]
Das Plasma erstreckt sich über ein Gebiet mit 10 cm Durchmesser

bungen in einer ebenen Welle lassen sich verstärken, wenn
diese Welle mittels eines Hologramms in der zweiten, dritten
usw. Beugungsordnung rekonstruiert wird [170, 171] (Abb. 128).
Zu diesem Zweck ist es erforderlich, daß die nichtlinearen Eigenschaften der Fotoschicht bei der Aufzeichnung des Hologramms ausgenutzt werden. Das erreicht man durch entspre-

196

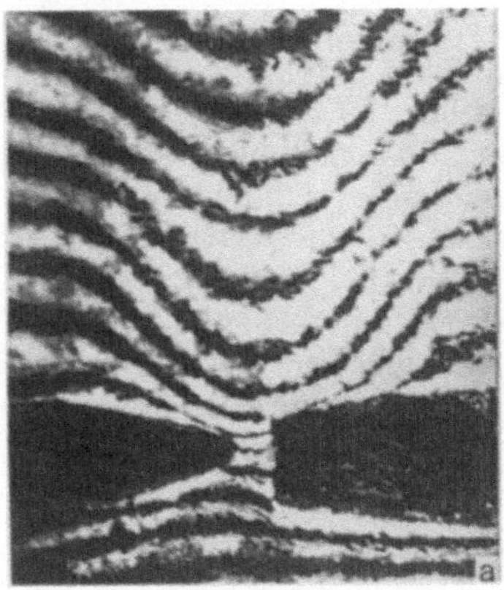 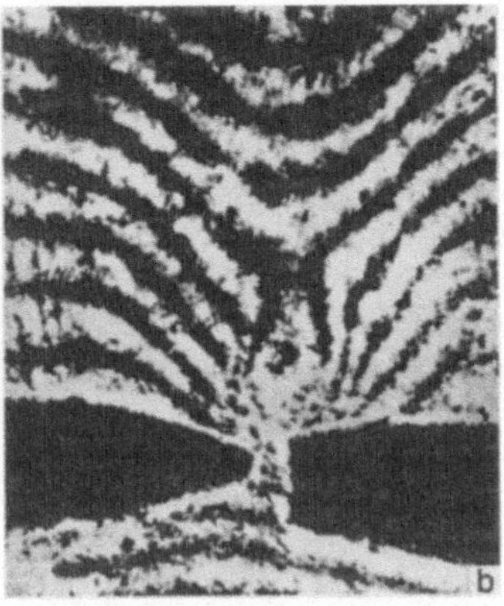

Abb. 127. Holografische Interferogramme des Plasmas in einem Lichtbogen zwischen 2 kaliumdotierten Kohlenstoffelektroden (s. [49], 2. Kap.)
a) $\lambda = 694,3\,\text{nm}$; b) $\lambda = 765,8\,\text{nm}$

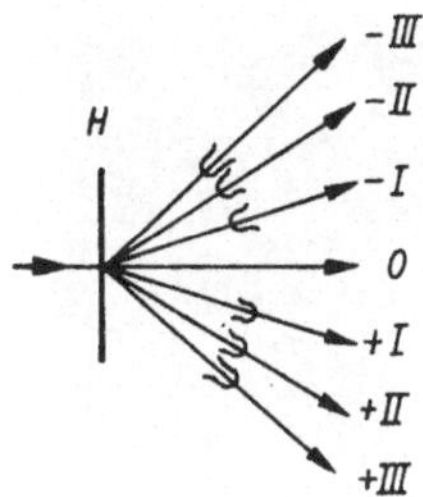

Abb. 128. Die Phasenverschiebungen einer ebenen Welle, die in der n-ten Beugungsordnung rekonstruiert wird, vergrößern sich um das n-fache

chende Wahl der Belichtungszeit und des Intensitätsverhältnisses zwischen Referenz- und Objektbündel.
Die Empfindlichkeit läßt sich noch weiter erhöhen, wenn man berücksichtigt, daß die Phasenverschiebungen in den rekonstruierten Bündeln rechts und links der nullten Ordnung unterschiedliche Vorzeichen haben. Auf diese Weise konnte die Empfindlichkeit der holografischen Interferometrie bis auf das 14fache erhöht werden (siehe z. B. [172], wo die 7. Beugungsordnung verwendet wurde).

Wenn das Hologramm gleichzeitig mit dem Licht verschiedener Wellenlängen aufgezeichnet wird, kann dieses einfache Hologramm zur separaten Rekonstruktion von Interferogrammen herangezogen werden, die diesen Wellenlängen entsprechen. Besonders bei der *Plasmadiagnose* wurde diese Möglichkeit als außerordentlich nützlich befunden. Die Lichtbrechung des Plasmas wird sowohl von der Konzentration der Elektronen als auch schwereren Teilchen wie Atomen und Ionen bestimmt. Während die von den Elektronen beeinflußte Lichtbrechung dem Wellenlängenquadrat proportional ist, hängt die Brechung infolge schwerer Teilchen nur sehr schwach von der Wellenlänge ab. Daher ist es notwendig, Interferogramme des Plasmas mit wenigstens zwei Wellenlängen zu erzeugen, um die Beiträge der beiden Teilchentypen unterscheiden zu können. Dieses Verfahren wurde bei der Untersuchung der Elektronenkonzentration im Plasma des Laserfunkens [157] (Abb. 129), des Plasmatrons [160] und des explodierenden Drahtes [173] eingesetzt.

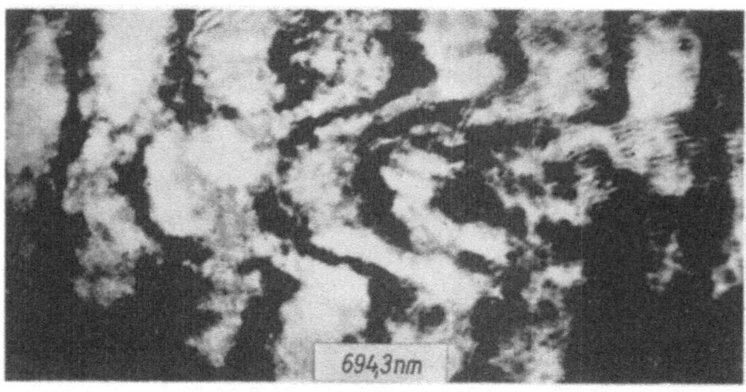

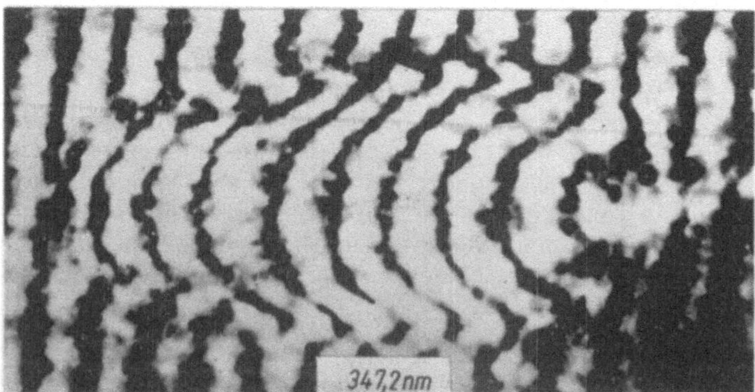

Abb. 129. Interferogramme eines Laserfunkens, rekonstruiert von einem doppelt belichteten Zweiwellenlängenhologramm

198

Mit holografischen Methoden kann die Interferenz von Lichtwellen verschiedener Frequenzen erreicht werden. Diese Möglichkeit sollte natürlich nicht wörtlich verstanden werden. Tatsächlich interferieren zwei Wellenfelder gleicher Frequenz; es handelt sich jedoch bei beiden um holografische Abbilder der ursprünglichen Wellen mit verschiedenen Frequenzen. *Ostrovskaja* und *Ostrovski* [174] haben eine interferentielle Methode vorgeschlagen, bei der ein Hologramm des Plasmas im Licht zweier Wellenlängen hergestellt wird, die sich genau um den doppelten Betrag unterscheiden (die erste und zweite Harmonische der Rubinlaserstrahlung). Im Rekonstruktionsprozeß der Wellenfronten trifft das in die erste Ordnung gebeugte Licht der Wellenlänge λ_1 mit dem in die zweite Ordnung gebeugten Licht der Wellenlänge λ_2 zusammen. Das durch diese beiden Bündel hervorgerufene Interferenzmuster hängt allein von der Dispersion der Brechzahl im Plasma ab. Auf diese Weise erzeugt das einfach belichtete Zwei-Wellenlängenhologramm Interferenzstreifen, die einen Eindruck der räumlichen Verteilung des Elektronengases vermitteln, ohne daß die von schweren Teilchen verursachte Lichtbrechung berücksichtigt werden muß (s. auch [175]).

Die Interpretation holografischer Interferogramme von Phaseninhomogenitäten im Plasma wird etwas erleichtert, wenn der Einfallswinkel des Objektbündels auf das Hologramm während einer der Belichtungen geringfügig verändert wird. Das läßt sich z. B. bewerkstelligen, indem ein dünner Glaskeil in das Bündel gebracht wird [5]. Die beobachteten Interferenzstreifen verlaufen parallel zu einer Kante des Keils, falls keine Phasenverschiebungen infolge von Inhomogenitäten vorliegen. In den Abbn. 127 und 129 wird die veränderte Streifenform gezeigt, die sich im Ergebnis der gemeinsamen Wirkung des Keils und einer Inhomogenität ergibt. Das gleiche Resultat erhält man, wenn der Keil um einen kleinen Winkel um die optische Achse des Objektbündels während einer der Belichtungen gedreht [155] oder der Gasdruck im Inneren eines hohlen Keils geändert wird [176]. Eine ausführliche Abhandlung zu den holografischen Methoden der Plasmadiagnostik findet der an diesen Problemen interessierte Leser in einer der jüngsten Veröffentlichungen von *Ostrovskaja* und *Ostrovski* [244].

Holografische Zweistrahl- [177, 178] und Vielstrahlinterferenzverfahren [179, 180], holografische *Shearing*-Interferometer [181, 182] und verschiedene Methoden zur Erhöhung und Erniedrigung der Empfindlichkeit [183—185] sind speziell für die

Untersuchung von Phasenobjekten entwickelt worden. Holografisch-interferometrische Verfahren wurden bereits zur Lösung der verschiedensten Probleme eingesetzt. Dazu zählen die Bestimmung der Wachstumsraten von Pflanzen [186], die Messung der Homogenität von Glasblöcken [187] und Glasfasern im Prozeß des Ziehens [188] sowie die Qualitätskontrolle von ebenen und sphärischen Flächen [189, 190]. Ein synthetisches, d. h. vom Computer berechnetes Hologramm (siehe z. B. [191]) einer asphärischen Fläche kann dazu verwendet werden, die Übereinstimmung der Form einer produzierten mit der berechneten Fläche zu überprüfen [192—195].

3.3.   Ortsfrequenzfilterung und Zeichenerkennung

In verschiedenen Bereichen von Wissenschaft und Technik muß man bestimmte Signale aus einer Gesamtheit sich mehr oder weniger voneinander unterscheidender Signale aussuchen. Diese Aufgabe löst z. B. ein Funker, der die Sendung einer ganz bestimmten Radiostation aus den den Äther erfüllenden Wellen tausender Stationen aussondert. Bei der Spektralanalyse sucht man aus der komplizierten Gesamtheit der Spektrallinien der zu untersuchenden Probe jene Linien heraus, die einem bestimmten Element angehören. Der Bibliothekar findet im uferlosen Meer der Bücher und Artikel diejenigen, in denen den Leser interessierende Probleme erwähnt sind, und der Kriminalist schließlich vergleicht die am Tatort zurückgelassenen Fingerabdrücke mit denen in der Kartei.
Zur Lösung all dieser Aufgaben existiert ein allgemeines Verfahren.
Betrachten wir zunächst die vom Funker bzw. bei der Spektralanalyse zu lösenden Aufgaben. Man kann beide Aufgaben unter dem gleichen Aspekt betrachten. Die elektromagnetischen Strahlungen verschiedener Radiostationen unterschoiden sich voneinander genauso wie die optischen Strahlungen verschiedener Elemente, nämlich durch ihre Frequenzspektren. In jedem Radioempfänger gibt es eine Baugruppe, das sog. *Frequenzfilter*, das nur die Wellen ganz bestimmter Frequenzen durchläßt.
In der Spektralanalyse benutzt man manchmal auch solche Filter. Aber weil es schwierig ist, sie hinreichend schmalbandig zu gestalten, wird das Filtern oft auf die folgende Art durchgeführt. Die zu untersuchende Strahlung wird zuerst in ein Spektrum zer-

legt, d. h., die Lichtwellen unterschiedlicher Frequenzen werden in unterschiedliche Richtungen gelenkt und treffen folglich unterschiedliche Punkte der Brennebene. Das wird gewöhnlich mit Hilfe eines mit einem Prisma oder einem Beugungsgitter ausgerüsteten *Spektrographen* durchgeführt. Sodann vergleicht man das auf diese Weise erzeugte Spektrum mit den Spektren bekannter Elemente und sucht die übereinstimmenden Spektrallinien heraus. Um diesen Vorgang zu automatisieren, kann man in der Brennebene des Spektrographen Austrittsspalte an den Stellen anbringen, wo die Linien der verschiedenen Elemente erscheinen, und die Signale von hinter den Spalten angebrachten Photonenvervielfachern aufnehmen.

Diese Methode hat den Nachteil, daß nicht alle Spektrallinien jedes Elementes ausgesucht werden, sondern nur eine. Dabei ist die Störwahrscheinlichkeit groß: in das vom Spalt ausgeblendete Spektralband kann die Linie eines anderen Elementes fallen. Das vom Photonenvervielfacher registrierte Signal ist dann verfälscht.

Es sind auch vollkommenere Filterverfahren vorgeschlagen worden. In die Brennebene des Spektrographen bringt man das Positiv eines mit dem gleichen Spektrographen aufgenommenen Spektrums des zu suchenden Elementes. Hinter die Fotoplatte stellt man einen Lichtempfänger oder Photonenvervielfacher, dessen Signal jetzt durch den Korrelationsgrad des gesamten zu analysierenden Spektrums und nicht nur den Korrelationsgrad einer einzigen Linie mit dem Spektrum des gegebenen Elementes bestimmt wird. Dieses System verkörpert ein *angepaßtes Filter*, bei dem der Einfluß von Rauschen und zufälligen Koinzidenzen minimal ist.

Wir haben die Verfahren der *Spektralanalyse* deshalb so ausführlich beschrieben, weil das Filtern eines Bildes mit Hilfe eines Hologramms vollkommen analog vor sich geht, nur mit dem Unterschied, daß das Bild in ein Spektrum von *Ortsfrequenzen* zerlegt wird, wobei die Zerlegung in Ortsfrequenzen (sowie das Filtern derselben) gleichzeitig, bezogen auf zwei Koordinaten, vor sich geht.

Bemerkenswert ist, daß die Grundlagen der weiter unten dargelegten Ideen von dem deutschen Physiker *Ernst Abbe* bereits vor etwa 100 Jahren geschaffen wurden. Ihre Weiterentwicklung erfuhren sie in den Arbeiten [190—199].

Jedes zweidimensionale Bild kann in ein gleichfalls zweidimensionales Spektrum von Ortsfrequenzen zerlegt werden. Diese Umwandlung entspricht der Vorstellung von einem Bild als Gesamtheit sinusförmiger Beugungsgitter verschiedener Ortsfrequenzen und Orientierungen. Eine analoge Vorstellung existiert in der Funktechnik oder der Spektroskopie bei der Zerlegung eines Signals in ein Frequenzspektrum; man faßt das Signal als Gesamtheit sinusförmiger Schwingungen unterschiedlicher Frequenzen auf.

Die Zerlegung des Bildes eines transparenten Objektes *(Transparenz)* in ein *Spektrum* verschiedener Ortsfrequenzen wird gewöhnlich mit Hilfe einer Linse vorgenommen (linker Teil der Abb. 130). Jedes der sinusförmigen Gitter, in die man sich das Bild zerlegt denken kann, wirkt unabhängig von den anderen Gittern. Ein Gitter mit größerer Ortsfrequenz lenkt das Licht der Strahlen erster Ordnung um größere Winkel ab. Diese Strahlen werden von der Linse L_1 in einen weit vom Zentrum der Ebene *2* entfernten Punkt fokussiert. Gitter kleinerer Ortsfrequenzen erzeugen in der Ebene *2* Lichtpunkte, die weniger weit vom Zentrum entfernt sind.

Beispiele von Spektren, die auf diese Weise erzeugt wurden, zeigt Abb. 131 [200]. Eine mathematische Analyse der behandelten Effekte wollen wir hier nicht vornehmen. Es sei lediglich erwähnt, daß die in einer solchen Anordnung stattfindende Zerlegung des Bildes *Fourier-Transformation* genannt wird.

Wir wollen die wichtigsten Eigenschaften der Anordnung in Abb. 130 nennen. Bei der Drehung des transparenten Objektes um die optische Achse wird sich auch das Spektrum drehen. Das Spektrum verändert sich auch bei einer Maßstabsänderung des transparenten Objektes: es verbreitert sich bei Verkleinerung und verengt sich bei Vergrößerung. Eine Translation des transparenten Objektes in der Ebene *1* kommt im Spektrum nicht zum Ausdruck. Die nullte Ordnung erzeugt im Zentrum der Ebene *2* einen hellen Punkt, der dem konstanten Glied bei der Zerlegung des Bildes in eine *Fourier-Reihe* entspricht.

Wir betrachten jetzt Abb. 130 einschließlich ihres rechten Teiles.

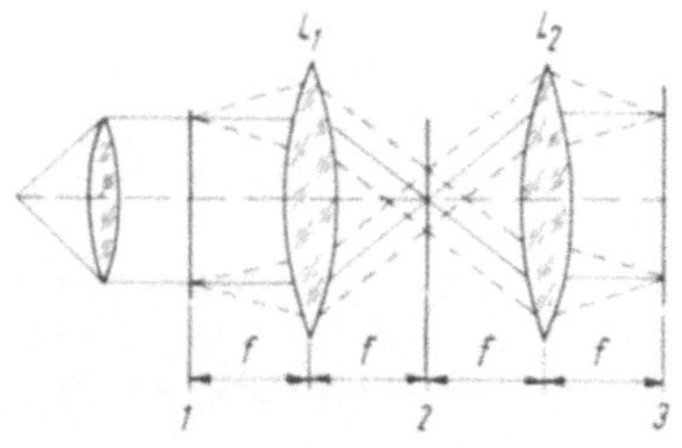

Abb. 130. Herstellung eines angepaßten Filters und Ortsfrequenzfilterung von Bildern

Die Linsen L_1 und L_2 mit gleicher Brennweite erzeugen in der Ebene *3* von dem transparenten Objekt ein umgekehrtes Bild. Wenn wir in der Ebene *2* verschiedene *Filter* oder *Masken* anbringen, können wir zur Entstehung des Bildes bestimmte Teile des *Ortsfrequenzspektrums* des Objektes hindurchlassen. So kann beispielsweise eine Korrektur der Abbildung durch Abschwächung oder durch Verstärkung der hohen oder niederen Ortsfrequenzen vorgenommen werden [196].

Man kann auch aus dem gesamten Bild nur bestimmte Details aussondern, z. B. aus einer Textseite nur den Buchstaben N. Dazu muß man in der Ebene *1* (Abb. 130) ein Diapositiv der zu analysierenden Textseite anbringen, in der Ebene *3* erblicken wir dann deren Bild. Wenn wir jetzt in die Ebene *2* ein Filter mit den Ortsfrequenzen des Buchstabens N stellen, dann verschwinden aus dem Bild der Seite alle Einzelheiten bis auf diesen Buchstaben N (s. Abb. 131).

Ein speziell präpariertes Filter, das in dieser Ebene angeordnet wird, kann auch die Qualität eines Bildes verbessern. Beispielsweise lassen sich die durch *Aberrationen* des optischen Systems hervorgerufenen Verzerrungen beseitigen. Unscharfe und verwaschene Fotografien, die bei ungünstigen Aufnahmebedingungen entstehen, können auf diesem Wege ebenfalls korrigiert werden [201, 202].

In Ebene *2* entsteht die Fouriertransformierte des transparenten Objektes in Ebene *1*. Eine zweite Fourier-Transformation dieser Fouriertransformierten mittels Linse *2* erzeugt ein Bild der Transparenz in Ebene *3*. Die Transmission des durchsichtigen Objek-

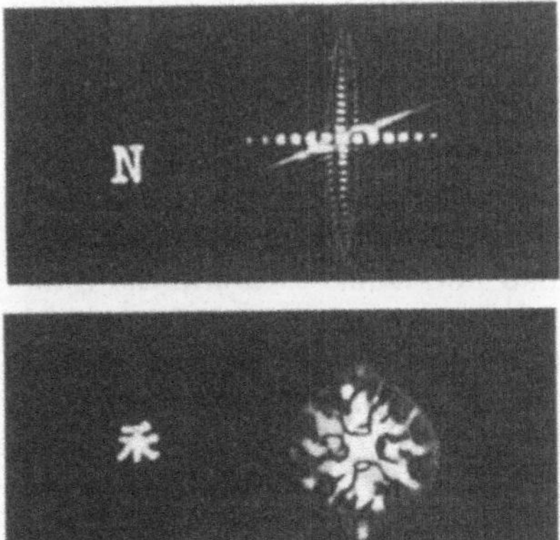

Abb. 131. Ortsfrequenzspektrum von Buchstaben (Buchstabe links, Spektrum rechts)

tes ist jedoch eine *Faltung* zwischen der wahren Transmissionsverteilung des Objektes *(f)* und der *Übertragungsfunktion* des zur Herstellung der Transparenz verwendeten optischen Systems *(h)*:

$$g = f \otimes h. \tag{70}$$

Die Korrektur eines Bildes reduziert sich demnach auf die Kompensation des Einflusses der Übertragungsfunktion, d. h. auf die Rekonstruktion von f in Abhängigkeit vom vorliegenden g und bekannten h.

Da die Fourier-Transformierte der Faltung zweier Funktionen dem Produkt der Fourier-Transformierten dieser Funktionen entspricht, genügt die Transmissionsverteilung in Ebene *2* der Gleichung

$$G = FH, \tag{71}$$

wobei G, F und H die Fourier-Transformierten der Funktionen g, f und h sind. Wenn wir also in die Ebene *2* ein Filter bringen, dessen Transmissionsverteilung der Funktion $1/H$ folgt, dann wird die Amplitudenverteilung in Ebene *2* durch die Funktion F charakterisiert, und wir erhalten in Ebene *3* die Fourier-Transformierte dieser Funktion, d. h. die korrekte Funktion f.

Folglich besteht die Aufgabe darin, ein Filter mit der Amplitudentransmission $1/H$ herzustellen. Solch ein Filter erhält man bei gleicher Anordnung in Ebene *2*, indem man in Ebene *1* eine Transparenz stellt, die der Übertragungsfunktion des optischen Systems entspricht (das Bild eines Punktes, hergestellt im gleichen System).

Das dargelegte Verfahren der Ortsfrequenzfilterung von Bildern weist einen wesentlichen Mangel auf. Das Filter enthält nicht die gesamte Information über das Objekt, nach dem es angefertigt wurde; die Phaseninformation geht bei der Aufzeichnung verloren. Deshalb enthält das Lichtsignal am Systemausgang parasitäre Komponenten, die dem Bild überlagert sind und die Interpretation der Ergebnisse erschweren.

Wird ein *angepaßtes Ortsfrequenzfilter* holografisch hergestellt, so wird die Phaseninformation über das Objekt bewahrt und das Rauschen stark herabgesetzt [199]. Die Anordnung zur Herstellung eines holografischen angepaßten Ortsfrequenzfilters ist im linken Teil der Abb. 132 dargestellt. In der Ebene *2* bildet sich wie vorher das Fourier-Spektrum des in Ebene *1* befindlichen

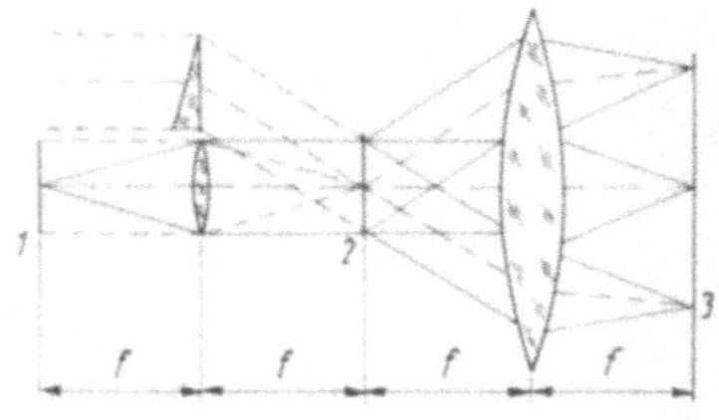

Abb. 132. Herstellung eines holografischen Filters zur Zeichenerkennung

Diapositivs, aber durch Interferenz mit der vom Keil geschaffenen kohärenten Referenzwelle entsteht in der Ebene *2* ein holografisches Beugungsgitter, ein sog. *Fourier-Hologramm.* Wir brauchen jetzt keine Positivkopie des Hologrammfilters anzufertigen; wir wissen, daß sich dabei keine der Eigenschaften des Hologramms ändern würde.

Stellen wir nun in Ebene *1* das Objekt und in Ebene *2* ein holografisches Filter irgendeines seiner Teile, dann sehen wir infolge der nullten Ordnung wie vorhin das Bild des Gegenstandes in der Mitte der Ebene *3*. Das Filter verzerrt es praktisch nicht, sondern schwächt es nur etwas. In den Bildern der ersten Ordnungen sehen wir helle Markierungspunkte, deren Koordinaten der Verteilung derjenigen Teile über das Objekt entsprechen, von denen das holografische Filter aufgenommen wurde.

Das hier dargelegte Verfahren der *Zeichenerkennung* ist um so zuverlässiger, je komplizierter das zu identifizierende Objekt ist.

Recht gute Ergebnisse konnten z. B. bei der Identifikation von Fingerabdrücken erzielt werden [203, 204] (Abb. 133). Auch wenn nur ein unbedeutender Teil des Fingerabdrucks erhalten wurde, war die Helligkeit der Markierungspunkte ausreichend hoch. Die in Abb. 132 gezeigte Anordnung stellt die Grundlage für mehrere Geräte dar, z. B. automatische Lesegeräte, Anlagen zur Erkennung von Gegenständen bestimmter Form oder Richtung auf Luftbildaufnahmen und zur Verarbeitung geophysikalischer Daten.

Die Filtereigenschaften des Hologramms kann man leicht verstehen, wenn man sich an die bereits früher erwähnte Vertauschbarkeit von Referenz- und Objektwelle erinnert. Beleuchtet man ein Hologramm, das durch Belichtung der Fotoplatte mit Licht von zwei Gegenständen *A* und *B* aufgenommen wurde, anschließend mit einer von *A* kommenden Welle, dann wird die von *B* kommende Welle rekonstruiert. Umgekehrt wird bei Beleuchtung desselben Hologramms mit von *B* kommendem Licht

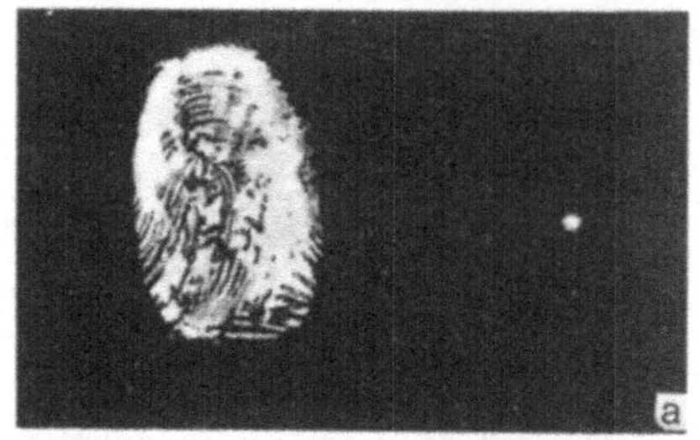
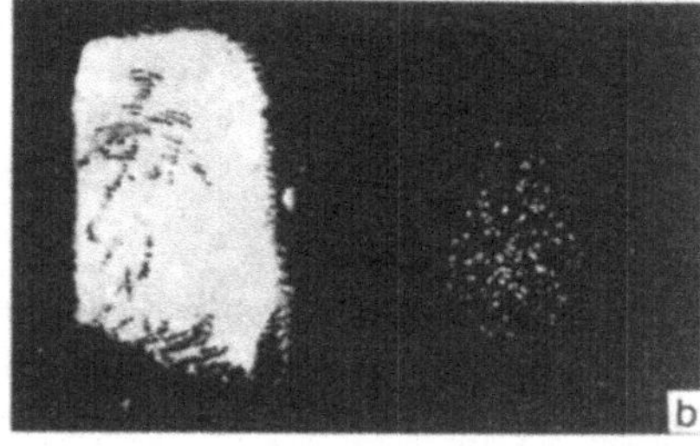

Abb. 133. Ausgabebild
eines Identifikators [204]
a) Übereinstimmung mit
dem angebotenen Finger-
abdruck; b) keine Übereinstimmung.
Links das direkte Bild des
Fingerabdrucks, rechts der
Markierungspunkt

die von *A* gestreute Welle rekonstruiert. Ist *A* eine punktförmige Lichtquelle, dann erzeugt das Hologramm ihr Bild nur dann, wenn es vom Objekt *B* beleuchtet wird. So erkennt das Hologramm das ihm entsprechende Objekt [205]. Dasselbe Prinzip kann für die Wiederzusammensetzung eines gesamten Bildes aus seinen Einzelheiten verwendet werden.

Wir haben bereits darauf hingewiesen, daß ein beliebiger Teil eines Objektes in bezug auf alle übrigen Teile desselben Objektes als Referenzlichtquelle angesehen werden kann. (Das gilt auch bezüglich der Referenzlichtquelle, wenn eine solche bei der Aufnahme des Hologramms zugegen war.) Deshalb werden bei der Beleuchtung des Hologramms durch einen Teil des Objektes die *„Phantom"*-Bilder aller seiner fehlenden Teile rekonstruiert (siehe z. B. [206]). Wegen der Ausdehnung der „Referenzquelle" ist diesen Bildern gewöhnlich ein *Halo* (Lichthof) überlagert (s. Abschn. 1.2.2.).

Das gleiche Prinzip liegt den holografischen Methoden zur Bildverbesserung durch Kompensation der Übertragungsfunktion zugrunde. Zur Herstellung des *Filterhologramms* wird die Transparenz mit dem Bild eines Punktes, das im optischen System erzeugt wurde, in der Ebene *1* angeordnet (s. Abb. 132). Wie zuvor wird das Hologramm in Ebene *2* aufgezeichnet und nach der Entwicklung an die gleiche Stelle gebracht. Als nächstes wird die

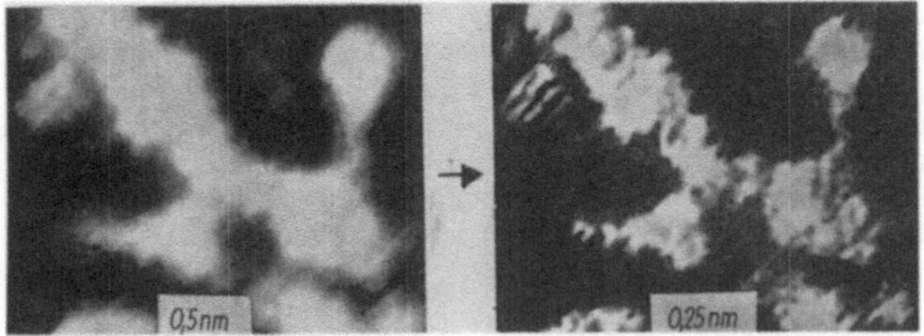

Abb. 134. Holografische Verbesserung der Qualität eines Bildes [207]
Links die ursprüngliche elektronenmikroskopische Fotografie eines Virus, rechts die gleiche Fotografie; auf holografischem Wege ist die Bildschärfe jedoch wesentlich durch die Kompensation der Apparatefunktion verbessert worden. Die Zahlen am unteren Bildrand geben die Auflösungsgrenze in beiden Fällen an

zu korrigierende Transparenz in die Ebene *1* gebracht und das zur Herstellung des Filterhologramms notwendige Referenzbündel ausgeblendet. Ein verbessertes Bild der Transparenz entsteht in Ebene *3*.
Das Funktionsprinzip dieses Systems können wir uns erklären, indem wir die unverzerrte Transparenz als eine Gesamtheit von Punkten auffassen, die Licht emittieren, und das vom optischen System verzerrte und zu korrigierende Bild als das Ergebnis der Überlagerung aller gestörten Punktbilder (Übertragungsfunktionen bzw. Punktbildverwaschungsfunktionen des optischen Systems). Das Filterhologramm transformiert alle Punktbilder in die ihnen entsprechenden Markierungspunkte. Die Verteilung dieser Markierungspunkte entspricht der auf dem Objekt vorhandenen Punktverteilung und stellt so ein verbessertes Bild des Objektes dar. Abb. 134 illustriert die auf diesem Wege gewonnenen Resultate [207].

3.4. Weitere Anwendungen

Wir beschränken uns hier auf eine sehr knappe Darstellung verschiedener, vom allgemeinen Standpunkt aus gesehen recht interessanter Probleme wie die Anwendung der Holografie in der Spektroskopie, im Produktionsprozeß und in der technischen Optik. Solche überaus wichtigen Disziplinen wie die synthetische Holografie, Mikroskopie, Kommunikationstechnik, Informationsspeicherung und darstellende Kunst können in diesem Buch auf Grund seines beschränkten Umfangs nur der Vollständigkeit halber erwähnt werden. Den interessierten Leser verweisen wir jedoch auf die Bücher von *Françon* [208], *Collier, Burckhardt* und *Lin* [209], *Caulfield* [210], *Hariharan* [211] und die bereits genannten Tagungsbände [95—108]. Über einige vielversprechende zukünftige Möglichkeiten in der praktischen Anwendung holografischer Verfahren schreibt *Wenyon* [212].

3.4.1. Spektroskopie

Stellen wir uns ein Michelson-Interferometer vor, das von einer Lichtquelle beleuchtet wird, deren Spektrum wir untersuchen möchten. Wenn wir einen der reflektierenden Spiegel um einen kleinen Winkel γ kippen, erhalten wir ein Interferenzmuster mit nahezu geraden Streifen, die parallel zur Drehachse des Spiegels verlaufen und eine Periode von

$$a = \frac{\lambda}{2 \sin \gamma} \tag{72}$$

aufweisen. Die Analyse von Gl. (72) zeigt, daß die Ortsfrequenz der Streifen von der Wellenlänge abhängt. Falls das Spektrum der Quelle mehrere Spektrallinien enthält, bildet jede ihr eigenes Muster entsprechender Ortsfrequenz. Durch die Fotografie der Muster erhalten wir ein Beugungsgitter, bestehend aus mehreren (in Übereinstimmung mit der Anzahl von Linien im Spektrum) Gittern unterschiedlicher Frequenz, die einander inkohärent überlagert sind. Setzen wir nun dieses komplizierte Beugungsgitter als dispergierendes Element in einen konventionellen Spektralapparat ein und beleuchten es mit monochromatischem Licht der Wellenlänge λ_0, so gilt nach Gl. (25) und (72) bei jedem der „einfachen" Gitter

$$\sin \beta = \frac{\lambda_0}{a} - \sin \alpha = 2 \frac{\lambda_0}{\lambda} \sin \gamma - \sin \alpha. \tag{73}$$

Aus Gl. (73) folgt, daß ein Gitter das Licht um so weniger ablenkt, je größer die Wellenlänge war, mit der es erzeugt wurde. Wirken die Gitter unabhängig voneinander, so können wir in der Bildebene des Spektrographen das Spektrum der ursprünglichen Lichtquelle beobachten.

Die hier lediglich in Grundzügen behandelte Methode ist eine

holografische Variante der *Fourier-Spektroskopie* [282], deren
erster Schritt in der Herstellung des Fourier-Interferogramms
besteht und deren zweiter Schritt die Rekonstruktion des Spektrums der Quelle ist. In der konventionellen Fourier-Spektroskopie (s. beispielsweise [214]) kommt im ersten Schritt auch ein Interferometer zum Einsatz, mit dessen Hilfe aufeinanderfolgende
Interferenzstreifen während der Bewegung des Spiegels registriert werden. Im zweiten Schritt werden in der Regel Computer verwendet.

Die holografische Fourier-Spektroskopie steckt noch in den Kin-
derschuhen und hat bei weitem noch nicht das Niveau der konventionellen, nichtholografischen Methoden erreicht. Um die
mit ihrem Einsatz verbundenen Vorteile ausschöpfen zu können,
sind weitere Untersuchungen erforderlich. Einen kurzen Überblick über die Literatur zur holografischen Fourier-Spektroskopie
geben *Paršin* und Čumačenko [215] (s. auch [216–220]).

3.4.2. Anwendungen der Holografie im Produktionsprozeß und in der technischen Optik

Die vom Hologramm rekonstruierten reellen Bilder können bei
den verschiedensten Aufgabenstellungen im Produktionsprozeß
Verwendung finden. Beispielsweise lassen sich auf die zu bear-
beitende Oberfläche komplizierte Muster auftragen, wenn das
Hologramm mit einem leistungsstarken Laser durchleuchtet
wird. Auf diesem Wege konnten bereits Mikroschaltungen kon-
taktlos auf das Trägermaterial aufgebracht werden [221–223].
Der wesentliche Vorteil holografischer Methoden gegenüber
konventionellen Verfahren (Kontakt- oder Projektionsverfahren)
besteht in der Möglichkeit, praktisch aberrationsfreie Bilder in
relativ großen Dimensionen zu erzeugen. Die mit einem Hologramm erreichbare Auflösung [s. Gl. (37)] liegt in der Größenordnung der Lichtwellenlänge. Im Gegensatz zu den Kontakt-
und Projektionsverfahren ist das Bild von Staubteilchen, die sich
auf dem Hologramm ablagern können, Kratzern und anderen
Defekten weitgehend unbeeinflußt.

Eine ebenfalls sehr wichtige Anwendung des Hologramms ist
dessen Einsatz als Linse. Die Abbildungseigenschaften von *Zonengittern* wurden schon lange vor der Entdeckung des holografischen Aufzeichnungs- und Rekonstruktionsprinzips erkannt.
Ihr Einsatz als abbildendes Element wurde jedoch durch die
Schwierigkeiten bei ihrer Herstellung eingeschränkt. Holografi-

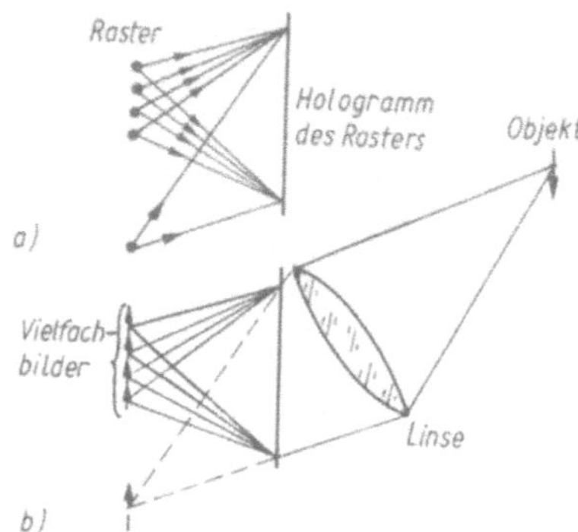

Abb. 135. Anordnung zur Herstellung eines holografischen Vervielfachers (a) und Vervielfachung von Bildern (b); c) ein vervielfachtes Bild, das mit einer solchen Anordnung gewonnen wurde

sche Zonengitter (Hologramme von Punktquellen) lassen sich sehr einfach erzeugen und finden in Verbindung mit Lasern vielseitige Verwendung im technischen und optischen Bereich. Holografische Linsen wurden z. B. verwendet, um Löcher mit einem Durchmesser bis zu 40 μm in eine auf Glas befindliche Tantalschicht zu bohren [224]. Ein noch größerer Effekt kann auf diese Weise erzielt werden, wenn das Hologramm mehrerer Pinholes als vervielfachende Linse eingesetzt wird [222, 225] (Abb. 135). Die Apertur jedes dieser Zonengitter wird von der Größe des gesamten Hologramms bestimmt. Man muß jedoch die starken *chromatischen Aberrationen* von Zonengittern berücksichtigen. Daher können sie auch nur bei monochromatischem Licht als Linse verwendet werden.
In einigen Fällen ist es gerade die große chromatische Aberration des Hologramms, die ausgenutzt wird. Die Verfahren zur Kompensation chromatischer Aberrationen in optischen Geräten mit Linsen gehen z. B. darauf zurück, daß die chromatischen Aberrationen einer Linse und einer Zonenplatte entgegengesetzte Vorzeichen aufweisen. Die chromatische Aberration des Hologramms wird auch bei der Herstellung von Beugungsgittern ausgenutzt [226—229] (Abb. 136). In einem früheren Abschnitt haben wir festgestellt, daß Phasen- und Reflexionshologramme eine besonders hohe Beugungseffektivität zeigen. Holografische Gitter erzeugen keine *„Geisterbilder"*, da bei ihrer Herstellung all jene Fehler vermeidbar sind, die in Maschinen zum Ritzen konventioneller Gitter auftreten können. Darin ist die Ursache zu

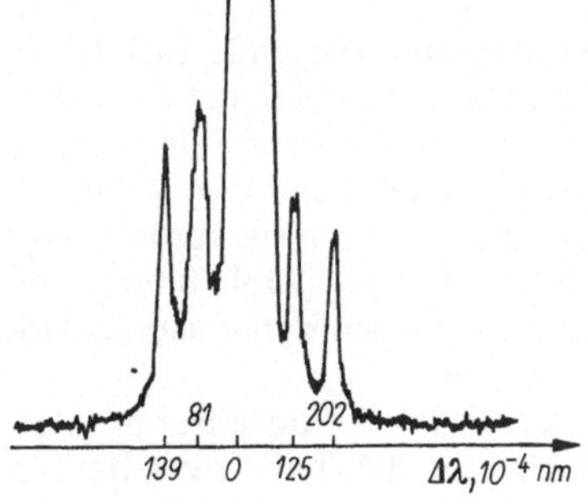

Abb. 136. Feinstruktur der Quecksilberlinie (λ = 435,8 nm), die mit einem holografischen Gitter gewonnen wurde
Gitter: 90 mm × 60 mm, 840 Linien/mm [227]

sehen, warum maschinell gefertigte Gitter zunehmend durch holografische Gitter ersetzt werden. (Die französische Firma *„Jobin-Yvon"* [228] produziert bereits holografische Gitter.) Im holografischen Herstellungsverfahren können dem Gitter beliebige fokussierende Eigenschaften verliehen werden. Es ist z. B. möglich, ebene oder konkave Hologramme zu erzeugen, die ähnlich wie ein konkaves Gitter wirken, ohne jedoch dessen störenden *Astigmatismus* zu besitzen. Reflexionsgitter mit sinusoidalem Linienprofil erzeugen keine Spektren oberhalb der ersten Ordnung. Diese Eigenschaft ist besonders wertvoll im ultravioletten Bereich des Spektrums, wo es kein Verfahren zur Trennung überlagerter Ordnungen gibt. Bei holografischen Gittern besteht jedoch die prinzipielle Möglichkeit, eine beliebige Verteilung der Beugungseffektivität in bezug auf die Beugungsordnung zu erhalten. Hierfür hat *Bryngdahl* [230] eine interessante Methode vorgeschlagen. Danach wird ein holografisches Gitter in Ebene *1* der Apparatur zur Ortsfrequenzfilterung (s. Abb. 130) angeordnet. Das sekundäre Gitter mit korrigierter Linienstruktur wird in Ebene *3* fotografiert. Jene Filter, die die Bündel der benötigten Beugungsordnungen separieren und das gewünschte Verhältnis ihrer Intensitäten erzeugen, werden in Ebene *2* platziert.

Eine ebenfalls interessante Anwendung holografischer Methoden ist die Herstellung optischer Elemente, die ähnliche Eigenschaften aufweisen wie Bausteine der Glasfaseroptik [231]. Zu diesem Zweck wird eine dicke Schicht lichtempfindlichen Materials (Polymethyl-Methacrylate) mit zwei sich unter einem rechten Winkel kreuzenden Systemen von Knoten und Bäuchen (s. Abb. 72a) belichtet. Der sich in der Schicht ausbildende Brechzahlgradient entspricht dem einer Glasfaser.

Holografische Elemente werden auch in der Lasertechnik eingesetzt. Ein im Laserresonator befindliches holografisches Gitter
gestattet es, ausgezeichnete Wellenlängenselektivität bei Farbstofflasern zu erreichen [232]. Hologramme können als amplitu-
den- und phasenkorrigierende Elemente Verwendung finden, indem sie die von einem Multimodenlaser generierte komplizierte
Wellenfront in eine ebene Welle überführen [233]. Solch eine
Umwandlung ist besonders effektiv, wenn ein dynamisches Hologramm im Resonator angeordnet wird.
Große Beachtung verdienen weiterhin die holografischen Verfahren zur Bildverbesserung. Im Abschn. 3.3. haben wir bereits
ein solches Verfahren kennengelernt, das auf der Kompensation
des Einflusses der Übertragungsfunktion mittels eines Filters in
der Fourier-Ebene beruht. Ein anderes Verfahren verwendet die
konjugierte Welle, die das reelle Bild des Objektes erzeugt
[234, 235]. Wenn man das reelle Bild des Abbildungsfehler verur-
sachenden Gegenstandes mit dem Gegenstand selbst in Übereinstimmung bringt, kann die ursprüngliche Form der Lichtwelle
rekonstruiert werden, und es entsteht ein unverzerrtes Bild des
Objektes. Als Abbildungsfehler verursachende optische Bauteile
fungieren u. a. Linsen und Streuscheiben (Diffusoren, z. B. eine
Milchglasplatte). Eine mögliche Anordnung zur Korrektur und
Beobachtung von Bildern durch eine Streuscheibe zeigt
Abb. 137. Zuerst wird ein Hologramm der Streuscheibe hergestellt, wobei letztere mittels einer geeigneten Optik in die Ebene
der Fotoplatte abgebildet wird. Als nächstes beobachtet man das
unverzerrte Bild der Transparenz hinter der Steuscheibe durch
das Hologramm. Die Funktionsweise dieser Anordnung können
wir uns auf der Grundlage des Prinzips der Vertauschbarkeit von
Objekt- und Referenzwelle sehr leicht erklären. Wenn wir das in

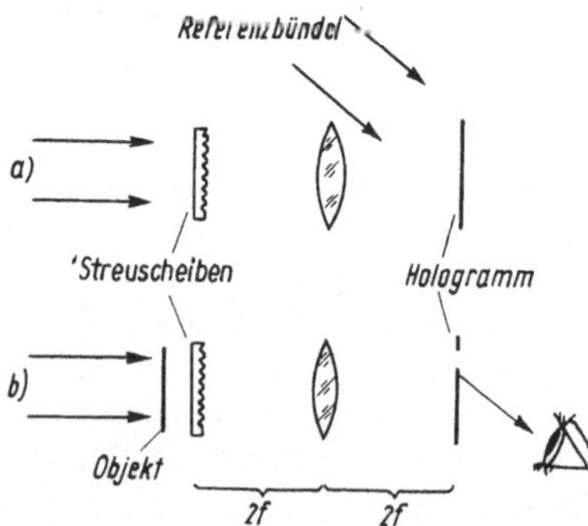

Abb. 137. Anordnung zur
Beobachtung eines Objek-
tes durch eine Streu-
scheibe (Diffusor)
a) Herstellung eines Hologramms des Diffusors;
b) Beobachtung des Ob-
jekts

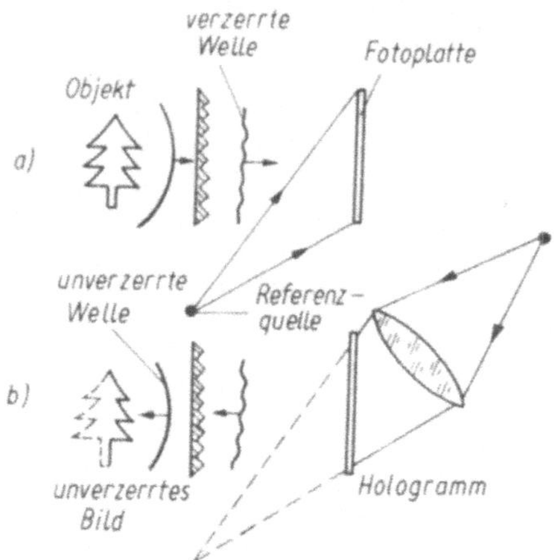

Abb. 138. Anordnung zur holografischen Kompensation von Verzerrungen
a) Herstellung des Hologrammes des Objekts und des verzerrenden Mediums;
b) Erzeugung des unverzerrten reellen Bildes

besagter Anordnung erzeugte Hologramm (Abb. 137a) durch die Objektwelle (ebene Welle, verzerrt durch den Einfluß von Streuscheibe und Linse) beleuchten, wird die ebene Referenzwelle rekonstruiert. Falls die Objektwelle zusätzlich durch ein hinter der Streuscheibe befindliches Objekt verzerrt wird, gehen die gleichen Abbildungsfehler in die rekonstruierte ebene Welle ein, und der Beobachter sieht das Objekt. In einer anderen Version des gleichen Verfahrens (Abb. 138) wird das Hologramm der Objektwellen aufgezeichnet, die das verzerrende Medium durchsetzt haben (s. auch [236—238]).

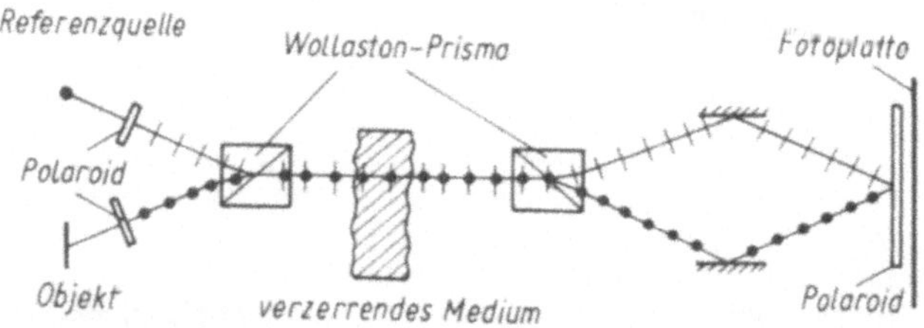

Abb. 139. Anordnung zur Kompensation von Verzerrungen, wobei Objekt- und Referenzwelle den gleichen Weg durchlaufen [241]

Diese Methoden der Bildvermessung versagen immer dann, wenn das verzerrende Medium nicht stationär ist (z. B. bei der Korrektur von Verzerrungen infolge atmosphärischer Turbulenzen). Zu diesem Zweck hat man Verfahren entwickelt, bei denen Referenz- und Objektwelle in gleichem Maße verzerrt sind, nachdem sie denselben Weg durchlaufen haben [239–241]. Abb. 139 enthält eine entsprechend modifizierte Anordnung.
Ein prinzipiell anderes Verfahren, das auf der Mittelung von Wellenfronten beruht und hierfür holografische Methoden verwendet, wurde von *Denisjuk* u. a. [242] vorgeschlagen. Fotografische Mittelungsverfahren sind nicht in der Lage, zufällige Phasensprünge infolge heterogener und instationärer Medien zu beseitigen, da sie lediglich auf die Intensität reagieren. Demgegenüber zeichnen holografische Methoden sowohl die Amplituden- als auch die Phasenverteilung auf und schwächen so im Mittel instationäre und zufällige Ereignisse. Das Signal/Rausch-Verhältnis wird dadurch verbessert.

3.5. Literatur

[1] *Konstantinov, B. P.:* Uspekhi fiz. nauk **100** (1970) 185.
[2] *Gabor, D.:* Proc. IEEE **60** (1972) 655.
[3] *Leith, E., Upatnieks, J.:* J. Opt. Soc. Amer. **53** (1963) 1377.
[4] –, –: J. Opt. Soc. Amer. **54** (1964) 1295.
[5] *Zaidel, A. N., Ostrovskaja, G. V., Ostrovski, Ju. I., Chelidze, T. Ya.:* Zh. tekhn. fiz. **36** (1966) 2208.
[6] *Kakos, A., Ostrovskaja, G. V., Ostrovski, Ju. I., Zaidel, A. N.:* Phys. Lett. **23** (1966) 2208.
[7] *Komissarova, I. I., Ostrovskaja, G. V., Shapiro, L. L.:* Zh. tekhn. fiz. **38** (1968) 1369.
[8] *Ostrovski, Ju. I.:* Patent Nr. 179 188, 1963; Byull. isobr. **4** (1966); Opt. i. spektr. **21** (1966) 620.
[9] *Leith, E., Upatnieks, J., Kozma, A., Massey, N. J.:* J. Soc. Motion Pict. and Telev. Engnrs. **75** (1966) 323.
[10] *De Bitetto, D. J.:* Appl. Phys. Lett. **12** (1968) 176.
[11] –: Appl. Phys. Lett. **12** (1968) 295.
[12] *Lin, L. H.:* Appl. Opt. **7** (1968) 545.
[13] *Gurevich, S. B.,* u. a.: Zh. tekhn. fiz. **38** (1968) 513.
[14] *Konstantinov, B. P.,* u. a.: Zh. tekhn. fiz. **39** (1969) 347.
[15] *Welford, W. T.:* Appl. Opt. **5** (1966) 872.
[16] *Turukhano, B. G.:* Zh. tekhn. fiz. **40** (1970) 365.
[17] *Staselko, D. I., Kosnikovsky, V. A.:* Opt. i. spektr. **33** (1973) 365.
[18] *King, M. C.:* Appl. Opt. **7** (1968) 1641.
[19] *Ansley, D. A.:* Appl. Opt. **9** (1970) 815.

[20] *Siebert, L. D.:* Proc. IEE **56** (1968) 1242.

[21] *Staselko, D. I., Denisjuk, Ju. N., Smirnov, A. G.:* Zh. nauchn. i prikl. fotogr. i kinematogr. **15** (1970) 147.

[22] *McClung, F. J., Jacobson, A. D., Close, D. H.:* Appl. Opt. **9** (1970) 103.

[23] *Aoki, Y.:* Appl. Opt. **7** (1968) 1402.

[24] *Metherell, A. F., Spinak, S.:* Appl. Phys. Lett. **13** (1968) 22.

[25] *–, El Sum, H. M. A.:* Appl. Phys. Lett. **11** (1967) 20.

[26] *Denisjuk, Ju. N., Parkhomenko, M. M.:* Opt. i spektr. **26** (1968) 775.

[27] *Greguss, P.:* Forschungsfilm **5** (1965) 330.

[28] *Mueller, R. K., Sheridan, N. K.:* Appl. Phys. Lett. **9** (1966) 328.

[29] *Young, J., Wolf, J.:* Appl. Phys. Lett. **11** (1967) 294.

[30] *Korpel, A.:* Appl. Phys. Lett. **9** (1966) 425.

[31] *Landry, J., Powers, J., Wade, G.:* Appl. Phys. Lett. **15** (1969) 186.

[32] Acoustical Holography. New York: Plenum Press 1969 (1); 1970 (2); 1971 (3); 1972 (4).

[33] *Bakhrakh, L. D., Kurochkin, A. P.:* DAN SSSR **171** (1966) 1309.

[34] *Dooley, R. P.:* Proc. IEEE **53** (1965) 1733.

[35] *Aoki, Y.:* Appl. Opt. **68** (1967) 1943.

[36] *Gregoris, L. G., Iizuka, K.:* Proc. IEEE **58** (1970) 791.

[37] *Iizuka, K.:* Appl. Phys. Lett. **17** (1970) 99.

[38] *Catrona, L. J., Leith, E. N., Porcello, J., Vivian, W. E.:* Proc. IEEE **54** (1966) 1026.

[39] *Kock, W. E.:* Radar and Microwave application of Holography. In: Applications of Holography. Proceedings of the United States – Japan Seminar on Information Processing by Holography. New York: Plenum Press 1971, p. 323.

[40] *Leith, E. N.:* Proc. IEEE **59** (1971) 1305.

[41] *Safronov, G. S., Safronova, A. P.:* Vvedenie v radiogolografiyu (Einführung in die Radioholografie). Moskau: Sovetskoe radio 1973.

[42] *Spencer, J., Winick, H.:* in *H. Winick* und *S. Coniach* (Eds.): Synchrotron Radiation Research. Kapitel 21. New York: Plenum Press 1981.

[43] *Egger, H., Pummer, H., Rhodes, C.:* Laser Focus **59** (1982) 18–6.

[44] *Bailey, J., Ettinger, Y., Fisher, A.:* Appl. Phys. Lett. **40** (1982) 33.

[45] *Elton, R.:* Opt. Eng. **21** (1982) 307.

[46] *Solem, J. C., Chapline, G. F.:* Opt. Eng. **23** (1984) 193.

[47] *Neumann, D. B.:* Tec. Digest, Topical Meeting on Hologram Interferometry and Speckle Metrology. Opt. Soc. Am., MB 2–1 (1980).

[48] *Füzessy, Z., Gyimesi, F.:* Proc. SPIE **398** (1983) 240.

[49] *–, –:* Opt. Eng. **23** (1984) 780.

[50] *Archbold, E., Burch, J. M., Ennos, A. E.:* J. Sci. Instr. **44** (1967) 489.

[51] *Ashton, R. A., Slovin, D., Gerritsen, H. J.:* Appl. Opt. **10** (1971) 440.

[52] *Gurari, M. L.,* u. a.: DAN SSSR **201** (1971) 50.

[53] *Brooks, R. E., Heflinger, L. O., Wuerker, R. F.:* Appl. Phys. Lett. **7** (1965) 248.

[54] *Heflinger, L. O., Wuerker, R. F., Brooks, R. E.:* J. Appl. Phys. **37** (1966) 642.

[55] *Burch, J. M.:* Prod. Eng. **44** (1965) 431.

[56] *Collier, R. J., Doherty, E. T., Pennington, K. S.:* Appl. Phys. Lett. **7** (1965) 615.

[57] *Powell, R. L., Stetson, K. A.:* J. Opt. Soc. Amer. **55** (1965) 1593.

[58] *Haines, K. A., Hildebrand, B. P.:* Phys. Lett. **19** (1965) 10.

[59] *Briers, J. D.:* Opt. Quant. Electr. **8** (1976) 469.

[60] *Brown, G. M., Grant, R. M., Stroke, G. W.:* J. Acoust. Soc. Amer. **45** (1969) 1166.

[61] *Schreiber, W., Wenke, L., Erler, K.:* Feingerätetechnik **29** (1980) 124, 161.

[62] *Kohler, H.:* Techn. Messen (1980) 59, 83, 147.

[63] *Robertson, E. R., King, W.:* Holography in Nondestructive Testing. In: Methods and Practice for Stress and Strain Measurement, Part 3. Ed.: *J. B. Macduff.* British Society for Strain Measurement, July 1978.

[64] *Erf, R. K.* (Ed.): Holographic Nondestructive Testing. New York, London: Academic Press 1974.

[65] *Ostrovski, Ju. I., Butusov, M. M., Ostrovskaja, G. V.:* Golografičeskaja interferometrija (Holografische Interferometrie), Moskau: Nauka 1977.

[66] *Vest, C. M.:* Holographic Interferometry. New York: J. Wiley and Sons 1979.

[67] *Schumann, W., Dubas, M.:* Holographic Interferometry. Berlin, Heidelberg, New York: Springer 1979.

[68] *Abramson, N.:* The Making and Evaluation of Holograms. New York: Academic Press 1981.

[69] *Wernicke, G., Osten, W.:* Holografische Interferometrie. Leipzig: VEB Fachbuchverlag 1982.

[70] *Jones, R., Wykes, C.:* Holographic and Speckle Interferometry. London: Cambridge Univ. Press 1983.

[71] *Schumann, W., Zürcher, J.-P., Cuché, D.:* Holography and Deformation Analysis. Berlin, Heidelberg, New York, Tokyo: Springer 1985.

[72] *Haines, K. A., Hildebrand, B. P.:* Appl. Opt. **5** (1966) 595.

[73] *Aleksandrov, E. B., Bonch-Bruevich, A. M.:* Zh. tekhn. fiz. **37** (1967) 360.

[74] *Haines, K. A., Hildebrand, B. P.:* Appl. Opt. **5** (1966) 172.

[75] *Ennos, A. E.:* J. Phys. **E 1** (1968) 731.

[76] *Gates, J. W. C.:* Opt. Technol. **1** (1969) 247.

[77] *Tsujiuchi, J., Takeya, N., Matsudu, K.:* Optica Acta **16** (1969) 709.

[78] *Sollid, J. E.:* Appl. Opt. **8** (1969) 1587.

[79] *Abramson, N.:* Optik **30** (1969) 56.

[80] —: Appl. Opt. **8** (1969) 1235.

[81] —: Appl. Opt. **9** (1970) 97.

[82] *Abramson, N.:* Appl. Opt. **9** (1970) 2311.

[83] –: Appl. Opt. **10** (1971) 2155.

[84] –: Appl. Opt. **11** (1972) 1143.

[85] –: Appl. Opt. **11** (1972) 2562.

[86] –: Optik **37** (1973) 337.

[87] –: Optik **39** (1973) 141.

[88] *Dändliker, R., Thalmann, R., Willemin, J.-F.:* Opt. Commun. **42** (1982) 301.

[89] *Hariharan, P.:* Opt. Eng. **24** (1985) 632.

[90] *Breuckmann, B., Thieme, W.:* Appl. Opt. **24** (1985) 2145.

[91] *Nakadate, S., Magome, N., Honda, T., Tsujiuchi, J.:* Opt. Eng. **20** (1981) 246.

[92] *Becker, F., Yung, H. Yu.:* Opt. Eng. **24** (1985) 429.

[93] *Robinson, D. W.:* Appl. Opt. **22** (1983) 2169.

[94] *Osten, W., Saedler, J., Wilhelmi, W.:* Laser Magazin Nr. 2 (1987) 56.

[95] *Robertson, E. R.* (Ed.): The Engineering Uses of Holography. Cambridge: University Press 1970.

[96] – (Ed.): The Engineering Uses of Coherent Optics. Cambridge: University Press 1976.

[97] *Vienot, J. C., Bulabois, J., Pasteur, J.* (Eds.): Application de l'Holographie. Compt. Rend. Symp. Internat. Besançon 1970.

[98] *Arecchi, F. T., Degiorgio, V.* (Eds.): Coherent Optical Engineering. New York: North-Holland 1977.

[99] *Marom, E., Friesem, A. A., Wiener-Avenar, E.* (Eds.): Applications of Holography and Optical Data Processing. Oxford: Pergamon Press 1977.

[100] 6. Internationale Konferenz Experimentelle Spannungsanalyse, München 1978. VDI-Berichte 313. Düsseldorf: VDI-Verlag 1978.

[101] *Grosman, M., Meyrueis, P.* (Eds.): First European Conference on Optics Applied to Metrology, Strasbourg 1977. Proc. SPIE Vol. 136.

[102] –, – (Eds.): 2nd European Congress on Optics Applied to Metrology. France 1979. Proc. SPIE Vol. 210.

[103] *Ebbeni, J.* (Ed.): Industrial Applications of Holographic Nondestructive Testing, Brussels 1982. Proc. SPIE Vol. 349.

[104] *Chang, M.* (Ed.): Industrial and Commercial Applications of Holography. Proc. SPIE Vol. 353.

[105] *Vukicevic, D.* (Ed.): Holographic Data Nondestructive Testing, Dubrovnik 1982. Proc. SPIE Vol. 370.

[106] *Fagan, W. F.* (Ed.): Industrial Applications of Laser Technology, Genf 1983. Proc. SPIE Vol. 398.

[107] Symposium Optica '84, Budapest 1984. Proc. SPIE Vol. 473.

[108] *Fagan, W. F.* (Ed.): Optics in Engineering Measurement. Cannes 1985.

[109] *McFee, R. H.:* Appl. Opt. **9** (1970) 1834.

[110] *Caulfield, H. J.:* Anwendung der Kohärenzoptik in Biologie und

Medizin. In *D. Casasent* (Ed.), Optical Data Processing Application. Berlin, Heidelberg, New York: Springer 1978.

[111] *Wardle, M. W., Gerritsen, J.:* Appl. Opt. **9** (1970) 2093.

[112] *Abramson, N.:* Appl. Opt. **16** (1977) 2521.

[113] Laser Focus, Feb. (1969) 16.

[114] *Steinbichler, H.:* Holographic nondestructive testing with automatic evaluation. In *Fagan, W. F.* (Ed.), Optics in Engineering Measurement. Cannes 1985.

[115] *Hockley, B. S., Butters, J. N.:* J. Phot. Sci. **18** (1970) 16.

[116] *Vasilev, A. M.,* u. a.: Avtometrija **1** (1971) 57.

[117] *Schönebeck, G.:* Eine allgemeine holografische Methode zur Bestimmung räumlicher Verschiebungen. Dissertation, TU München 1979.

[118] *Pelzer-Bawin, G., De Lamotte, F.:* Interpretation geometrique de l'holographie applications en photoelastometrie. Liège 1970.

[119] *Clarc, J. A., Durelli, A. J.:* Exp. Mech., Dec. (1970) 1.

[120] *Zaidel, A. N., Listovets, V. S., Ostrovski, Ju. I.:* Zh. tekhn. fiz. **39** (1970) 2225.

[121] *Neumann, D. B.:* J. Opt. Soc. Amer. **58** (1968) 447.

[122] *Zambuto, M., Lurie, M.:* Appl. Opt. **9** (1970) 2066.

[123] *Bogomolov, A. S., Vlasov, N. G.:* Opt. i spektr. **31** (1971) 481.

[124] *Agren, C., Stetson, K. A.:* J. Acoust. Soc. Amer. **46** (1969) 120.

[125] *Archbold, E., Ennos, A. E.:* Nature **217** (1968) 942.

[126] *Zaidel, A. N., Malkhasian, L. G., Markova, G. V., Ostrovski, Ju. I.:* Zh. tekhn. fiz. **38** (1968) 1824.

[127] *Shajenko, P., Johnson, C. D.:* Appl. Phys. Lett. **13** (1968) 44.

[128] *Watrasiewicz, B. M., Spicer, P.:* Nature **217** (1968) 1142.

[129] *Listovets, V. S., Ostrovski, Ju. I.:* Zh. tekhn. fiz. **44** (1975) 1345.

[130] *Felske, A., Happe, A.:* Society of Automotive Engineers, Intern. Automotive Eng. Congr. and Expos., Detroit 1977, Paper 770030.

[131] —: VDI-Berichte **499** (1983) 141.

[132] —, *Hoppe, G., Matthäi, H.:* Society of Automotive Engineers, Intern. Automotive Eng. Congr. and Expos., Detroit 1978, Paper 780333.

[133] —, *Happe, A.:* Automobiltechn. Z. **79** (1977) 7/8.

[134] —, —: Automobiltechn. Z. **75** (1973) 3.

[135] *Murata, M.:* Japan J. Appl. Phys. **14** (1975).

[136] *Antropius, K., Paslerova, A.:* Optical Methods in Dynamics of Fluids and Solids. IUTAM Symp. Liblice 1984. Ed. *M. Pichal.* Heidelberg: Springer 1985, S. 35—41.

[137] *Stetson, K. A., Harrison, I. R.:* Appl. Opt. **17** (1978) 11.

[138] *Meinl, H., Osten, W., Wernicke, G.:* 10. IKM-Kongreß, Berichte 1, Weimar 1981, S. 17—20.

[139] *Tonin, R., Bies, A.:* Appl. Opt. **17** (1978) 23.

[140] *Komatsu, K., Matsushima, M.:* J. of Sound and Vibr. **64** (1979) 1.

[141] *Schmidt, K. J., Kreitlow, W.:* Mech. Res. Comm. **4** (1977) 6.

[142] *Toda, S., Komatsu, K.:* J. of Sound and Vibr. **52** (1977) 4.

[143] *Beeck, M.-A.:* Zur holografisch-interferometrischen Schwingungs-

218

analyse an schnellrotierenden Bauteilen. Dissertation, Universität Hannover 1984.

[144] *Fujimoto, J.:* Jap. J. Appl. Phys. **17** (1978) 10.
[145] *Hildebrand, B. P., Haines, K. A.:* J. Opt. Soc. Amer. **57** (1967) 155.
[146] *Shiotake, N.,* u. a.: Jap. J. Appl. Phys. **7** (1986) 904.
[147] *Heflinger, L. O., Wuerker, R. F.:* Appl. Phys. Lett. **15** (1969) 28.
[148] *Bawelski, W.,* u. a.: Energomaschinostrojenije **8** (1976) 21.
[149] *Vest, C. M.:* Holographic NDE: Status and Future. Report NBS-GCR-81-318.
[150] *–, McKague, E., Friesem, A.:* J. Basic Eng. **6** (1971) 237.
[151] *–, Sweeney, D.:* Appl. Opt. **9** (1970) 2321.
[152] *Brooks, R. E., Heflinger, L. O., Wuerker, R. F.:* IEEE J. Quantum Electron. **Q.E.-2** (1966) 275.
[153] *Matulka, R. D., Collins, D. J.:* J. Appl. Phys. **42** (1971) 1109.
[154] *Tanner, L. H.:* J. Sci. Instrum. **43** (1966) 81, 353, 346; **44** (1967) 1011.
[155] *Zaidel, A. N., Ostrovskaja, G. V., Ostrovski, Ju. I.:* Zh. tekhn. fiz. **38** (1968) 1405.
[156] *Ashcheulov, D. O., Dymnikov, A. D., Ostrovski, Ju. I., Zaidel, A. N.:* Phys. Lett. **25A** (1967) 61.
[157] *Komissarova, I. I., Ostrovskaja, G. V., Shapiro, L. L., Zaidel, A. N.:* Phys. Lett. **29A** (1969) 262.
[158] *–, –, –:* Zh. tekhn. fiz. **40** (1970) 1072.
[159] *Dreiden, G. V., Ostrovski, Ju. I., Shedova, E. N., Zaidel, A. N.:* Opt. Commun. **4** (1971) 209.
[160] *Mustafin, K. S., Protasevich, V. I., Rzhevsky, V. N.:* Opt. i spektr. **30** (1971) 406.
[161] *Burmakov, A. P., Ostrovskaja, G. V.:* Zh. tekhn. fiz. **40** (1970) 660.
[162] *Sigel, R.:* Phys. Lett. **30A** (1969) 103.
[163] *Nikashin, V. A., Rukman, G. I., Sakharov, V. K., Tarasov, V. K.:* Teplofizika vysokikh temperatur **7** (1969) 1198.
[164] *Ignatov, A. B., Komissarova, I. I., Ostrovskaja, G. V., Shapiro, L. L.:* Zh. tekhn. fiz. **41** (1971) 701.
[165] *Ginzburg, V. M., Rukman, G. I., Stepanov, B. M.:* Use of Lasers in Modern Engineering and Medicine (Russ.). Pts. 2 und 3, S. 51. Leningrad 1971.
[166] *Gribble, R. F., Quinn, W. E., Siemon, R. E.:* Phys. Fluids **14** (1971) 2042, **15** (1972) 1666.
[167] *Dreiden, G. V.,* u. a.: Pis'ma v. Zh. tekhn. fiz. **1** (1975) 141.
[168] *Weigl, F., Friedrich, D., Dougal, A.:* IEEE J. Quantum Electr. **QE-5** (1969) 360, **QE-6** (1970) 41.
[169] *Tsuruta, T., Itoh, Y.:* Appl. Opt. **8** (1969) 2033.
[170] *Bryngdahl, O., Lohmann, A. W.:* J. Opt. Soc. Amer. **58** (1968) 141.
[171] *Ostrovskaja, G. V.:* Non-Linear Effects in Holography. In: Materialien der 4. All-Unions-Schule über Holografie. Leningrad 1973.
[172] *Matsumoto, K., Takashima, M.:* J. Opt. Soc. Amer. **60** (1970) 30.
[173] *Jeffries, R. A.:* Phys. Fluids **13** (1970) 210.

[174] *Ostrovskaja, G. V., Ostrovski, Ju. I.:* Zh. tekhn. fiz. **40** (1970) 2419.

[175] *Ignatov, A. B., Komissarova, I. I., Ostrovskaja, G. V., Shapiro, L. L.:* Zh. tekhn. fiz. **41** (1971) 417.

[176] *Jahoda, F. C., Jeffries, R. A., Sawyer, G. A.:* Appl. Opt. **6** (1967) 1470.

[177] *De, M., Sevigny, L.:* Appl. Opt. **6** (1967) 1665.

[178] *Tsuruta, T., Shiotake, N., Itoh, Y.:* Jap. J. Appl. Phys. **7** (1968) 1092.

[179] *Matsumoto, K. J.:* J. Opt. Soc. Amer. **59** (1969) 777.

[180] *Bryngdahl, O.:* J. Opt. Soc. Amer. **59** (1969) 1171.

[181] *Belozerov, A. F., Chernykh, V. T.:* Opt. i spektr. **27** (1969) 355.

[182] *Vest, C. M., Sweeney, D. W.:* Appl. Opt. **9** (1970) 2810.

[183] *Varner, J. R.:* Appl. Opt. **9** (1970) 2098.

[184] *Weigl, F.:* Appl. Opt. **10** (1971) 187.

[185] —: Appl. Opt. **10** (1971) 1083.

[186] *Martienssen, W.:* In *Nilson, N. R., Högberg, L.* (Eds.), High-Speed Photography. Proc. of the 8-th Intern. Cong. on High-Speed Photogr. New York: Wiley 1968, p. 289.

[187] *Masumura, A., Matsukawa, M., Asakura, T.:* Opt. and Laser Technol., Febr. (1971) 36.

[188] *Lomas, G. M.:* Appl. Opt. **10** (1971) 2037.

[189] *Snow, K., Vandewarker, R.:* Appl. Opt. **9** (1970) 822.

[190] *Dukhopel, I. I., Simonenko, T. V.:* Optikomekh. prom. **8** (1971) 44.

[191] *Schreier, D.* (Ed.): Synthetische Holografie. Leipzig: Fachbuchverlag 1984.

[192] *Pastor, J.:* Appl. Opt. **8** (1969) 525.

[193] *MacGovern, A. J., Wyant, J. C.:* Appl. Opt. **10** (1971) 619.

[194] *Buinov, G. V.,* u. a.: Optikomekh. prom. **4** (1971) 6.

[195] *Schwider, J.:* Hologramminterferometrische Prüfmethoden für Asphären. Diss. B, Techn. Hochschule Ilmenau 1977.

[196] *Marechal, A., Francon, M.:* Diffraction. Structure des Images. Revue d'Optique. Paris 1960.

[197] *O'Neill, E. L.:* Introduction to Statistical Optics. Reading, Mass.: Addison-Wesley 1963.

[198] *Cutrona, L. J., Leith, E. N., Palermo, C. J., Porcello, L. J.:* IEEE Trans. Inform. Theory **IT-6** (1960) 386.

[199] *Vander Lught, A.:* IEEE Trans. Inform. Theory **IT-10** (1964) 139.

[200] *Pernick, B., Bartolotta, C., Vustein, D.:* Appl. Opt. **6** (1967) 1421.

[201] *Tsujiuchi, J., Stroke, G. W.:* In Appl. of Holography. Proc. of The United States — Japan Seminar on Inform. Processing by Holography, New York: Plenum Press 1971, p. 259.

[202] *Khalfin, L. A., Pavlichuk, T. A., Shulman, M. Ya.:* Opt. i spektr. **35** (1973) 766.

[203] *Horvath, V. V., Holeman, J. M., Lemmond, C. Q.:* Laser Focus **3** (1967) 11, 18.

[204] *Tsujiuchi, J., Matsuda, K., Takeya, N.:* Correlation Techniques by

Holography and its Application to Fingerprint Identification. In: Appl. of holography. Proc. of the United States – Japan Seminar on Information Processing by Holography. New York: Plenum Press 1971, p. 247.
[205] *Gabor, D.:* Nature **208** (1965) 422.
[206] *Collier, R. J., Pennington, K. S.:* Appl. Phys. Lett. **8** (1966) 44.
[207] *Stroke, G. W.:* New Scientist **51** (1971) 770.
[208] *Françon, M.:* Holographie. Berlin, Heidelberg, New York: Springer 1972.
[209] *Collier, R. J., Burckhardt, C. B., Lin, L. H.:* Optical Holography. New York: Academic Press 1971.
[210] *Caulfield, H. J.* (Ed.): Handbook of Optical Holography. New York: Academic Press 1979.
[211] *Hariharan, P.:* Optical Holography. Principles. Techniques and Applications. Cambridge: Cambridge University Press 1984.
[212] *Wenyon, M.:* Understanding Holography. Newton Abbot: David and Charles 1978.
[213] *Stroke, G. W., Funkhouser, A.:* Phys. Lett. **16** (1965) 272.
[214] *Zaidel, A. N., Ostrovskaja, G. V., Ostrovski, Ju. I.:* Tekhnika i praktika spektroskopii (Russ.). Moskau: Nauka 1972.
[215] *Paršin, P. F., Čumačenko, A. A.:* Uspekhi fiz. nauk **103** (1971) 553.
[216] *Yoshihara, K., Kitade, A.:* Jap. J. Appl. Phys. **6** (1967) 116.
[217] *Dohi, T., Suzuki, T.:* Appl. Opt. **10** (1971) 1137.
[218] *Lowenthal, S., Froehly, C., Serres, J.:* Compt. Rend. Acad. Sci. Paris **268** (1969) 1481.
[219] *Antikidis, J. P., Gires, F.:* Compt. Rend. Acad. Sci. Paris **270** (1970) 1210.
[220] *Lowenthal, S., Aspect, A.:* In Applications de l'Holographie. Besançon 1971.
[221] *Kiemle, H.:* In *Robertson, E. R., Harvey, T. M.* (Eds.), Engineering Uses of Holography. Cambridge: University Press 1970.
[222] *Lowenthal, S., Werts, A., Rembault, M.:* Compt. Rend. Acad. Sci. Paris **267** (1968) 120 (Ser. B).
[223] *Nalimov, I. P.:* Fundamentals of Holographic Technology. In Materialien der 1. All-Unions-Schule über Holografie. Leningrad 1971, S. 295–321.
[224] *Moran, J. M.:* Appl. Opt. **10** (1971) 412.
[225] *Groh, G.:* Appl. Opt. **7** (1968) 1643.
[226] *Denisjuk, Ju. N.:* DAN SSSR **144** (1962) 1275.
[227] *Rudolph, D., Schmahl, G.:* Optik **30** (1970) 475.
[228] *Cordelle, J., Laude, J. P., Petit, R., Pienchard, G.:* Nouv. Rev. d'Optique applique **1** (1970) 149.
[229] *Chang, M., George, N.:* Appl. Opt. **9** (1970) 713.
[230] *Bryngdahl, O.:* J. Opt. Soc. Amer. **60** (1970) 140.
[231] *Rosenberg, R. L., Chandross, E. A.:* Appl. Opt. **10** (1971) 1986.
[232] *Kogelnik, H., Shank, C. V., Sosnowski, T. P., Dienes, A.:* Appl. Phys. Lett. **16** (1970) 140.

[233] *Bondarenko, M. D., Gnatovsky, A. V., Soskin, M. S.:* DAN SSSR **187** (1969) 538.
[234] *Kogelnik, H.:* Bell Syst. Tech. J. **44** (1965) 2451.
[235] *Upatnieks, J., Vander Lugt, A., Leith, E. N.:* Appl. Opt. **5** (1966) 589.
[236] *Leith, E. N., Upatnieks, J.:* J. Opt. Soc. Amer. **56** (1966) 523.
[237] *Tsuruta, T., Itoh, Y.:* Appl. Opt. **7** (1968) 2139.
[238] *Denisjuk, Ju. N., Soskin, S. I.:* Opt. i spektr. **31** (1971) 992.
[239] *Goodman, J. W., Huntley, W. H., Jackson, D. W., Lehmann, M.:* Appl. Phys. Lett. **8** (1966) 311.
[240] *–, Jackson, D. W., Lehmann, M., Knotts, J.:* Appl. Opt. **8** (1969) 1581.
[241] *Ose, T., Noguchi, M., Kubota, T.:* Correction of Lens Aberration by Holography. Proc. of the United States – Japan Seminar on Information Processing by Holography. New York: Plenum Press 1971, p. 57.
[242] *Denisjuk, Ju. N., Davydova, I. N.:* Opt. i spektr. **28** (1970) 331.
[243] *Osinzev, A. V., Ostrovski, Ju. I., Schepinov, V. P., Jakovlev, V. V.:* Pis'ma v. Zh. tekhn. fiz. **11** (1985) 4.
[244] *Ostrovskaja, G. V., Ostrovski, Ju. I.:* Holographic Methods of Plasma Diagnostics. In Progress in Optics, ed. *E. Wolf,* **22** (1985) 199.

Ausgewählte Fachzeitschriften

UdSSR:
- Optika i spektroskopija (Opt. i spektr.)
- Zhurnal tekhnitscheskii fiziki (Zh. tekhn. fiz.)
- Avtometrija
- Optiko-mekhanitscheskaja promyschlennost (Optiko-mekh. prom.)
- Uspekhi fizitscheskii nauk (Uspekhi fiz. nauk)
- DAN SSSR

USA:
- Applied Optics (Appl. Opt.)
- Journal of the Optical Society of America (J. Opt. Soc. Amer.)
  a) Optics and Image Science
  b) Optical Physics
- Optical Engineering (Opt. Eng.)
- Experimental Mechanics (Exp. Mech.)
- Applied Physics Letters (Appl. Phys. Lett.)

GB:
- Optica Acta (seit 1987 Journal of Modern Optics)
- Optical and Quantum Electronics (Opt. Quant. Electr.)
- Nature
- Journal of Physics-E (Scientific Instruments)
- Optics and Laser Technology (Opt. Laser Technol.)
- Optics and Lasers in Engineering (Opt. Laser Eng.)

Nieder- lande:	– Optics Communications (Opt. Commun.) – Physics Letters (Phys. Lett.)
DDR:	– Feingerätetechnik – Bild und Ton – Journal für Signalaufzeichnungsmaterialien
BRD:	– Optik – Laser Magazin – Technisches Messen
Polen:	– Optica applicata – Optyka
ČSSR:	– Jemna Mechanika a Optika
Frankreich:	– Journal of Optics

Bildquellen

Rottenkolber Holo-System GmbH: Abb. 93, 94, 99; JABG., Labor Dr. Steinbichler: Abb. 101; Universität Saarbrücken, Labor Dr. Steinbichler: Abb. 102; K. Wanders, Köln, Labor Dr. Steinbichler: Abb. 103; Dr. G. Wernicke, Humboldt-Universität Berlin: Abb. 104, 105; Dr. A. Felske, Volkswagen AG: Abb. 113, 114, 115, 116, 117; Labor Dr. Steinbichler: Abb. 122

Sachverzeichnis

Symbole und Bezeichnungen

A	komplexe Amplitude, numerische Apertur	d	Abstand
C	Kontrastübertragungsfunktion	$\boldsymbol{d}$	Verschiebungsvektor
D	Dicke, Durchmesser	$\boldsymbol{e}$	Einheitsvektor
E	Beleuchtungsstärke	f	Ortsfrequenz, Brennweite
H	Belichtung	h	Höhe
I	Intensität	k	Wellenzahl
J_0	Besselfunktion 0. Ordnung	Δl	Kohärenzlänge
K	Kontrast	m	Vergrößerungsfaktor, Modenindex
L	Leuchtdichte, Projektionsbreite	n	Brechzahl, Modenindex
M_B	Anzahl der Schwingungsbäuche	p	Intensitätsverhältnis
M_K	Anzahl der Schwingungsknoten	q	Modenindex
M_{lat}	lateraler Abbildungsmaßstab	r	Abstand, Radius
M_{long}	longitudinaler Abbildungsmaßstab	t	Zeit, Amplitudentransmission
N	Interferenzordnung, Anzahl	v	Geschwindigkeit
O	Objektpunkt	x, y, z	kartesische Koordinaten
P	Objektpunkt	α	Winkel
Q	Punktquelle	β	Winkel
R	spektrales Auflösungsvermögen, Reflexionskoeffizient	γ	Winkel, Gradation
S	Schwärzung	δ	Phasendifferenz
T	Intensitätstransmission	$\delta\varphi$	Winkelauflösung
X	monochromatische Lichtwelle	δx	Linienauflösung
		η	Beugungseffektivität
a	Entfernung, Gitterkonstante	θ	Winkel
c	Lichtgeschwindigkeit	λ	Wellenlänge
		μ	Wellenlängenverhältnis
		ν	Frequenz
		π	Pi
		τ	Zeitintervall
		φ	Phase, Winkel
		ψ	Winkel
		ω	Kreisfrequenz
		Δ	Differenz
		$\otimes$	Faltung